Berechnung von Getrieben

insbesondere des Werkzeugmaschinenbaues

von

Dipl.-Ing. W. Vorwerck

Professor an der städt. Gewerbe-Hochschule Köthen (Anhalt)

Mit 133 Figuren im Text

M·KRAYN
BERLIN·W

1930

Printed in Germany

Druck der Deutschen Verlags-Anstalt in Stuttgart

Vorwort

Das vorliegende Buch ist für die Studierenden des Maschinenbaufaches und die jungen Ingenieure in der Praxis bestimmt. Es soll ihnen eine systematische Anleitung und Unterweisung für das Berechnen von Getrieben der verschiedensten Art und Zweckbestimmung geben, und sie sollen an Hand einer Reihe von Beispielen das Wesen der Getriebe von Grund auf erfassen lernen.

Auf die Getriebe-Konstruktionen wird nicht eingegangen; daher sind die — im übrigen zahlreichen — Abbildungen des Buches Skizzen und nur in ganz vereinzelten Fällen Schnittzeichnungen.

Köthen (Anhalt), im Oktober 1929. W. Vorwerck

Inhalt.

Allgemeines.

Der einfache Horizontaltrieb: Fig. 1.
Scheibe I treibt II.

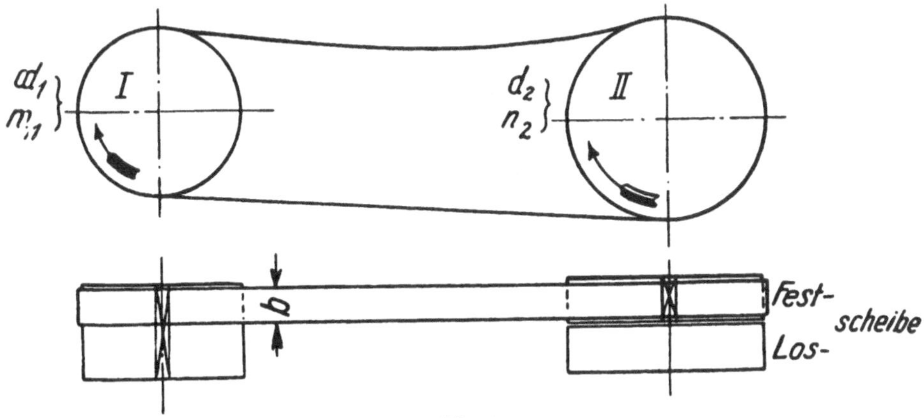

Fig. 1.

Bezeichnungen:

v_R = Riemen- oder Umfangsgeschwindigkeit in m/Sek.
d = Durchmesser in mm.
n = Umdrehungen in der Minute = U/Min.
b = Riemenbreite in mm.
P = Riemenzug in kg.
M = Pr = Moment in cmkg.
L = Leistung in PS oder Kw.

$$\eta = \text{Wirkungsgrad} = \frac{N_2}{N_1} = \frac{\text{an Welle II abgegebene PS}}{\text{ins Getriebe eingeleitete PS}}.$$

Für die beiden Scheiben (Fig. 1) gilt:

$$v_R = \frac{d_1 \pi \cdot n_1}{1000 \cdot 60} = \frac{d_2 \pi \cdot n_2}{1000 \cdot 60}$$

$$d_1 n_1 = d_2 n_2.$$

Die Scheiben haben gleiche Umfangsgeschwindigkeit, d. h. das Produkt aus Durchmesser und Drehzahl der treibenden Scheibe ist gleich dem der getriebenen.

Aus vorstehender Gleichung erhält man:

$\frac{d_1}{d_2} = \frac{n_2}{n_1} = i$; die Übersetzung oder das Übersetzungsverhältnis.

Die Übersetzung läßt sich ausdrücken durch:

$$\frac{\text{Durchmesser der treibenden}}{\text{Durchmesser der getriebenen}} \text{ Scheibe oder } \frac{\text{Drehzahl der getriebenen}}{\text{Drehzahl der treibenden}}$$

Scheibe.

Statt $\frac{d_1}{d_2}$ kann man auch setzen:

$$i = \frac{r_1}{r_2} = \frac{Pr_1}{Pr_2} = \frac{M_1}{M_2} \text{ (ohne Berücksichtigung der Reibungsverluste).}$$

In Wirklichkeit: $i = \eta \frac{M_1}{M_2}$.

Beispiel: Gegeben: $d_1 = 350$ mm ⌀; $i = \frac{1}{2}$;

$n_1 = 220$ U/Min.; $\eta = 0{,}93$.

$P = 84$ kg ($b = 70$ mm).

Gesucht: v_R; d_2, M_1 und M_2; N_1 und N_2 bzw. Kw_1 und Kw_2.

v_R: $$v_R = \frac{d_1 \pi \cdot n_1}{60 \cdot 1000} = \frac{350 \cdot \pi \cdot 220}{60 \cdot 1000} = 4{,}04 \text{ m/Sek.}$$

d_2: $$i = \frac{d_1}{d_2} = \frac{1}{2};\ d_2 = 2\,d_1 = 2 \cdot 350 = 700 \text{ mm ⌀.}$$

$$i = \frac{n_2}{n_1};\ n_2 = i\,n_1 = \frac{220}{2} = 110 \text{ U/Min.}$$

M_1 u. M_2: $$M_1 = P \cdot \frac{d_1}{2} = \frac{84 \cdot 35}{2} = 1470 \text{ cmkg;}$$

$$M_2 = \frac{\eta}{i} M_1 = \frac{0{,}93}{\frac{1}{2}} \cdot 1470 = 0{,}93 \cdot 2 \cdot 1470 = 2734 \text{ cmkg.}$$

N_1 u. N_2: $$N_1 = \frac{P \cdot v_R}{75} = \frac{84 \cdot 4{,}04}{75} = 4{,}52$$

oder $$N_1 = \frac{M_1 \cdot n_1}{71620} = \frac{1470 \cdot 220}{71620} = 4{,}51$$

$$N_2 = \eta\, N_1 = 0{,}93 \cdot 4{,}52 = 4{,}2.$$

Kw_1 u. Kw_2: 1 PS = 0,736 Kw; 1 Kw = 1,36 PS.

$Kw_1 = 0{,}736 \cdot 4{,}52 = 3{,}32.$

$Kw_2 = 0{,}736 \cdot 4{,}2 = 3{,}09.$

Der Doppeltrieb: Fig. 2.

Scheibe I treibt über ein Vorgelege II Scheibe III. Der Doppeltrieb besteht aus zwei Teiltrieben.

Teilübersetzung: $i_1 = \frac{n_2}{n_1} = \frac{d_1}{d_2}$ und $i_2 = \frac{n_3}{n_2} = \frac{d_2'}{d_3}$.

Gesamtübersetzung: $i = \frac{n_3}{n_1} = \frac{n_2}{n_1} \cdot \frac{n_3}{n_2} = i_1 \cdot i_2 = \frac{d_1}{d_2} \cdot \frac{d_2'}{d_3}$.

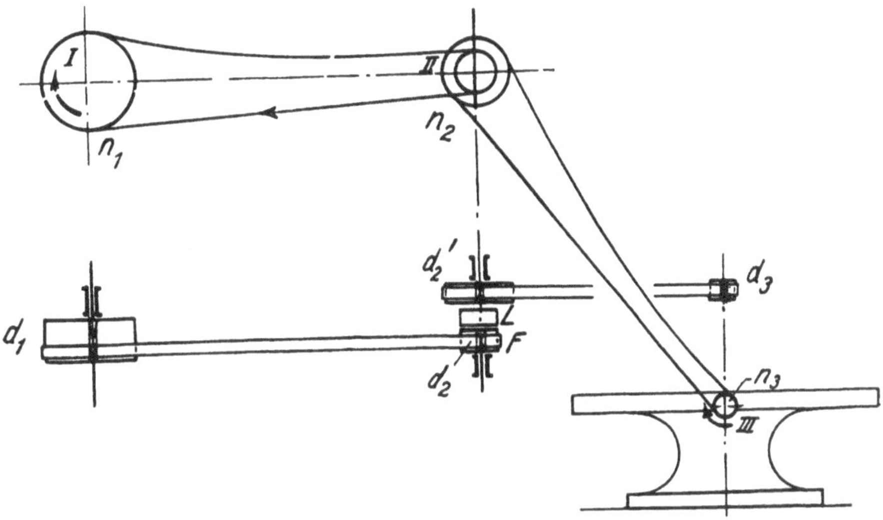

Fig. 2.

Die Gesamtübersetzung ist gleich dem Produkt der Teilübersetzungen.

Beispiel: $n_1 = 350$ U/Min.; $d_3 = 110$ mm ⌀.
$n_3 = 4200$ U/Min.; $d_1 = 600$ mm ⌀.

$$i = \frac{n_3}{n_1} = \frac{4200}{350} = \frac{12}{1} = i_1 \cdot i_2 = \frac{3}{1} \cdot \frac{4}{1}.$$

$$i_1 = \frac{d_1}{d_2} = \frac{3}{1};\; d_2 = \frac{d_1}{3} = \frac{600}{3} = 200 \text{ mm } ⌀.$$

$$i_1 = \frac{n_2}{n_1} = \frac{3}{1};\; n_2 = 3\,n_1 = 3 \cdot 350 = 1050 \text{ U/Min.}$$

$$i_2 = \frac{d_2'}{d_3} = \frac{4}{1};\; d_2' = 4 \cdot d_3 = 4 \cdot 110 = 440 \text{ mm } ⌀.$$

Stirnräder-Außentrieb: Fig. 3.
Rad I treibt II.

P = Zahndruck in kg; Z_1 u. Z_2 = Zähnezahlen:
t = Teilung in mm; $d_1 \pi = Z_1 t$;
$\frac{t}{\pi}$ = Modul; $d_1 = Z_1 \frac{t}{\pi}$ u. $d_2 = Z_2 \frac{t}{\pi}$.

$$d_1 n_1 = d_2 n_2 \text{ (wie bei den Riemenscheiben)}$$

$$i = \frac{n_2}{n_1} = \frac{d_1}{d_2} = \frac{Z_1 \frac{t}{\pi}}{Z_2 \frac{t}{\pi}} = \frac{Z_1}{Z_2} \text{ oder auch } i = \eta \frac{Pr_1}{Pr_2}.$$

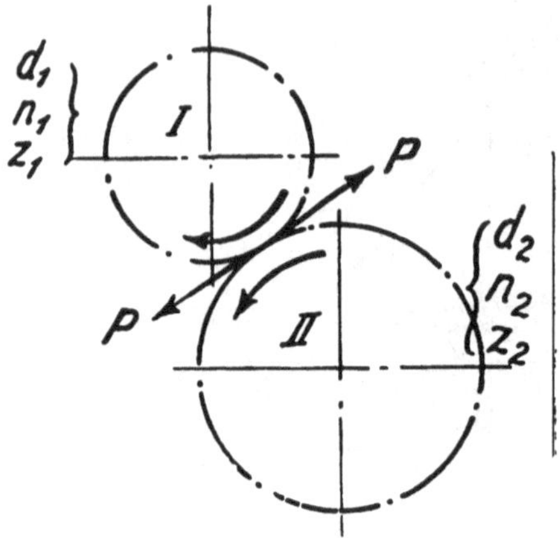

Fig. 3.

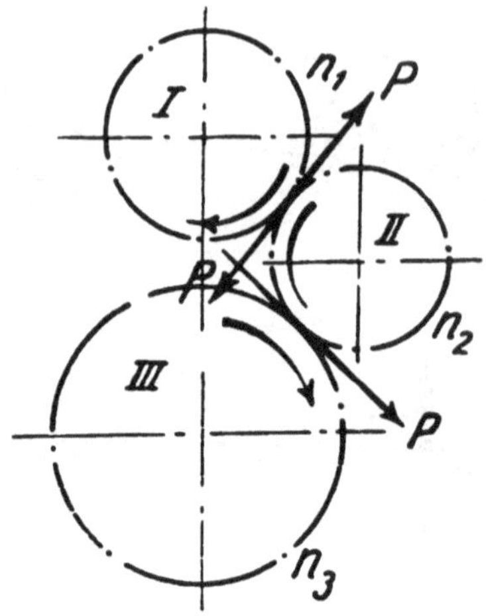

Fig. 4.

Stirnräder-Außentrieb mit Zwischenrad: Fig. 4.

$$i = i_1 \cdot i_2.$$

$$\left.\begin{aligned} i_1 &= \frac{n_2}{n_1} = \frac{d_1}{d_2} = \frac{Z_1}{Z_2}; \\ i_2 &= \frac{n_3}{n_2} = \frac{d_2}{d_3} = \frac{Z_2}{Z_3} \end{aligned}\right\} \begin{aligned} i &= \frac{n_3}{n_1} = \frac{d_1}{d_3} = \frac{Z_1}{Z_3} \text{ oder auch} \\ i &= \eta \frac{Pr_1}{Pr_3}. \end{aligned}$$

Ein Zwischenrad ist ohne Einfluß auf die Übersetzung. Das gilt für jede beliebige Zahl von Zwischenrädern, wovon man sich leicht überzeugen kann. Sie beeinflussen lediglich den Drehsinn des getriebenen Rades.

Stirnräder-Außentrieb mit gleichem Drehsinn in I, II und III: Fig. 5.

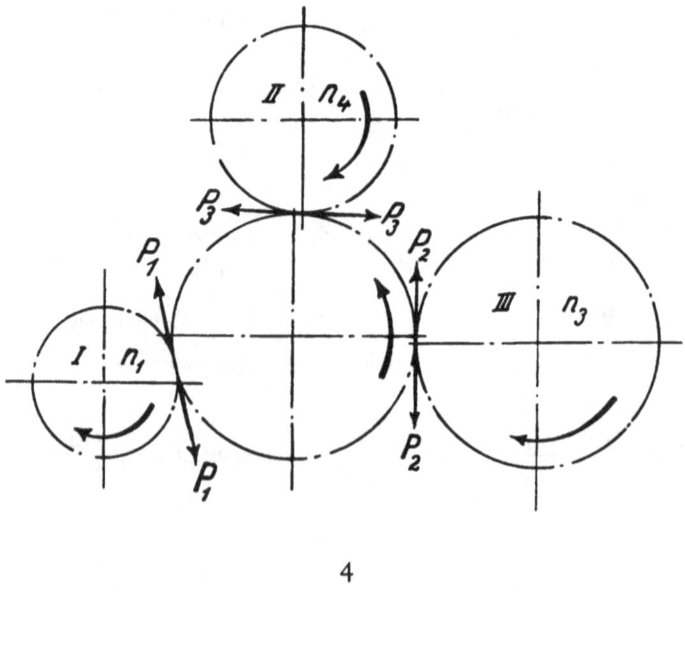

Rad I treibt II und III.

Die Räder haben gleiche Umfangsgeschwindigkeit und gleichen Modul.

$\eta = \frac{L_2 + L_3}{L_1}$; L_1 = Antriebsleistung; L_2 u. L_3: an Welle II u. III abgegebene Leistungen.

$$\eta\, L_1 = L_2 + L_3.$$

Von den Reibungsverlusten abgesehen:

$$L_1 = L_2 + L_3. \left(\text{Allgemein } L = \frac{M \cdot n}{71620}\right).$$

$$M_1\, n_1 = M_2\, n_2 + M_3\, n_3 \text{ in cmkg/Min.}$$

Es sei nun: $i_1 = \frac{n_2}{n_1} = \frac{r_1}{r_2} = \frac{1}{2}$ und

$$i' = \frac{n_3}{n_1} = \frac{r_1}{r_3} = \frac{1}{3}.$$

$$M_1\, n_1 = M_2 \cdot \frac{n_1}{2} + M_3 \cdot \frac{n_1}{3}.$$

$$M_1 = \frac{M_2}{2} + \frac{M_3}{3}$$

Dafür: $$P_1\, r_1 = \frac{P_2\, r_2}{2} + \frac{P_3 \cdot r_3}{3}$$

$$r_2 = 2\, r_1 \text{ und } r_3 = 3\, r_1.$$

$$P_1\, r_1 = \frac{P_2 \cdot 2\, r_1}{2} + \frac{P_3\, 3\, r_1}{3}$$

$$P_1 = P_2 + P_3.$$

Stirnräder-Innentrieb: Fig. 6.

Das treibende und getriebene Rad haben stets gleichen Drehsinn.

Im übrigen gilt bezüglich der Übersetzung dasselbe wie vorhin (Fig. 3).

Stirnräder-Innentrieb mit Außentrieb: Fig. 7.

Rad I treibt II und III.

Die Übersetzung von I nach II: $i_1 = \frac{d_1}{d_2} = \frac{Z_1}{Z_2} = \frac{n_2}{n_1}$

Die Übersetzung von I nach III: $i' = \frac{d_1}{d_2} \cdot \frac{d_2'}{d_3} = \frac{Z_1}{Z_2} \cdot \frac{Z_2'}{Z_3} = \frac{n_2}{n_1} \cdot \frac{n_3}{n_2}$

$$= \frac{n_3}{n_1}.$$

Jedes Riemen- oder Rädergetriebe — soweit es für den Antrieb von Werkzeugmaschinen bestimmt ist — muß eine Reihe verschiedener Drehzahlen hergeben können.

Das ist eine Forderung der Wirtschaftlichkeit, die bedingt ist:

a) durch die verschiedenen Abmessungen der Werkzeuge (Bohrer, Fräser, Reibahlen usw.), die auf einer Maschine verwendet werden, und durch ihr Material (ob Kohlenstoffstahl, Schnellstahl oder Hartmetall).

b) durch die verschiedenen Abmessungen der Werkstücke, die auf einer Maschine bearbeitet werden sollen, und durch ihre Härte. (Z. B. Gußeisen: ob weich, mittel, hart usw.)

Es sei v = Schnitt- oder Umfangsgeschwindigkeit eines Werkzeuges oder Werkstückes in m/Min.

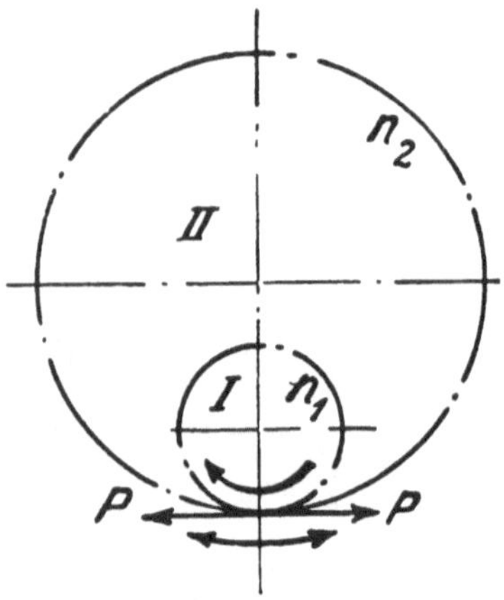

Fig. 6.

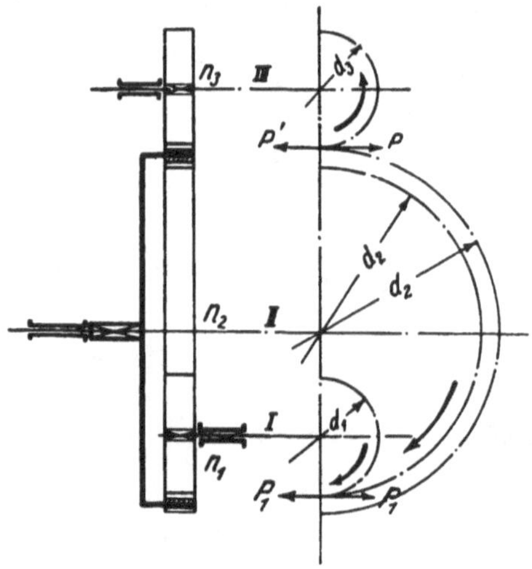

Fig. 7.

Erklärung zu a) und b):

Zwei Bohrer gleichen Materials, aber verschiedener Abmessungen (20 und 50 mm ⌀) sollen in dasselbe Werkstück Löcher mit $v = 25$ m/Min. Geschwindigkeit bohren.

Die Drehzahl des kleineren Bohrers: $n = \frac{1000 \cdot v}{d \cdot \pi} = \frac{1000 \cdot 25}{20 \cdot \pi} = 398$ U/Min.

Die Drehzahl des größeren Bohrers: $n = \frac{1000 \cdot 25}{50 \cdot \pi} = 159$ U/Min.

Scheiben gleicher Abmessung (300 mm ⌀), aber verschiedenen Materials (Gußeisen und Stahl) sollen abgedreht werden mit

$v = 27$ m/Min. für Gußeisen und
$v = 42$ m/Min. für Stahl.

Die Drehzahl für Gußeisen: $n = \frac{1000 \cdot 27}{300 \cdot \pi} = \sim 29$ U/Min.;

die Drehzahl für Stahl: $n = \frac{1000 \cdot 42}{300 \cdot \pi} = 45$ U/Min.

Diese beiden Beispiele erklären schon die Notwendigkeit eines Antriebsgetriebes mit veränderlichen Drehzahlen. Es fragt sich nur, in welcher Art die Veränderlichkeit am zweckmäßigsten gewählt wird. Das Ideal wäre ein Getriebe mit möglichst vielen Drehzahlen innerhalb gewisser Grenzen, innerhalb einem $n_{min.}$ und $n_{max.}$, um allen Werkzeug- und Werkstückabmessungen, die für dieses Gebiet in Frage kommen, gerecht werden zu können. Das ist aber praktisch — aus baulichen wie finanziellen Gründen — nicht ausführbar. Man begnügt sich damit, das Feld zwischen $n_{min.}$ und $n_{max.}$ so zweckmäßig wie möglich zu belegen und den Abstand zwischen den einzelnen Drehzahlen nicht der Willkür zu überlassen, sondern nach einem Gesetze zu regeln. Diesen geregelten Abstand bezeichnet man wohl als Abstufung oder Sprung. Man kann ihn nun auf verschiedene Weise bemessen:

Z. B.: Das Feld zwischen $n_{min.} = 100\ U/\text{Min.}$ und $n_{max.} = 538$ soll — die Grenzdrehzahlen miteingerechnet — mit sechs verschiedenen Umläufen belegt werden:

$$1.\quad \frac{100;\quad 140;\quad 196}{275;\quad 385;\quad 538} : \begin{matrix}\text{untere}\\ \text{obere}\end{matrix}\Bigg\}\ \text{Reihe.}$$

oder

$$2.\quad \frac{100;\quad 187{,}6;\quad 275{,}2}{362{,}8;\quad 450{,}4;\quad 538} : \begin{matrix}\text{untere}\\ \text{obere}\end{matrix}\Bigg\}\ \text{Reihe.}$$

Die Verteilung der Drehzahlen unter 1. ist nach einer geometrischen Reihe — Abstufung: ein Faktor = 1,4 — vorgenommen worden, die unter 2. nach einer arithmetischen — Abstufung: ein Summand = 87,6.

Bei näherer Betrachtung stellt man fest, daß das Verhältnis der unteren zur oberen Reihe unter 1. ein konstantes ist, nämlich $\frac{1}{2{,}75}$; unter 2. dagegen ein dreimal wechselndes, nämlich $\frac{1}{3{,}628}$; $\frac{1}{2{,}4}$ und $\frac{1}{1{,}95}$. Mit anderen Worten, man hätte, wenn man, wie üblich, die untere Reihe aus der oberen — der Grunddrehzahl-Reihe — hervorgehen lassen wollte, im ersteren Falle nur eine einzige Übersetzung, im letzteren dagegen derer drei nötig. Daraus ergibt sich ganz von selbst die Bevorzugung der Abstufung nach der geometrischen Reihe.

Sodann belehrt uns ein Blick auf Fig. 8 und 9, daß die Feldverteilung zwischen $n_{max.}$ und $n_{min.}$ bei Abstufung nach der geometrischen Reihe (Fig. 8) eine regelmäßigere und zweckmäßigere ist als die nach der arithmetischen (Fig. 9). Der Geschwindigkeitsabfall von Drehzahl zu Drehzahl, Senkrechte a—b, ist in Fig. 8 konstant: $\frac{v_{max.} - v_{min.}}{v_{max.}} = \frac{25-18}{25} = 0{,}28$ $= 28\%$, in Fig. 9 dagegen ist er ganz verschieden. Mithin müssen die Drehzahl-Wendepunkte 1 bis 4 auf einer zur Abszissen-Achse parallelen Geraden liegen, was in Fig. 9 nicht der Fall sein kann. Die unzweckmäßige Verdichtung der Drehzahlen nach $n_{max.}$ zu (Fig. 9) ist ein weiterer Übelstand der arithmetischen Reihen-Abstufung, denn für die Verwendung gerade der größeren Werkzeuge (z. B. Bohrer) von 30 mm ⌀ an steht nur eine einzige Drehzahl (n_2) zur Verfügung und von 44 mm an überhaupt keine mehr. Aus allen diesen Gründen gibt man der Abstufung nach der geometrischen Reihe den Vorzug.

Fig. 8 und 9 nennt man Geschwindigkeits- oder mit Bezug auf ihre äußere Form Sägendiagramme. Die Konstruktion des Sägendiagrammes hat von der Gleichung auszugehen:

$$v = \frac{d\,\pi \cdot n}{1000} \text{ in m/Min.}$$

n = konstant, v und d veränderlich angenommen und für $\frac{\pi \cdot n}{1000} = a$ gesetzt, erhält man $v = a\,d$, die Gleichung einer Geraden.

Es sei nun für sechs — geometrisch geordnete Drehzahlen — 100, 140, 196, 275, 385 und 538 (Fig. 8) das Sägendiagramm zu zeichnen. Jede Drehzahl stellt eine Gerade dar, von der ein Punkt, der Koordinaten-Anfangspunkt, bekannt ist. Der andere läßt sich leicht bestimmen: Man nimmt ein d an und berechnet das zugehörige v oder umgekehrt, z. B. für $n_1 = 100$ U/Min.:

$$v_1 = \frac{d\,\pi \cdot n_1}{1000};\ d = 20 \text{ mm gesetzt.}$$

$$v_1 = \frac{20}{1000} \cdot \pi \cdot n_1 = \frac{\pi}{50} \cdot 100 = 2\,\pi;$$

$$v_2 = \frac{20}{1000} \cdot \pi \cdot n_2 = \frac{\pi}{50} \cdot 140 = 2{,}8\,\pi \text{ usw.}$$

Auf der 20 mm-Ordinate werden die v-Werte maßstäblich aufgetragen, und man erhält die zweiten Punkte der gesuchten Geraden.

Der Wert des Sägendiagrammes liegt darin, daß man sofort ein Urteil über die Verwendbarkeit eines Getriebes hat. So zeigt uns Fig. 8:

1. Welche Werkzeuge — hier von 12 bis 50 mm ⌀ — zur Verwendung gelangen können, und wie weit der wirtschaftliche Arbeitsbereich einer jeden Drehzahl für ein bestimmtes Material reicht. n_2 z. B. kommt für Werkzeuge von 39 bis 50 mm ⌀ in Frage, während n_1 völlig unausgenutzt bleiben muß, weil es die Arbeitszone des Materials nicht mehr schneidet. Ferner

2. welche Materialien von dem Getriebe mit den Grenzdrehzahlen 100 und 538 noch erfaßt werden können. Hier ist die Zone eines anderen Materials noch eingezeichnet.

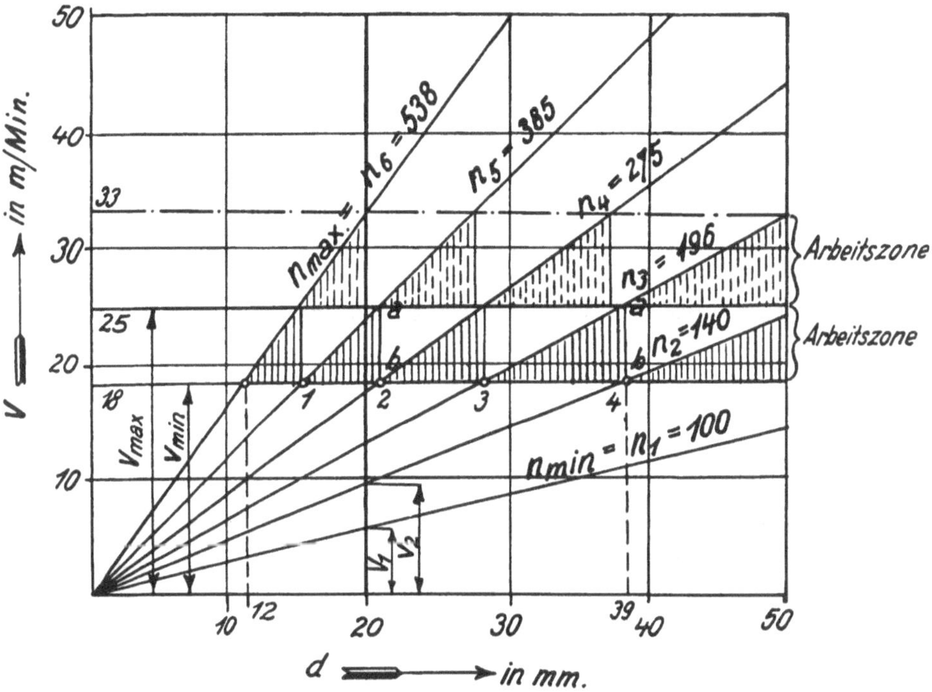

v → in m/Min.
d → in mm.
$n_{max} = n_6 = 538$
$n_5 = 385$
$n_4 = 275$
$n_3 = 196$
$n_2 = 140$
$n_{min} = n_1 = 100$
Arbeitszone
Arbeitszone
v_{max}
v_{min}
v_1
v_2

Fig. 8.

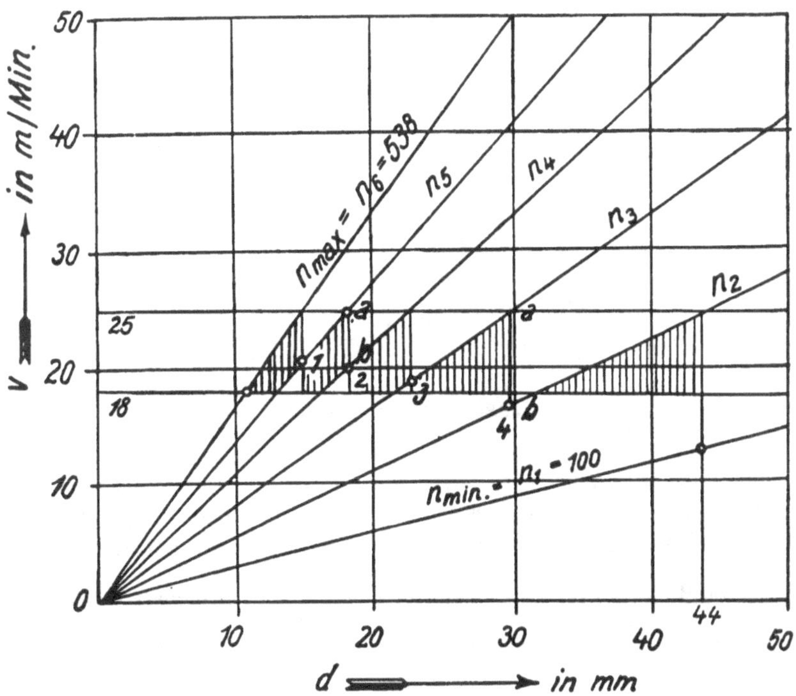

v → in m/Min.
d → in mm
$n_{max} = n_6 = 538$
n_5
n_4
n_3
n_2
$n_{min.} = n_1 = 100$

Fig. 9.

Erster Teil.

Getriebe mit stufenförmiger Drehzahl-Regelung.

A. Stufenscheibentriebe.

Getriebe, die, wenn auch nur im beschränkten Maße, den notwendigen Geschwindigkeitswechsel ermöglichen, sind die Stufenscheiben. Soviel Stufen, soviel verschiedene Drehzahlen. Bei der immerhin geringen Zahl von Stufen — gering, zur Vermeidung einer lästigen Baulänge — kann der Arbeitsbereich eines solchen Getriebes auch nur klein sein. Der Geschwindigkeitswechsel wird durch Umlegen des Riemens erreicht. Deshalb muß

$$d_4 + d_1 = d_3 + d_2 \text{ usw. sein (Fig. 10).}$$

Die beiden Scheiben am Deckenvorgelege und der Maschine haben meistens gleiche Durchmesser in ihren Stufen.

Bezeichnet man den Abstufungsfaktor oder den Sprung mit φ und die Anzahl der Drehzahlstufen mit z, so ergibt sich als Drehzahlreihe an der Maschinenspindel:

$$\begin{aligned} n_1 &= n_{min.} \\ n_2 &= n_1\, \varphi \\ n_3 &= n_1\, \varphi^2 \\ &\;\vdots \\ n_z &= n_1\, \varphi^{z-1} = n_{max.}. \end{aligned}$$

Daraus

$$\varphi = \sqrt[z-1]{\frac{n_z}{n_1}} = \sqrt[z-1]{\frac{n_{max.}}{n_{min.}}} = \sqrt[z-1]{R}.$$

$$R = \frac{n_{max.}}{n_{min.}} = \text{Regelbereich des Getriebes.}$$

Ferner soll der Riemenzug in allen Lagen als konstant betrachtet werden. Die Grenzlage $d_{min.} — d_{max.}$, die ungünstigste Lage für den Riemen wegen des kleinen Umschlingungswinkels an der kleinsten Scheibe oben, ist bestimmend für die Wahl der Größe P. Am besten $\frac{d_{max.}}{d_{min.}} < 2$, höchstens $=2$. Nach „Hegener“: Lehrbuch der Vorkalkulation: folgende Werte für P:

$P =$ in kg	60	66	72	84	104	150	180	225
Riemenbreite b in mm	50	55	60	70	80	100	120	150
spez. Belastung p in kg/mm	1,2	1,2	1,2	1,2	1,3	1,5	1,5	1,5

Berechnung der Stufenscheibentriebe.

Fig. 10: Ein Stufenscheibentrieb mit vier Stufen.

Durch Verschiebung des Riemens von rechts nach links erhält man:

$d_4\, n = d_1\, n_1;\ n_1 = n \frac{d_4}{d_1} = n_{min.}$ (bei größter Übersetzung ins Langsame).

$d_3\, n = d_2\, n_2;\ n_2 = n \frac{d_3}{d_2} = n_1\, \varphi.$

$d_2\, n = d_3\, n_3;\ n_3 = n \frac{d_2}{d_3} = n_1\, \varphi^2.$

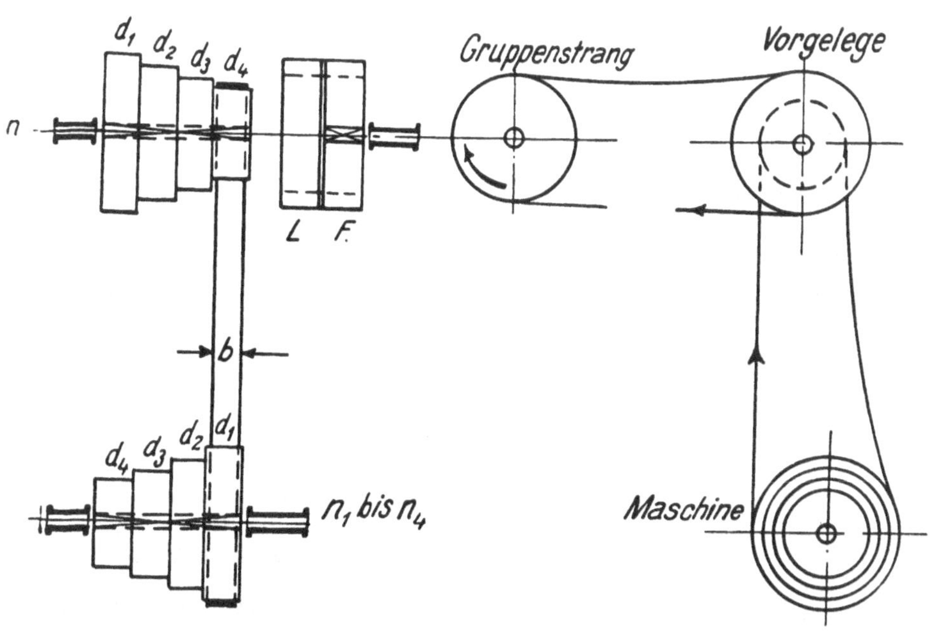

Fig. 10.

$$d_1 n = d_4 n_4;\; n_4 = n \frac{d_1}{d_4} = n_1 \varphi^3 = n_{max.} \text{(bei größt. Übersetzg. ins Rasche).}$$

$$\varphi = \sqrt[3]{\frac{n_4}{n_1}} = \sqrt[3]{R}.$$

Die Drehzahl des Deckenvorgeleges hat einem bestimmten Gesetz zu folgen:

In den Grenzlagen ist: $d_4 n = d_1 n_1$

$$\begin{aligned} \text{und } d_1 n &= d_4 n_4 \\ \hline d_4 \cdot d_1 \cdot n^2 &= d_1 \cdot d_4 \cdot n_1 \cdot n_4 \\ d_1 &= d_1 \\ d_4 &= d_4 \\ n^2 &= n_1 \cdot n_4 \\ n &= \sqrt{n_1 \cdot n_4} = \sqrt{n_1 \cdot n_1 \varphi^3} = n_1 \varphi \sqrt{\varphi} = n_2 \sqrt{\varphi}. \end{aligned}$$

Das Quadrat der Drehzahl des Deckenvorgeleges muß bei geometrischer Abstufung gleich dem Produkt aus $n_{min.}$ und $n_{max.}$ der Stufenscheibe auf der Maschinenspindel sein.

Die Scheibendurchmesser haben zunächst die Bedingung zu erfüllen: $d_4 + d_1 = d_3 + d_2 = d_2 + d_3 = d_1 + d_4$.

Sodann: $d_4 n = d_1 n_1$.

$$\frac{d_4}{d_1} = \frac{d_{min.}}{d_{max.}} = \frac{n_1}{n} = \frac{n_1}{n_2 \sqrt{\varphi}} = \frac{n_1}{n_1 \varphi \sqrt{\varphi}} = \sqrt{\frac{1}{\varphi^3}}$$

und $d_3 n = d_2 n_2$

$$\frac{d_3}{d_2} = \frac{n_2}{n} = \frac{n_2}{n_2 \sqrt{\varphi}} = \sqrt{\frac{1}{\varphi}}.$$

Damit sind die Durchmesser eindeutig bestimmt.

Die Kraftmomente und Leistungen an der Maschinenspindel wechseln je nach Riemenlage.

$i = \eta \frac{M_E}{M}$; M_E = eingeleitetes Moment in die Stufenscheibe der Maschinenspindel. M = nutzbares Moment an der Maschinenspindel.

$$M_1 = \eta \frac{P d_1}{2} = M_{max.} \text{ bei } n_1 = n_{min.}$$

$$\vdots$$

$$M_4 = \eta \frac{P d_4}{2} = M_{min.} \text{ bei } n_4 = n_{max.}$$

$$\eta = \eta_1 \cdot \eta_2 = 0{,}98 \cdot 0{,}97 = 0{,}95.$$

$\eta_1 = 0{,}98$ für Riemenschlupf;

$\eta_2 = 0{,}97$ für gut und kurz gelagerte Welle.

$\eta = \frac{N}{N_E}$; N_E = die in die Stufenscheibe auf der Maschinenspindel eingeleiteten PS;

N = Nutz — PS an der Maschinenspindel.

$$N_1 = \eta N_{E1} = \frac{P \cdot v_{R1}}{75} = N_{min.} \text{ bei } n_1 = n_{min.}$$

$$| \quad |$$

$$N_4 = \eta N_{E4} = \frac{P \cdot v_{R4}}{75} = N_{max.} \text{ bei } n_4 = n_{max.}$$

Ein Zahlenbeispiel:

Gegeben: $\left.\begin{array}{l} n_1 = 120 \text{ U/Min.} \\ n_4 = 405 \text{ U/Min.} \end{array}\right\} R = \frac{405}{120} = 3{,}375.$

$d_4 = 160$ mm ⌀ und $b = 70$ mm.

1. φ: $\varphi = \sqrt[z-1]{R} = \sqrt[3]{3{,}375} = 1{,}5.$

Damit erhält man die Drehzahlreihe (theoretische):

$$n_1 = n_{min.} = 120 \text{ U/Min.}$$
$$n_2 = n_1 \varphi = 180 \text{ U/Min.}$$
$$n_3 = n_1 \varphi^2 = 270 \text{ U/Min.}$$
$$\text{und } n_4 = n_1 \varphi^3 = 405 \text{ U/Min.}$$

2. n: $n = \sqrt{n_1 \cdot n_4}$

$$n = n_2 \sqrt{\varphi} = 180 \sqrt{1{,}5} = 220 \text{ U/Min.}$$

3. Die Scheibendurchmesser:

$$\frac{d_4}{d_1} = \sqrt{\frac{1}{\varphi^3}}; \quad d_1 = d_4 \sqrt{\varphi^3} = 160 \quad \sqrt{1{,}5^3} = 295 \text{ mm.}$$

$$d_3 + d_2 = d_4 + d_1 = 160 + 295 = 455 \text{ mm.}$$

$$\frac{d_3}{d_2} = \sqrt{\frac{1}{\varphi}}; \quad d_2 = d_3 \sqrt{\varphi}.$$

$$d_3 + d_3 \sqrt{\varphi} = 455 \text{ mm.}$$

$$d_3 (1 + \sqrt{\varphi}) = 455 \text{ mm.}$$

$$d_3 = \frac{455}{1 + \sqrt{\varphi}} = 205 \text{ mm.}$$

$$d_2 = 455 - 205 = 250 \text{ mm.}$$

Mit den errechneten Scheibendurchmessern

$d_4 = 160$ mm ⌀;
$d_3 = 205$ mm ⌀;
$d_2 = 250$ mm ⌀;
$d_1 = 295$ mm ⌀

ändert sich ein wenig die theoretische Drehzahlreihe, und zwar in:

$$n_1 = n \frac{d_4}{d_1} = 220 \cdot \frac{160}{295} = 119{,}3 \text{ U/Min.}$$

$$n_2 = n \frac{d_3}{d_2} = 220 \cdot \frac{205}{250} = 180{,}4 \text{ U/Min.}$$

$$n_3 = n \frac{d_2}{d_3} = 220 \cdot \frac{250}{205} = 268{,}3 \text{ U/Min.}$$

$$\text{und } n_4 = n \frac{d_1}{d_4} = 220 \cdot \frac{295}{160} = 405{,}6 \text{ U/Min.}$$

Damit wäre die wirkliche Drehzahlreihe gefunden.

Die Differenz in den Scheibendurchmessern beträgt genau 45 mm von Stufe zu Stufe. Bei der geometrischen Abstufung läßt sich bei strenger Einhaltung der Übersetzungsverhältnisse eine gleichmäßige Abstufung in den Scheibendurchmessern nicht immer erreichen.

4. M und N:

$$M_1 = M_{max.} = \eta \frac{P d_1}{2} = \eta \frac{P}{2} \cdot d_1 = K \cdot d_1 = 39{,}9 \cdot 29{,}5 = 1170 \text{ cmkg.}$$

$$M_2 = \eta \frac{P d_2}{2} = K \cdot d_2 = 39{,}9 \cdot 25 = 997{,}5 \text{ cmkg.}$$

$$M_3 = \eta \frac{P d_3}{2} = K \cdot d_3 = 39{,}9 \cdot 20{,}5 = 818 \text{ cmkg.}$$

$$M_4 = M_{min.} = \eta \frac{P d_4}{2} = K d_4 = 39{,}9 \cdot 16 = 638 \text{ cmkg.}$$

$$K = \text{Konst.} = \frac{0{,}95 \cdot 84}{2} = 39{,}9; \; P = p \cdot b = 1{,}2 \cdot 70 = 84 \text{ kg.}$$

Ferner:

$$N_1 = N_{min.} = \eta \frac{P v_{R1}}{75} = \eta \frac{P}{75} \cdot v_{R1} = K' v_{R1} = 1{,}97 \text{ PS.}$$

$$N_2 = \eta \frac{P}{75} \cdot v_{R2} = K' v_{R2} = 2{,}22 \text{ PS.}$$

$$N_3 = \eta \frac{P}{75} \cdot v_{R3} = K' v_{R3} = 3{,}09 \text{ PS.}$$

$$N_4 = N_{max.} = \eta \frac{P}{75} \cdot v_{R4} = K' \cdot v_{R4} = 3{,}6 \text{ PS.}$$

$$K' = \eta \frac{P}{75} = \frac{0{,}95 \cdot 84}{75} = 1{,}064 = \text{Konst.}$$

$$v_{R1} = \frac{d_1 \pi \cdot n_1}{1000 \cdot 60} = 1{,}85 \text{ m/Sek.};$$

$$v_{R2} = 2{,}09 \text{ m/Sek.};$$

$$v_{R3} = 2{,}9 \text{ m/Sek.};$$

$$v_{R4} = 3{,}39 \text{ m/Sek.}$$

Wie die Momente mit d, so steigen und fallen die Leistungen mit v_R. Daher bei n_1 das $M_{max.}$, aber $N_{min.}$ und bei n_4 das $M_{min.}$, aber $N_{max.}$.

Durch das veränderliche v_R wird die Stufenscheibe gewissermaßen charakterisiert: ein Getriebe mit veränderlicher Leistung (Fig. 11).

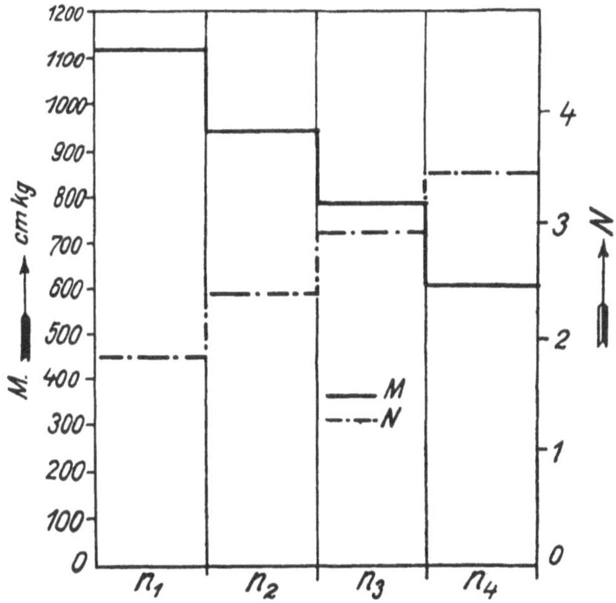

Fig. 11.

So einfach auch ein Stufenscheibentrieb im Bau und Handhabung ist, es haften ihm doch manche Mängel an:

Zunächst der kleine Regelbereich, bei normalem φ, sodann das immerhin zeitraubende Umlegen des Riemens und ferner die Unsicherheit der Kraftübertragung in der Riemenlage d_4—d_1, wenn gerade beim kleinsten Umschlingungswinkel oben das größte Kraftmoment zur Bearbeitung des größten Werkstückes erforderlich ist.

Will man den Regelbereich eines Stufenscheibentriebes zum Zwecke einer besseren wirtschaftlichen Ausnutzung erweitern, so geschieht es am einfachsten durch Anbringung einer zweiten Antriebsscheibe am Deckenvorgelege. Dadurch wird die Drehzahlreihe um das Doppelte verlängert ohne Vergrößerung der Baulänge an der Maschine.

Stufenscheibentriebe mit zweifachem Wechsel am Vorgelege.

(Fig. 12)

Einen Wechsel in der Drehzahl des Deckenvorgeleges bewirken die Antriebsscheiben *A* und *B*. Sie können durch eine Kupplung vom Stand des Arbeiters aus wechselseitig mit der Vorgelegespindel gekuppelt werden. Dadurch läuft diese entweder mit n_A- oder n_B-Umdrehungen. Es fragt sich

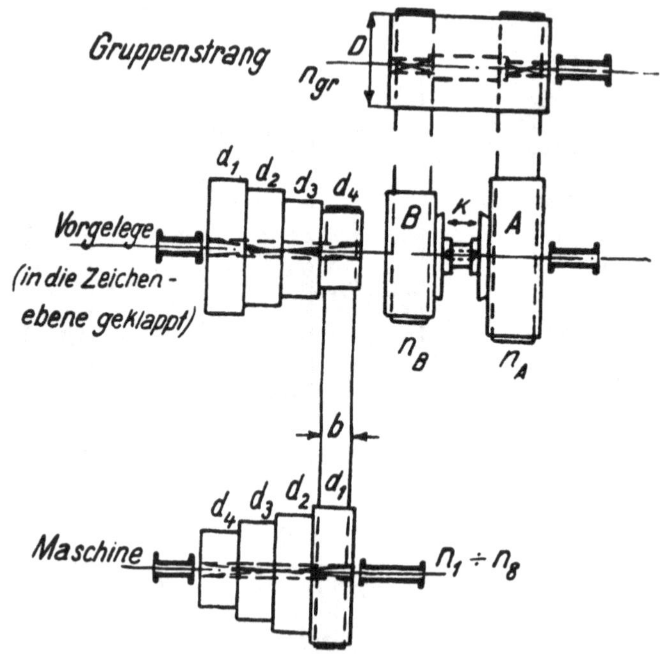

Fig. 12.

nun, wie und nach welchen Gesichtskpunkten die Drehzahlreihe n_1 bis n_8 auf A und B zu verteilen ist. Die Verteilung, oder besser gesagt, die Unterteilung der Drehzahlreihe, kann theoretisch auf verschiedene Weise erfolgen:

1. Unterteilung:

Gruppensprung $= \varphi$.

Gruppe A	n_1	n_2	n_3	n_4	$n_A = \sqrt{n_1 \cdot n_4} = n_2 \sqrt{\varphi}$
Gruppe B	n_5	n_6	n_7	n_8	$n_B = \sqrt{n_5 \cdot n_8}$ $= \sqrt{n_1 \varphi^4 \cdot n_1 \varphi^7}$ $= n_1 \varphi^5 \sqrt{\varphi} = n_6 \sqrt{\varphi}$
Riemen auf	d_1	d_2	d_3	d_4	der Stufensch. an der Maschine

$$\frac{n_A}{n_B} = \frac{n_2 \sqrt{\varphi}}{n_6 \sqrt{\varphi}} = \frac{1}{\varphi^4}.$$

Die Durchmesser D_A und D_B:

$$\left.\begin{array}{l} D_A\, n_A = D\, n_{gr.} \\ D_B \cdot n_B = D\, n_{gr.} \end{array}\right| \quad \begin{array}{l} D_A\, n_A = D_B\, n_B. \\ \dfrac{D_A}{D_B} = \dfrac{n_B}{n_A} = \dfrac{\varphi^4}{1}. \end{array}$$

Das Verhältnis $\frac{d_{min.}}{d_{max.}}$, hier $= \frac{d_4}{d_1}$:

$$d_4 n_A = d_1 n_1 \text{ oder } d_4 n_B = d_1 \cdot n_5$$

$$\frac{d_4}{d_1} = \frac{n_1}{n_A} = \frac{n_5}{n_B}$$

$$\frac{d_4}{d_1} = \frac{n_1}{n_2 \sqrt{\varphi}} = \frac{n_5}{n_6 \sqrt{\varphi}} = \frac{1}{\varphi \sqrt{\varphi}} = \sqrt{\frac{1}{\varphi^3}},$$

wie bei der einfachen vierstufigen Drehzahlreihe (Fig. 10).

2. Unterteilung:

Gruppensprung $= \varphi^2$.

Gruppe A	n_1	n_3	n_5	n_7	$n^A = \sqrt{n_1 \cdot n_7} = \sqrt{n_1 \cdot n_1 \varphi^6} = n_1 \varphi^3 = n_4$
Gruppe B	n_2	n_4	n_6	n_8	$n_B = \sqrt{n_2 \cdot n_8} = \sqrt{n_1 \varphi \cdot n_1 \varphi^7} = n_1 \varphi^4 = n_5$
Riemen auf	d_1	d_2	d_3	d_4	der Stufenscheibe a. d. Maschine

$$\frac{n_A}{n_B} = \frac{n_4}{n_5} = \frac{1}{\varphi}.$$

Die Durchmesser: D_A und D_B:

$$\frac{D_A}{D_B} = \frac{n_B}{n_A} = \frac{\varphi}{1}.$$

Das Verhältnis: $\frac{d_{min.}}{d_{max}} = \frac{d_4}{d_1}$:

$$d_4 n_A = d_1 n_1 \text{ oder } d_4 n_B = d_1 \cdot n_2$$

$$\frac{d_4}{d_1} = \frac{n_1}{n_A} = \frac{n_2}{n_B} = \frac{n_1}{n_4} = \frac{n_2}{n_5} = \frac{1}{\varphi^3} = \sqrt{\frac{1}{(\varphi^2)^3}}$$ (s. auch Tafel S. 50).

Der Gruppensprung φ^2 ist bei Unterteilung einer Drehzahlreihe für das Verhältnis $\frac{d_{min.}}{d_{max.}}$ maßgebend.

Der Reihensprung φ der Drehzahlreihe wird von der Unterteilung gar nicht berührt.

$$\varphi = \sqrt[z-1]{\frac{n_{max.}}{n_{min.}}}; \text{ hier } \varphi = \sqrt[7]{\frac{n_8}{n_1}} = \sqrt[7]{R}.$$

Unter der Bedingung, daß $\frac{d_{max.}}{d_{min.}}$ höchstens $= 2$ werden soll, wird $\varphi_{max.}$

$$= \sqrt[3]{2} = 1{,}26. \left(\frac{d_1}{d_4} = \varphi^3 = 2, \varphi = \sqrt[3]{2}. \right)$$

Vergleicht man die beiden Unterteilungen miteinander, muß man der letzteren den Vorzug geben, weil bei der 1. Unterteilung

a) die Durchmesser D_A und D_B zu ungleich werden und

b) die Bedienung des Getriebes zu umständlich ist.

Beim Durchregulieren von n_1 bis n_8 ist erforderlich ein achtmaliger Riemen- und ein zweimaliger Kuppelungswechsel; bei der 2. Unterteilung dagegen ein nur viermaliger Riemen- und ein achtmaliger Kuppelungswechsel.

Der Riemenwechsel ist das Entscheidende, denn er benötigt am meisten Zeit.

Wie steht es nun mit dem größten Durchzugs- oder Kraftmoment gegenüber dem Scheibentrieb ohne Wechsel?

Dem Vergleich sei zugrunde gelegt: gleiche Scheibenbreite bzw. gleiches P, gleiches d_4 und der Grenzfall $\frac{d_4}{d_1} = 2$.

Beim Scheibentrieb ohne Wechsel: $\frac{d_4}{d_1} = \sqrt{\frac{1}{\varphi_1{}^3}}$; $d_1 = d_4 \sqrt{\varphi_1{}^3}$

Beim Scheibentrieb mit zweif. Wechsel: $\frac{d_4}{d_1} = \frac{1}{\varphi_2{}^3}$; $d_1 = d_4 \cdot \varphi_2{}^3$.

Gleiches Durchzugsmoment ist vorhanden, wenn $d_1 = d_1$ oder $\sqrt{\varphi_1{}^3} = \varphi_2{}^3$ wird: $\sqrt{\varphi_1{}^3} = 2$; $\varphi_1 = 1{,}58$ und $\varphi_2{}^3 = 2$; $\varphi_2 = 1{,}26$. Demnach mit einem mehrfachen Wechsel am Vorgelege braucht nicht ein Gewinn an Durchzugsmoment verbunden zu sein. Bei gleichem φ ist es der Fall (s. Fig. 13).

Dreifacher Wechsel am Vorgelege

durch die Scheiben A, B und C.

Die Unterteilung der Drehzahlreihe:

Gruppensprung $= \varphi^3$.

Gruppe A	n_1	n_4	n_7	n_{10}	$n_A = \sqrt{n_1 \cdot n_{10}} = \sqrt{n_1 \cdot n_1\,\varphi^9}$ $= n_1\,\varphi^4 \sqrt{\varphi} = n_5 \sqrt{\varphi}$
Gruppe B	n_2	n_5	n_8	n_{11}	$n_B = \sqrt{n_2 \cdot n_{11}} = \sqrt{n_1\,\varphi\, n_1\,\varphi^{10}}$ $= n_1\,\varphi^5 \sqrt{\varphi} = n_6 \sqrt{\varphi}$
Gruppe C	n_3	n_6	n_9	n_{12}	$n_C = \sqrt{n_3 \cdot n_{12}} = \sqrt{n_1\,\varphi^2 \cdot n_1\,\varphi^{11}}$ $= n_1\,\varphi^6 \sqrt{\varphi} = n_7 \sqrt{\varphi}$
Riemen auf	d_1	d_2	d_3	d_4	der Stufenscheibe a. d. Maschine.

Es verhält sich: $$\frac{n_A}{n_B}{n_C} = \frac{n_5\sqrt{\varphi}}{n_6\sqrt{\varphi}}{n_7\sqrt{\varphi}} = \frac{1}{\varphi}{\varphi^2}.$$

Und damit die Durchmesser:

$$\frac{D_A}{D_B} = \frac{n_7 \sqrt{\varphi}}{n_6 \sqrt{\varphi}} = \frac{\varphi^2}{\varphi} \qquad \frac{D_B}{D_C} = \frac{n_6 \sqrt{\varphi}}{n_5 \sqrt{\varphi}} = \frac{\varphi}{1}.$$

$$\frac{d_{min.}}{d_{max.}} = \frac{d_4}{d_1}:$$

$$d_4\, n_A = d_1\, n_1 \text{ oder } d_4\, n_B = d_1\, n_2 \text{ oder } d_4\, n_C = d_1\, n_3$$

$$\frac{d_4}{d_1} = \frac{n_1}{n_A} = \frac{n_2}{n_B} = \frac{n_3}{n_C} = \frac{1}{\varphi^4 \sqrt{\varphi}} = \sqrt{\frac{1}{\varphi^9}} = \sqrt{\frac{1}{(\varphi^3)^3}} \quad \text{(s. auch Tafel S. 50)}$$

$\frac{d_1}{d_4}$ höchstens $= 2$ gibt, da $\frac{d_1}{d_4} = \sqrt{\frac{\varphi^9}{1}}$ ist,

ein $\varphi_{max.} = \sqrt[9]{4} = 1{,}15.$

Das kleine φ bedeutet zweifellos eine starke Feldverdichtung zwischen $n_{min.}$ und $n_{max.}$, zwischen n_1 und n_{12}, also eine feinstufige Regulierung. Wenn trotzdem in der Praxis davon so wenig Gebrauch gemacht wird, dann wohl nur deshalb, weil die dritte Scheibe, C, meistens die Aufgabe des beschleunigten Rücklaufs hat. Für eine vierte Scheibe wäre aber kein Platz. Die Baulänge des Vorgeleges würde zu groß und die Bedienung zu unübersichtlich.

Beim Durchregulieren von n_1 bis n_{12} hat der Arbeiter einen nur viermaligen Riemen- und allerdings einen zwölfmaligen Kuppelungswechsel vorzunehmen.

Beispiel: Ein Stufenscheibentrieb soll mit $n_{min.} = n_1 = \sim 61$ U/Min. und $n_{max.} = \sim 305$ arbeiten. Der Regelbereich ist $R = \frac{n_{max.}}{n_{min.}} = 5$ und φ soll zum Zwecke einer feinstufigen Regulierung 1,2 nicht übersteigen. Der größte Scheibendurchmesser darf aus konstruktiven Gründen bis zu 330 mm messen.

Zunächst sind die Drehzahlstufen Z zu bestimmen.

$$\varphi = \sqrt[z-1]{R} = \sqrt[z-1]{5}$$

$$\log \varphi = \frac{1}{Z-1} \log 5 = \log 1{,}2.$$

$$Z-1 = \frac{\log 5}{\log \varphi}$$

$$Z = \frac{\log 5}{\log \varphi} + 1 = \frac{0{,}699}{0{,}0792} + 1 = 8{,}82 + 1 = 9{,}92.$$

$Z = 10$ (fünfstufige Scheibe m. dopp. Wechsel).

Bei $Z = 10$ weicht φ ein wenig von 1,2 ab. Der genaue Wert ist zu ermitteln:

$$\varphi = \sqrt[z-1]{R} = \sqrt[9]{5}.$$

$$\log \varphi = \frac{1}{9} \log \cdot 5 = \frac{1}{9} \cdot 0{,}699 = 0{,}07766.$$

$$\varphi = 1{,}196.$$

Um nun unnötiges Rechnen zur Ermittlung der theoretischen Drehzahlreihe zu vermeiden, berechnet man am besten erst die Durchmesser unter Benutzung der Tafel S. 50. Hiernach ist

$$\frac{d_{min.}}{d_{max.}} = \frac{d_5}{d_1} = \frac{1}{\varphi^4} = \frac{1}{1{,}1964} = \frac{1}{2{,}04}.$$

$$d_5 = \frac{d_1}{\varphi^4} = \frac{330}{2{,}04} = 162 \text{ mm} \varnothing.$$

$$d_2 + d_4 = d_5 + d_1 = 162 + 330 = 492 \text{ mm}$$

$$\frac{d_4}{d_2} = \frac{1}{\varphi^2} \text{ (s. Tafel)}; \; d_2 = \varphi^2 d_4.$$

$$d_4 \varphi^2 + d_4 = 492$$

$$d_4 = \frac{492}{1 + \varphi^2} = \frac{492}{2{,}43} = 203 \text{ mm} \varnothing.$$

$$d_2 = 492 - 203 = 289 \text{ mm} \varnothing.$$

$$d_3 + d_3 = 2\, d_3 = 492$$

$$d_3 = \frac{492}{2} = 246 \text{ mm} \varnothing.$$

Mithin: $d_5 = 162$ mm $\varnothing$;
$d_4 = 203$ mm $\varnothing$;
$d_3 = 246$ mm $\varnothing$;
$d_2 = 289$ mm $\varnothing$;
$d_1 = 330$ mm $\varnothing$. Die Differenz der Durchmesser-Maße beträgt 41 und 43 mm.

Um zur wirklichen Drehzahlreihe zu gelangen, ist noch n_A und n_B zu bestimmen.

Laut Tafel: $n_A = \sqrt{n_1 \cdot n_9} = \sqrt{61 \cdot 255} = \sim 125$ U/Min.
und $n_B = \sqrt{n_2 \cdot n_{10}} = \sqrt{73 \cdot 305} = \sim 150$ U/Min.
n_1 und n_{10} sind gegeben; $n_2 = n_1 \varphi = 61 \cdot 1{,}196 = 73$ U/Min.
und $n_9 = \dfrac{n_{10}}{\varphi} = 255$ U/Min.

Die Scheibendurchmesser D_A und D_B:

$$\frac{D_A}{D_B} = \frac{n_B}{n_A} = \frac{150}{125} = \frac{300}{250}; \; D_A = 300 \text{ mm} \varnothing; \; D_B = 250 \text{ mm} \varnothing.$$

Die wirkliche Drehzahlreihe:

$$n_1 = n_A \frac{d_5}{d_1} = 125 \cdot \frac{162}{330} = 61{,}4 \text{ U/Min.}$$

$$n_3 = n_A \frac{d_4}{d_2} = 125 \cdot \frac{203}{289} = \sim 88 \text{ U/Min.}$$

$n_5 = 125$ U/Min.

$n_7 = 177{,}5$ U/Min. aus

$n_9 = 255$ U/Min.

$$n_2 = n_B \cdot \frac{d_5}{d_1} = 150 \cdot \frac{162}{330} = 73{,}6 \text{ U/Min.}$$

$$n_4 = n_B \frac{d_4}{d_2} = 150 \frac{203}{289} = 105{,}3 \text{ U/Min.}$$

$n_6 = 150$ U/Min.

$n_8 = 213$ U/Min.

$n_{10} = 304{,}5$ U/Min.

Zur Bestimmung der Riemen- bzw. Scheibenbreite sei angenommen, daß bei n_1 ein $M_{max.}$ von $1000 \div 1100$ cm/kg an der Maschinenspindel verlangt werde.

$$M_{max.} = M_1 = \eta \frac{P\, d_1}{2} = 1100 \text{ cm/kg}; \; \eta = 0{,}95.$$

$$P = \frac{2 \cdot 1100}{0{,}95 \cdot 33} \sim 70 \text{ kg.}$$

Das erfordert eine Riemenbreite von $b = 60$ mm.

Es ist überaus lehrreich, einmal für alle bisherigen Stufenscheibentriebe das Verhältnis der N- und M-Werte für die Stufenscheibe an der Maschine durch φ auszudrücken und sie für ein bestimmtes φ ($\varphi = 1{,}2$) graphisch darzustellen. (Fig. 13.)

a) Für eine vierstufige Scheibe (nach Fig. 10)

(ohne Wechsel am Vorgelege):

$$N_1 : N_2 : N_3 : N_4 = \frac{P v_{R_1}}{75} : \frac{P v_{R_2}}{75} \ldots : \frac{P v_{R_4}}{75}$$

$$= v_{R_1} : v_{R_2} : v_{R_3} : v_{R_4}$$

$$= d_1\, n_1 : d_2\, n_2 : d_3\, n_3 : d_4\, n_4$$

$$= d_1 : d_2\, \varphi : d_3\, \varphi^2 : d_4\, \varphi^3$$

Sämtliche Durchmesser durch d_4 ausgedrückt und dividiert:

$$\frac{d_4}{d_1} = \sqrt{\frac{1}{\varphi^3}} \text{ und } \frac{d_3}{d_2} = \sqrt{\frac{1}{\varphi}} \text{ (s. Tafel S. 50)}$$

$$d_4 + d_1 = d_3 + d_2$$

$$d_4 + d_4 \sqrt{\varphi^3} = d_3 + d_3 \sqrt{\varphi}$$

$$d_4 \left(1 + \sqrt{\varphi^3}\right) = \left(1 + \sqrt{\varphi}\right) \cdot d_3$$

$$d_3 = d_4 \frac{1 + \sqrt{\varphi^3}}{1 + \sqrt{\varphi}}.$$

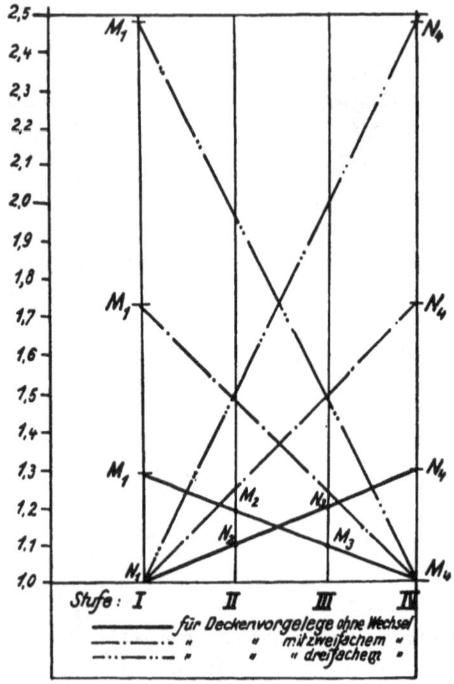

Fig. 13.

Ferner:
$$d_2 + d_3 = d_2 + \frac{d_2}{\sqrt{\varphi}} = d_4\,(1 + \sqrt{\varphi^3})$$
$$d_2\left(1 + \frac{1}{\sqrt{\varphi}}\right) = d_2\,\frac{(1 + \sqrt{\varphi})}{\sqrt{\varphi}} = d_4\,(1 + \sqrt{\varphi^3})$$
$$d_2 = d_4\,\frac{1 + \sqrt{\varphi^3}}{1 + \sqrt{\varphi}} \cdot \sqrt{\varphi}\,.$$

Diese Werte oben eingesetzt:

$$N_1 : N_2 : N_3 : N_4 = d_4\sqrt{\varphi^3} : d_4\,\frac{1 + \sqrt{\varphi^3}}{1 + \sqrt{\varphi}} \cdot \sqrt{\varphi} \cdot \varphi : d_4\,\frac{1 + \sqrt{\varphi^3}}{1 + \sqrt{\varphi}} \cdot \varphi^2 : d_4\,\varphi^3$$
$$= \sqrt{\varphi^3} : \frac{1 + \sqrt{\varphi^3}}{1 + \sqrt{\varphi}} \cdot \sqrt{\varphi} \cdot \varphi : \frac{1 + \sqrt{\varphi^3}}{1 + \sqrt{\varphi}} \cdot \varphi^2 : \varphi^3.$$

$$N_1 : N_2 : N_3 : N_4 = 1 : \frac{1 + \sqrt{\varphi^3}}{1 + \sqrt{\varphi}} : \frac{1 + \sqrt{\varphi^3}}{1 + \sqrt{\varphi}} \cdot \sqrt{\varphi} : \sqrt{\varphi^3}$$
$$= 1 : 1{,}1 : 1{,}2 : 1{,}3.$$

$$\text{Und } M_1 : M_2 : M_3 : M_4 = \frac{P d_1}{2} : \frac{P d_2}{2} \dots \frac{P d_4}{2}$$

$$= d_1 : d_2 : d_3 : d_4$$

$$= \sqrt{\varphi^3} : \frac{1+\sqrt{\varphi^3}}{1+\sqrt{\varphi}} \cdot \sqrt{\varphi} : \frac{1+\sqrt{\varphi^3}}{1+\sqrt{\varphi}} : 1$$

$$= 1{,}3 : 1{,}2 : 1{,}1 : 1.$$

b) Für eine vierstufige Scheibe (nach Fig. 12)

(mit doppeltem Wechsel am Vorgelege):

$$N_1 : N_2 : N_3 : N_4 = d_1 n_1 : d_2 n_3 : d_3 \cdot n_5 : d_4 n_7 \text{ (für Gruppe A)}$$

(Nach einigen Umformungen wie unter a)

$$= \varphi^3 : \frac{1+\varphi^3}{1+\varphi} \cdot \varphi^3 : \frac{1+\varphi^3}{1+\varphi} \cdot \varphi^4 : \varphi^6$$

$$= 1 : \frac{1+\varphi^3}{1+\varphi} : \frac{1+\varphi^3}{1+\varphi} \cdot \varphi : \varphi^3$$

$$= 1 : 1{,}24 : 1{,}49 : 1{,}73.$$

$$\text{Und } M_1 : M_2 : M_3 : M_4 = d_1 : d_2 : d_3 : d_4$$

$$= 1{,}73 : 1{,}49 : 1{,}24 : 1.$$

c) Für eine vierstufige Scheibe (Tafel S. 50)

(Mit dreifachem Wechsel am Vorgelege):

$$N_1 : N_2 : N_3 : N_4 = d_1 n_1 : d_2 n_4 : d_3 \cdot n_7 : d_4 n_{10} \text{ (für Gruppe A)}$$

$$= \sqrt{\varphi^9} : \frac{1+\sqrt{\varphi^9}}{1+\sqrt{\varphi^3}} \cdot \sqrt{\varphi^3} \cdot \varphi^3 : \frac{1+\sqrt{\varphi^9}}{1+\sqrt{\varphi^3}} \cdot \varphi^6 : \varphi^9$$

$$= 1 : \frac{1+\sqrt{\varphi^9}}{1+\sqrt{\varphi^3}} : \frac{1+\sqrt{\varphi^9}}{1+\sqrt{\varphi^3}} \cdot \sqrt{\varphi^3} : \sqrt{\varphi^9}$$

$$= 1 : 1{,}51 : 1{,}96 : 2{,}48.$$

$$\text{Und } M_1 : M_2 : M_3 : M_4 = d_1 : d_2 : d_3 : d_4$$

$$= 2{,}48 : 1{,}96 : 1{,}51 : 1.$$

Stufenscheibentriebe mit ungleichen Stufen.

a) Mit Übersetzungen ins Rasche (Fig. 14).

Übersetzungen ins Rasche erreicht man unter allen Umständen in jeder Riemenlage, wenn $\frac{D_4}{d_1} = \frac{1}{1}$ wird.

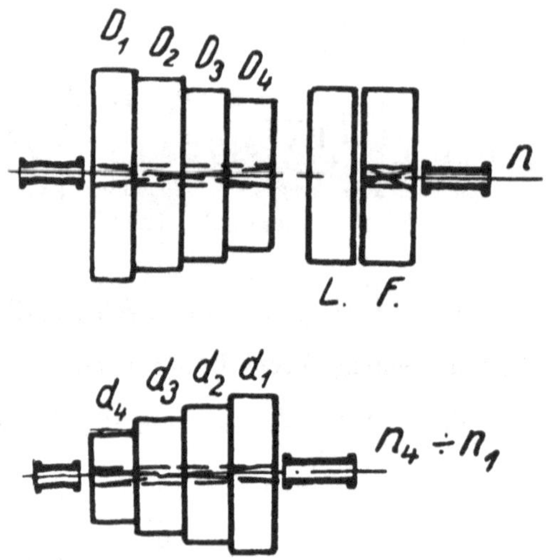

Fig. 14.

Es müßte dann bei geometrischer Abstufung der Drehzahlen sein:

$$n_1 = n\frac{D_4}{d_1} = n;\ \frac{D_4}{d_1} = \frac{1}{1}.$$

$$n_2 = n\frac{D_3}{d_2} = n\,\varphi;\ \frac{D_3}{d_2} = \frac{\varphi}{1}.$$

$$n_3 = n\frac{D_2}{d_3} = n\,\varphi^2;\ \frac{D_2}{d_3} = \frac{\varphi^2}{1}$$

$$n_4 = n\frac{D_1}{d_4} = n\,\varphi^3;\ \frac{D_1}{d_4} = \frac{\varphi^3}{1}.$$

Wählt man für $\frac{D_4}{d_1}$ einen beliebigen Wert > 1, z. B. $= x$, so ergibt sich folgerichtig:

$$\frac{D_1}{d_1} = x;\ \frac{D_3}{d_2} = x\,\varphi\ \ldots\ldots\ \frac{D_1}{d_4} = x\,\varphi^3.$$

Bei Z'-Scheibenstufen: $\frac{D_1}{d_z'} = x\,\varphi^{z'-1}$.

Soll $\frac{D_1}{d_4}$ bis $\frac{3}{1}$ werden, wird — da $x\,\varphi^3 = 3$ — φ im Höchstfalle

$$= \sqrt[3]{\frac{3}{x}}.$$

Für $x =$	1	1,25	1,5	1,75	2	2,25
wird $\varphi =$	1,73	1,31	1,26	1,2	1,145	1,1

Zum Antrieb kleiner Schnellaufmaschinen bedient man sich solcher Getriebe. Sie sind da angebracht, wo hohe Spindelumdrehungen bei kleinem Drehmoment verlangt werden. Antrieb durch schmalen Riemen oder Schnur.

Beispiel:

Für $x = 1{,}5$; $\varphi = 1{,}26$ und $n = 800$ U/Min., wird

$$n_1 = n \frac{D_4}{d_1} = n\,x = 800 \cdot 1{,}5 = 1200; \quad \frac{D_4}{d_1} = x = 1{,}5$$

und $$n_4 = n \frac{D_1}{d_4} = n\,x\,\varphi^3 = 800 \cdot 1{,}5 \cdot 2 = 2400; \quad \frac{D_1}{d_4} = x\,\varphi^3 = 3.$$

$$\frac{D_4}{d_1} = 1{,}5; \; d_1 = 200 \text{ mm } \varnothing \text{ angenommen,}$$

$$D_4 = 1{,}5 \cdot 200 = 300 \text{ mm.}$$

$$D_4 + d_1 = 300 + 200 = 500.$$

$$D_3 + d_2 = 500$$

$$\frac{D_3}{d_2} = x\,\varphi; \; D_3 = x\,\varphi\,d_2.$$

$$d_2(1 + x\,\varphi) = 500$$

$$d_2 = \frac{500}{2{,}89} = 173 \text{ mm.}$$

$$D_3 = 500 - 173 = 327 \text{ mm.}$$

$$D_2 + d_3 = 500$$

$$\frac{D_2}{d_3} = x\,\varphi^2$$

$$d_3(1 + x\,\varphi^2) = 500$$

$$d_3 = \frac{500}{3{,}39} = 147 \text{ mm}$$

$$D_2 = 500 - 147 = 353 \text{ mm}$$

$$D_1 + d_4 = 500$$

$$\frac{D_1}{d_4} = x\,\varphi^3$$

$$d_4(1 + x\,\varphi^3) = 500$$

$$d_4 = \frac{500}{4} = 125 \text{ mm}$$

$$D_1 = 500 - 125 = 375 \text{ mm.}$$

Die D —:	d — Reihe
300 —	200 mm
327 —	173 mm
353 —	147 mm
375 —	125 mm.

Damit endgültig:

$$n_1 = n \frac{D_4}{d_1} = 800 \cdot \frac{300}{200} = 1200 \text{ U/Min.}$$

$$n_2 = n \frac{D_3}{d_2} = 800 \cdot \frac{327}{173} = 1504 \text{ U/Min.}$$

$$n_3 = n \frac{D_2}{d_3} = 800 \cdot \frac{353}{147} = 1920 \text{ U/Min.}$$

$$n_4 = n \frac{D_1}{d_4} = 800 \cdot \frac{375}{125} = 2400 \text{ U/Min.}$$

b) Mit Übersetzungen ins Langsame:

(Fig. 15)

Für jede Riemenlage erreicht man unter allen Umständen eine Übersetzung ins Langsame, wenn $\frac{d_1}{D_4} = \frac{1}{1}$ wird.

Nimmt man für $\frac{d_1}{D_4} = \frac{1}{x}$, erhält man als Drehzahlreihe:

$$n_4 = n\frac{d_1}{D_4} = \frac{n}{x}; \frac{d_1}{D_4} = \frac{1}{x}.$$

$$n_3 = n\frac{d_2}{D_3} = \frac{n}{x \cdot \varphi}; \frac{d_2}{D_3} = \frac{1}{x\varphi}$$

$$n_2 = n\frac{d_3}{D_2} = \frac{n}{x\varphi^2}; \frac{d_3}{D_2} = \frac{1}{x\varphi^2}$$

$$n_1 = n\frac{d_4}{D_1} = \frac{n}{x\varphi^3}; \frac{d_4}{D_1} = \frac{1}{x\varphi^3}.$$

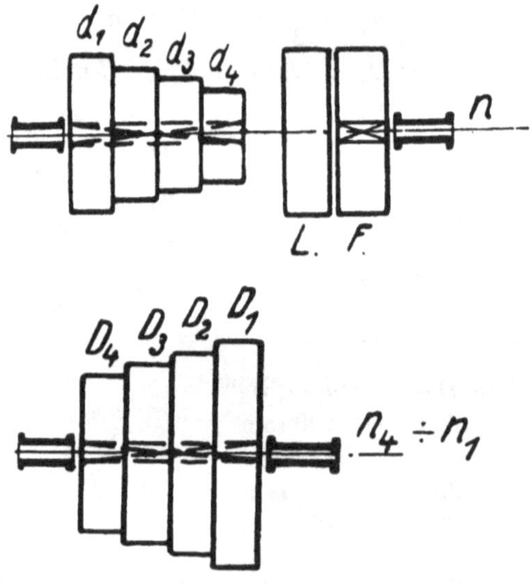

Fig. 15.

Bei Z'-Scheibenstufen: $\frac{d_z'}{D_1} = \frac{1}{x\varphi^{Z'-1}}$.

Für φ ergeben sich dieselben Werte, wenn $\frac{d_4}{D_1} = \frac{1}{3}$ nicht überschreiten soll, wie unter a).

Bei doppeltem Wechsel an Vorgelegen (Fig. 16) und

$$\frac{d_1}{D_3} = \frac{1}{x}, \text{ wird } \frac{d_3}{D_1} = \frac{1}{x\,\varphi^2}; \left(\frac{dz'}{D_1} = \frac{1}{x\,(\varphi^2)^{z'-1}}\right),$$

wovon man sich leicht durch Aufstellung der Drehzahlreihe überzeugen kann.

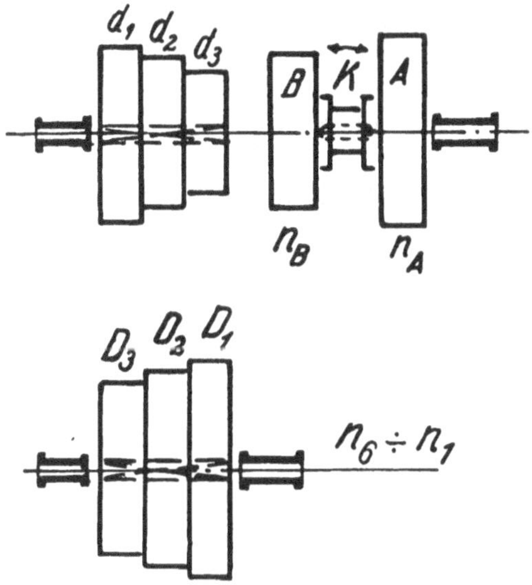

Fig. 16.

Diese Getriebe benutzt man da, wo man größere Drehmomente in die Maschinenspindel einleiten will. Allerdings darf man — Fig. 15 — das Verhältnis $\frac{d_4}{D_1}$ nicht zu groß wählen, weswegen die Annahme gemacht wurde, es solle den Wert $\frac{1}{3}$ nicht übersteigen.

Zur Umkehr des Drehsinnes der Maschinenspindel benutzt man sog. Riemenwendegetriebe (Fig. 17 und 18) mit einem offenen und einem gekreuzten Riemen. Die beiden Riemen werden durch eine Stange gleichzeitig gesteuert; infolgedessen müssen zwei Losscheiben von je doppelter Scheibenbreite vorgesehen werden. Bei Umsteuerung des Getriebes muß erst der jeweils arbeitende Riemen die Festscheibe völlig freigegeben haben, ehe der andere Riemen seine Festscheibe berührt.

Beide Getriebe arbeiten mit beschleunigtem Rücklauf. Der Anordnung nach Fig. 18 gibt man den Vorzug, denn das Montieren von zwei Trommeln von je dreifacher Scheibenbreite ist bequemer als das einer Trommel von sechsfacher Breite.

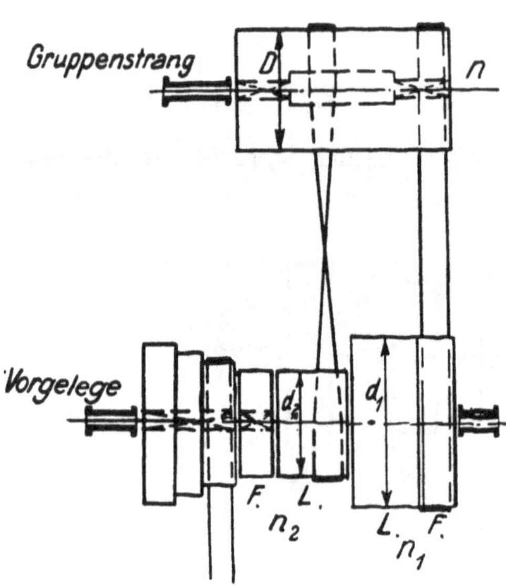

Fig. 17.

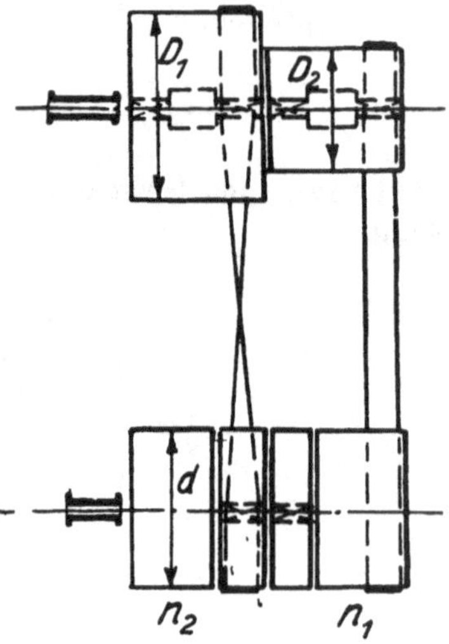

Fig. 18.

Soll die Vorgelegespindel mit $n_2 = 1{,}5\, n_1$ Umdrehungen links herum (gekreuzter Riemen) laufen, muß sein

nach Fig. 17:

$$D\,n = d_2\,n_2 = d_1\,n_1$$
$$\frac{d_2}{d_1} = \frac{n_1}{n_2} = \frac{1}{1{,}5}$$
$$d_1 = 1{,}5\, d_2$$

nach Fig. 18:

$$D_2\,n = d\,n_1$$
$$D_1\,n = d \cdot n_2$$
$$\frac{D_2}{D_1} = \frac{n_1}{n_2} = \frac{1}{1{,}5}$$
$$D_1 = 1{,}5\, D_2.$$

Stufenscheibentriebe mit Rädervorgelegen.

(Fig. 19, 22 und 23).

Verbindet man nach Art der Fig. 19 Rädervorgelege mit einer Stufenscheibe, so erreicht man zweierlei:

1. Eine Vergrößerung des Arbeits oder Regelbereiches des Getriebes: Man verlängert die Drehzahlreihe.

2. Eine Steigerung der Kraftmomente an der Maschinen- oder Hauptspindel: die Kraftmomente der Stufenscheibe werden durch die Rädervorgelege verstärkt (z. B. bei Übersetzung $i = \frac{1}{5}$ um das Fünffache).

Rädervorgelege und Stufenscheibe müssen so angeordnet sein, daß die Hauptspindel sowohl durch die Stufenscheibe allein, als auch — je nach

Bedarf — durch beide zusammengetrieben werden kann. Zu diesem Zwecke muß die Stufenscheibe mit Rad r_1 auf gemeinsamer Büchse sich lose um die Maschinenspindel drehen, während r_4 mittels einer Feder auf ihr befestigt ist. Eine Kupplung *K* (Fig. 19a) kann die Stufenscheibe über r_4 mit ihr kuppeln. Die Vorgelegespindel wird durch den Handhebel *H* (Fig. 19b) ein- und ausgeschwenkt; sie dreht um exzentrisch gelagerte Zapfen. Wird *K* eingekuppelt und die Räder r_2 und r_3 durch *H* ausgeschwenkt (*H* nach oben, Fig. 19), läuft die Hauptspindel mit den Drehzahlen der Stufenscheibe:

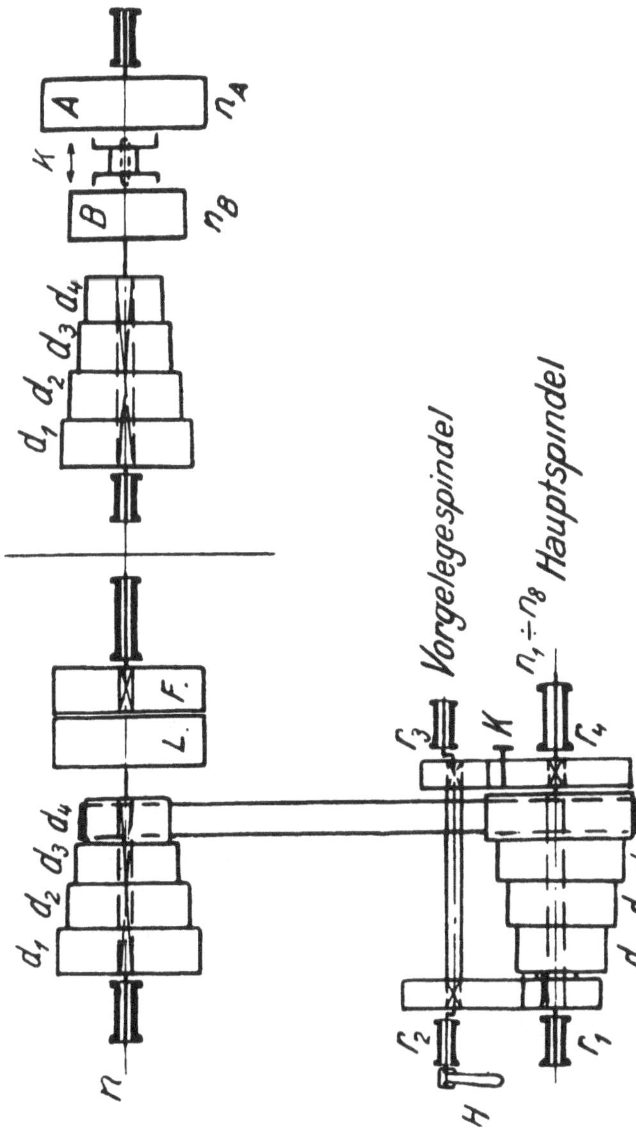

Fig. 19.

n_5; n_6; n_7 und n_8 und wird K ausgekuppelt und die Vorgelegespindel eingerückt (H nach unten), mit n_1, n_2, n_3 und n_4.

Die Drehzahlreihe der Hauptspindel in geometrischer Abstufung:

mit Vorgelege: Gruppe I	ohne Vorgelege: Gruppe II
$n_1 = n \frac{d_4}{d_1} \cdot \frac{r_1}{r_2} \cdot \frac{r_3}{r_4} = n_{min.}$	$n_5 = n \frac{d_4}{d_1} = n_1 \varphi^4$
$n_2 = n \frac{d_3}{d_2} \cdot \frac{r_1}{r_2} \cdot \frac{r_3}{r_4} = n_1 \varphi$	$n_6 = n \frac{d_3}{d_2} = n_1 \varphi^5$
$n_3 = n \frac{d_2}{d_3} \cdot \frac{r_1}{r_2} \cdot \frac{r_3}{r_4} = n_1 \varphi^2$	$n_7 = n \frac{d_2}{d_3} = n_1 \varphi^6$
$n_4 = n \frac{d_1}{d_4} \cdot \frac{r_1}{r_2} \cdot \frac{r_3}{r_4} = n_1 \varphi^3$	$n_8 = n \frac{d_1}{d_4} = n_1 \varphi^7 = n_{max.}$

$$\varphi = \sqrt[7]{\frac{n_8}{n_1}} = \sqrt[Z-1]{\frac{n_{max.}}{n_{min.}}} = \sqrt[Z-1]{R.}$$

Z auch hier = Drehzahlstufen.

Das Deckenvorgelege: $n^2 = n_{min.} \cdot n_{max.}$ der Stufenscheibe auf der Hauptspindel.

$$n^2 = n_5 \cdot n_8$$
$$n = \sqrt{n_5 \cdot n_8} = \sqrt{n_1 \varphi^4 \cdot n_1 \varphi^7} = n_6 \sqrt{\varphi}.$$

Die Räderübersetzungen in den Vorgelegen: $i = \frac{r_1}{r_2} \cdot \frac{r_3}{r_4}$.

$$i = \frac{\text{Gruppe I}}{\text{Gruppe II}} = \frac{n_1}{n_5} \ldots\ldots = \frac{n_4}{n_8} = \frac{1}{\varphi^4}.$$

$$i = \frac{1}{\varphi^{Z'}}; \; Z' = \text{Anzahl der Scheibenstufen.}$$

$$\frac{d_{min.}}{d_{max.}} = \text{hier } \frac{d_4}{d_1}: \qquad d_4\, n = d_1 \cdot n_5$$

$$\frac{d_4}{d_1} = \frac{n_5}{n} = \frac{n_5}{n_6 \sqrt{\varphi}} = \frac{1}{\varphi \sqrt{\varphi}} = \sqrt{\frac{1}{\varphi^3}} = \sqrt{\frac{1}{\varphi^{Z'-1}}}$$

wie in Fig. 10. Das trifft auch auf die Durchmesserverhältnisse der übrigen Stufen zu.

Die Momente an der Hauptspindel:

$$i = \eta \frac{M_E}{M}; \; M = \frac{\eta}{i} M_E.$$

Bei

$$n_1 : M_1 = \frac{\eta}{i} M_{E1} = \eta \varphi^4 \frac{P d_1}{2} = \eta_1 \cdot \eta_2^2 \cdot \eta_3^2 \varphi^4 \frac{P}{2} \cdot d_1 = K \cdot d_1 = M_{max}.$$

$$n_4 : M_4 = \frac{\eta}{i} M_{E4} = \eta \varphi^4 \frac{P d_4}{2} = \eta_1 \cdot \eta_2^2 \cdot \eta_3^2 \cdot \varphi^4 \frac{P}{2} \cdot d_4 = K \cdot d_4.$$

$$n_5 : M_5 = \eta' M_{E1} = \eta' \frac{P d_1}{2} = \eta_1 \cdot \eta_2 \frac{P}{2} \cdot d_1 = K' d_1$$

$$n_8 : M_8 = \eta' M_{E4} = \eta' \frac{P d_4}{2} = \eta_1 \cdot \eta_2 \frac{P}{2} \cdot d_4 = K' d_4 = M_{min}.$$

$$K = \eta_1 \cdot \eta_2^2 \cdot \eta_3^2 \varphi^4 \frac{P}{2}; \; K' = \eta_1 \cdot \eta_2 \cdot \frac{P}{2} = \text{Konstant}.$$

Die PS an der Hauptspindel:

$$\eta = \frac{N}{N_E}; \; N = \eta N_E.$$

Bei

$$n_1 : N_1 = \eta N_{E1} = \eta \frac{P v_{R1}}{75} = \eta_1 \cdot \eta_2^2 \cdot \eta_3^2 \frac{P}{75} \cdot v_{R1} = K \cdot v_{R1} = N_{min}.$$

$$n_4 : N_4 = \eta N_{E4} = \eta \frac{P v_{R4}}{75} = \eta_1 \cdot \eta_2^2 \cdot \eta_3^2 \cdot \frac{P}{75} \cdot v_{R4} = K \cdot v_{R4}$$

hier $K = \eta_1 \cdot \eta_2^2 \cdot \eta_3^2 \frac{P}{75}$;

$$n_5 : N_5 = \eta' N_{E1} = \eta_1 \cdot \eta_2 \frac{P \cdot v_{R1}}{75} = \eta_1 \cdot \eta_2 \cdot \frac{P}{75} \cdot v_{R1} = K' \cdot v_{R1}$$

$$n_8 : N_8 = \eta' N_{E4} = \eta_1 \cdot \eta_2 \frac{P \cdot v_{R4}}{75} = \eta_1 \cdot \eta_2 \frac{P}{75} \cdot v_{R4} = K' \cdot v_{R8} = N_{max}.$$

hier $K' = \eta_1 \cdot \eta_2 \frac{P}{75}$.

η_1 für Riemenrutsch: 0,98; $\quad v_{R1} = \frac{d_1 \pi \cdot n_5}{1000 \cdot 60}$ in m/Sek.

η_2 für gut und kurz gelagerte Welle: 0,97

η_3 für ein Zahnräderpaar: 0,96. $\quad v_{R4} = \frac{d_1 \pi \cdot n_8}{1000 \cdot 60}$ in m/Sek.

Beispiel:

Ein Getriebe dieser Art soll maximal ein Drehmoment von ca. 7 200 cm/kg an die Hauptspindel abgeben. Es kommen in sonderheit zwei Materialien zur Verarbeitung auf der Maschine, die 25 und 36 m/Min. Schnittgeschwin-

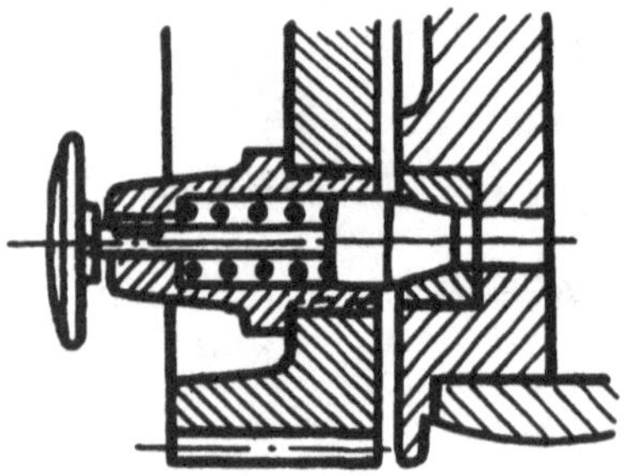

Fig. 19a.

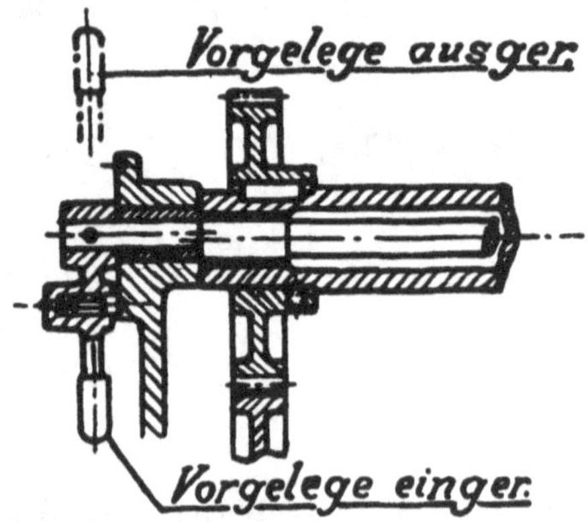

Fig. 19b.

digkeit verlangen. Der größte Werkstück-Durchmesser beträgt 350 mm und der kleinste 50 mm.

Für diese Angaben ist das Getriebe zu berechnen.

Material I: $v_I = 25$ m/Min.;
Material II: $v_{II} = 36$ m/Min.; $\Big\}$ $D_{max.} = 350$ mm ⌀; $D_{min.} = 50$ mm.

Damit ist der Regelbereich des Getriebes bestimmt, weil $n_{min.}$ und $n_{max.}$ festliegen:

$$n_{min.} = n_1 = \frac{1000 \cdot v_{min.}}{D_{max.}\,\pi} = \frac{1000 \cdot v_I}{350 \cdot \pi} = \sim 22 \quad \text{U/Min.}$$

$$n_{max.} = n_8 = \frac{1000 \cdot v_{max.}}{D_{min.}\,\pi} = \frac{1000\, v_{II}}{50\,\pi} = \sim 229 \text{ U/Min.}$$

$$\varphi = \sqrt[Z-1]{R} = \sqrt[7]{\frac{n_8}{n_1}} = \sqrt[7]{\frac{229}{22}}.$$

$$\log \varphi = \frac{1}{7}(\log \cdot 229 - \log \cdot 22) = 0{,}14535$$

$$\varphi = 1{,}397 = 1{,}4.$$

Die theoretische Drehzahlreihe:

mit Vorgelege	ohne Vorgelege
$n_1 = 22$ U/Min.	$n_5 = 84{,}5$ U/Min. $= n_1\,\varphi^4$
$n_2 = 30{,}8$ U/Min.	$n_6 = 118{,}3$ U/Min.
$n_3 = 43$ U/Min.	$n_7 = 165{,}6$ U/Min.
$n_4 = n_1\,\varphi^3 = 60{,}4$ U/Min.	$n_8 = 232$ U/Min. $= n_1\,\varphi^7$

n : $\quad n = n_6 \sqrt{\varphi} = \sim 140$ U/Min.

Die Rädervorgelege: $i = \frac{1}{\varphi^{z'}} = \frac{1}{\varphi^4} = \frac{1}{3,84} = \frac{r_1}{r_2} \cdot \frac{r_3}{r_4}$

$$\frac{r_1}{r_2} = \frac{1}{1,5}; \frac{r_3}{r_4} = \frac{1}{2,56}.$$

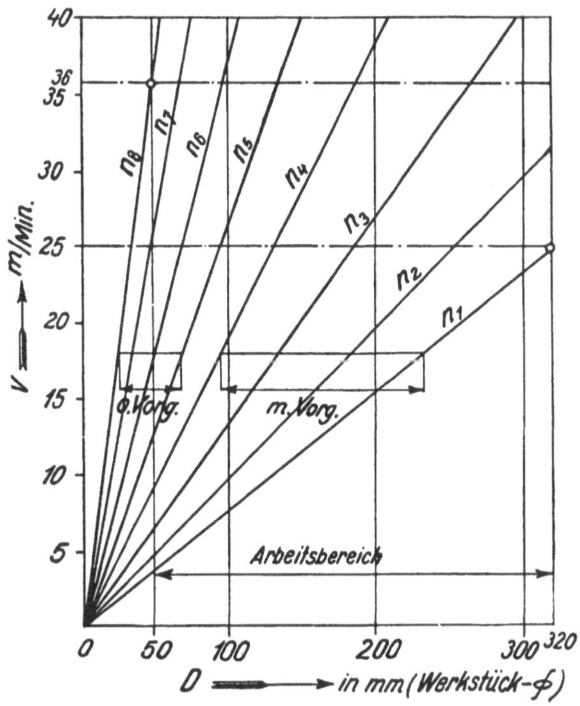

Fig. 20.

Die Durchmesser:

Bei der kleinsten Drehzahl n_1 soll ein $M_{max.} = M_1 = 7200$ cm/kg an die Hauptspindel abgegeben werden.

$$M_{max.} = \frac{\eta}{i} M_E = \frac{\eta}{i} \frac{P d_1}{2}.$$

$$d_1 = \frac{2 \cdot M_{max.} \cdot i}{\eta \cdot P} = \frac{2 \cdot 7200}{0,85 \cdot 120 \cdot 3,84} = 37 \text{ cm} = 370 \text{ mm}.$$

$$\eta = \eta_1 \cdot \eta_2^2 \cdot \eta_3^2 = 0,98 \cdot 0,97^2 \cdot 0,96^2 = \sim 0,95.$$

$P = 120$ kg gewählt entsprechend einem $b = 100$ mm.

$$\frac{d_4}{d_1} = \sqrt{\frac{1}{\varphi^3}}; d_4 = \sqrt{\frac{1}{\varphi^3}} \cdot d_1 = \frac{370}{\sqrt{2,74}} = 225 \text{ mm}.$$

$$d_3 + d_2 = d_1 + d_4 = 370 + 225 = 595.$$

$$\frac{d_3}{d_3} = \sqrt{\frac{1}{\varphi}} \text{ (s. Tafel S. 50)}; \; d_2 = d_3 \sqrt{\varphi}.$$

$$d_3 (1 + \sqrt{\varphi}) = 595$$

$$d_3 = \frac{595}{1 + \sqrt{\varphi}} = \frac{595}{2{,}18} = 273 \text{ mm}.$$

Die Durchmesser: 225; 273; 322 und 370. Differenz von Stufe zu Stufe: 48 und 49 mm.

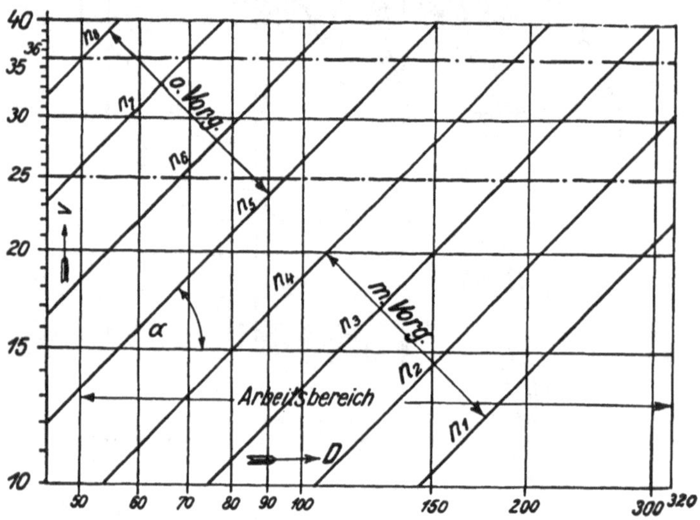

Fig. 21.

Die Momente an der Hauptspindel: $M = \frac{\eta}{i} M_E = \frac{\eta}{i} \frac{Pd}{2}$.

Bei $n_1 : M_1 = K\, d_1 = \sim 196 \cdot 37 = 7252 \text{ cm/kg} = M_{max}$.

$n_4 : M_4 = K\, d_4 = 196 \cdot 22{,}5 = 4410 \text{ cm/kg}$;

$n_5 : M_5 = K'\, d_1 = 57 \cdot 37 = 2109 \text{ cm/kg}$

$n_8 : M_8 = K'\, d_4 = 57 \cdot 22{,}5 = \sim 1283 \text{ cm/kg} = M_{min}$.

$$K = \frac{\eta}{i} \frac{P}{2} = 0{,}85 \cdot 3{,}84 \cdot \frac{120}{2} = 196.$$

$$K' = \eta' \frac{P}{2} = \eta_1 \cdot \eta_2 \frac{P}{2} = 0{,}98 \cdot 0{,}97 \frac{120}{2} = 57.$$

Die PS an der Hauptspindel: $N = \eta N_E = \eta \frac{P v_R}{75}$.

$$\text{Bei} \quad n_1 : N_1 = K \cdot v_{R1} = 1{,}36 \cdot 1{,}64 = 2{,}23 \text{ PS} = N_{min.}$$

$$n_4 : N_4 = K \cdot v_{R4} = 1{,}36 \cdot 2{,}71 = 3{,}68 \text{ PS};$$

$$n_5 : N_5 = K' v_{R1} = 1{,}52 \cdot 1{,}64 = 2{,}49 \text{ PS}$$

$$n_8 : N_8 = K' v_{R4} = 1{,}52 \cdot 2{,}71 = 4{,}12 \text{ PS} = N_{max.}$$

$$K = \eta \frac{P}{75} = 0{,}85 \cdot \frac{120}{75} = 1{,}36; \; v_{R1} = \frac{d_1 \pi \cdot n_5}{1000 \cdot 60} = \frac{370 \cdot \pi \cdot 84{,}5}{1000 \cdot 60} = 1{,}64 \text{ m/Sek.}$$

$$K' = \eta' \frac{P}{75} = 0{,}95 \cdot \frac{120}{75} = 1{,}52; \; v_{R4} = \frac{d_4 \pi \cdot n_8}{1000 \cdot 60} = \frac{225 \cdot \pi \cdot 230}{1000 \cdot 60} = 2{,}71 \text{ m/Sek.}$$

Die wirklichen Drehzahlen in den Grenzlagen:

$$n_1 = n_{min.} = n \frac{d_4}{d_1} \cdot \frac{r_1}{r_2} \cdot \frac{r_3}{r_4} = 140 \cdot \frac{225}{370} \cdot \frac{1}{3{,}84} = 22{,}2 \text{ U/Min.}$$

$$n_8 = n_{max.} = n \frac{d_1}{d_4} = 140 \cdot \frac{370}{225} = 320 \text{ U/Min.}$$

Die Feldverteilung zwischen n_1 und n_8 zeigen die beiden Diagramme Fig. 20 und 21. Das letztere im logarithmischen Maßstab. Die Drehzahlen stellen parallele Geraden dar, die unter einem Winkel von 45° verlaufen: die logarithmischen Maßstäbe auf den Achsen sind die gleichen. ($tg\,\alpha = 1$.) Dieses Diagramm hat den Vorzug besserer Lesbarkeit.

Will man über größere Kraftmomente an der Hauptspindel verfügen, als sie das Getriebe nach Fig. 19 bietet, kann man bei gleichem φ die Durchmesser und Breiten der Stufenscheiben vergrößern. Genügt auch das nicht — und das hat ja auch bald seine Grenzen —, bleibt als einziger Ausweg eine Vermehrung der Rädervorgelege, die aber gleichzeitig zur Wirkung kommen müssen. (Fig. 23.)

Fig. 22 entspricht dieser Bedingung nicht. Es lassen sich immer nur je zwei Räderpaare durch den Schiebeblock einschalten.

An Drehzahlgruppen sind drei aufzustellen:

$$\text{Gruppe I:} \quad n_1 = n \frac{d_3}{d_1} \cdot \frac{r_1}{r_2} \cdot \frac{r_5}{r_6} = n_{min.}$$

$$n_3 = n \frac{d_1}{d_3} \cdot \frac{r_1}{r_2} \cdot \frac{r_5}{r_6}.$$

$$\text{Gruppe II: } n_4 = n \frac{d_3}{d_1} \cdot \frac{r_3}{r_4} \cdot \frac{r_5}{r_6}$$

$$n_6 = n \frac{d_1}{d_3} \cdot \frac{r_3}{r_4} \cdot \frac{r_5}{r_6}.$$

$$\text{Gruppe III: } n_7 = n \frac{d_3}{d_1}$$

$$n_9 = n \frac{d_1}{d_3} = n_{max}.$$

Gruppe III ist die Grunddrehzahl-Gruppe.

Das Vorgelege arbeitet mit beschleunigtem Rücklauf.

Die Räder r_3 und r_1 sind mit der Stufenscheibe auf einer Buchse aufgefedert. Diese muß schon recht kräftig gewählt werden. Bei Riemen auf d_1 und den eingeschalteten Vorgelegen $r_1 - r_2$ und $r_5 - r_6$ wird die Buchse auf ganzer Länge — von d_1 bis r_1 — durch das größte Stufenscheibenmoment auf Verdrehung beansprucht.

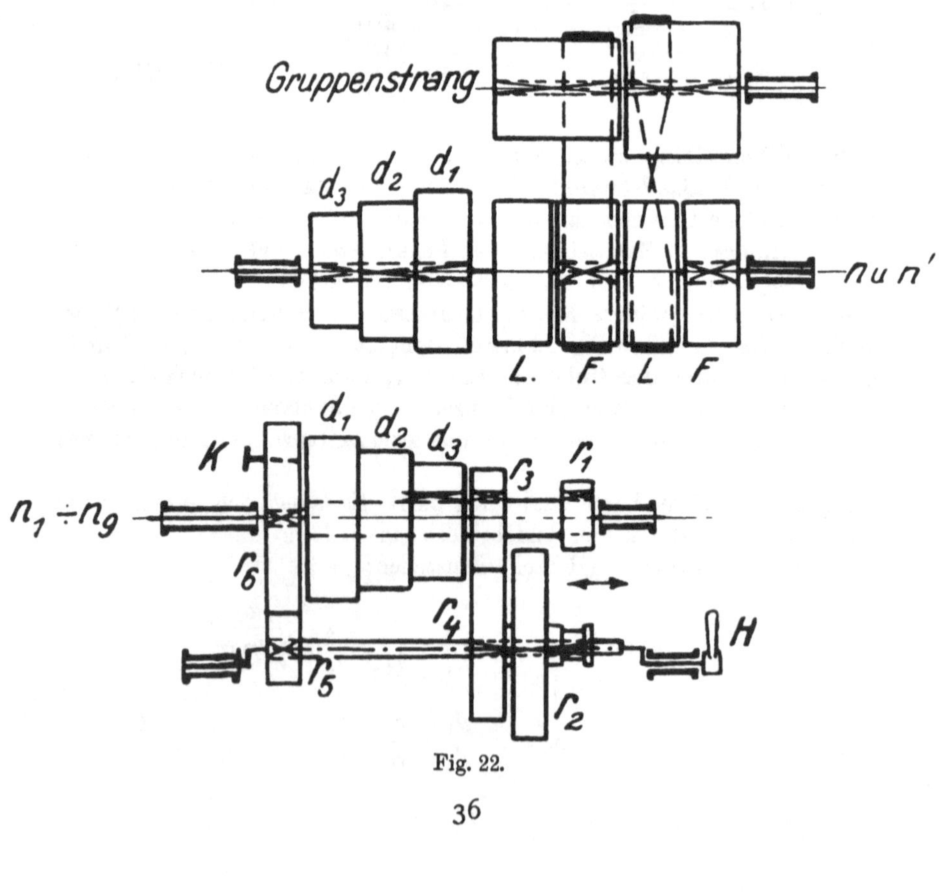

Fig. 22.

Ein Getriebe mit großem Regel- und Arbeitsbereich und erheblich gesteigerter Durchzugskraft ist das nach Fig. 23.

Auch hier wie vorhin eine lange Buchse. Scheibe d_1 trägt im Innern einen Zahnkranz, in den Rad r_{10} eingekuppelt werden kann. Das geschieht bei direkter Übertragung der Drehzahlen und Drehmomente von der Stufenscheibe auf die Hauptspindel, bei der Grunddrehzahl-Reihe.

Das Getriebe arbeitet mit 20 verschiedenen Umläufen, in 5 Gruppen zu je vier.

Bedienungsplan

Gruppe	Drehzahl-reihe	Arbeitende Vorgelege mit den Übersetzungen	Handgriffe
I	$n_1 \div n_4$	$\frac{r_1}{r_2} \cdot \frac{r_5}{r_6} \cdot \frac{r_7}{r_8} \cdot \frac{r_9}{r_{10}}$	Riemen: von d_1 bis d_4 wechselnd; K_1: nach rechts ausgekuppelt; K_2: nach links eingekuppelt; K_3: aus.
II	$n_5 \div n_8$	$\frac{r_3}{r_4} \cdot \frac{r_5}{r_6} \cdot \frac{r_7}{r_8} \cdot \frac{r_9}{r_{10}}$	Riemen: wie unter I; K_1: wie unter I; K_2: nach rechts ein; K_3: wie unter I.
III	$n_9 \div n_{12}$	$\frac{r_1}{r_2} \cdot \frac{r_9}{r_{10}}$	Riemen: wie unter I; K_1: wie unter I; K_2: wie unter I; K_3: nach links eingekuppelt.
IV	$n_{13} \div n_{16}$	$\frac{r_3}{r_4} \cdot \frac{r_9}{r_{10}}$	Riemen: wie unter I; K_1: wie unter I; K_2: wie unter II; K_3: wie unter III.
V	$n_{17} \div n_{20}$	ohne Vorgelege Grunddrehzahl-Reihe	Riemen: wie unter I; K_1: nach links eingekuppelt; K_2: in Mittelstellung; K_3: aus.

Durch Einlegen der Kupplung K_3 nach links werden die Umdrehungen der Buchse B, auf der r_2 und r_4 aufgefedert gleiten können und r_5 befestigt ist, auf die erste Vorlegewelle übertragen, von der sie durch r_9 auf die Hauptspindel weiter geleitet werden. Rad r_6 und r_7 werden mit ihrer Welle nach links herausgeschoben. Dadurch wird ein totes Mitlaufen zweier Räderpaare vermieden.

Interessant ist an diesem Getriebe, die wechselnde Größe der Räderübersetzungen zu verfolgen:

Gruppe I: n_1
n_4
Gruppe II: n_5
n_8
Gruppe III: n_9
n_{12}
Gruppe IV: n_{13}
n_{15}
Gruppe V: n_{17}
n_{20}

Räderübersetzung in

Gruppe I: $\frac{n_1}{n_{17}} = \frac{1}{\varphi^{16}} = \frac{1}{\varphi^{4\,Z'}}$

Gruppe II: $\frac{n_5}{n_{17}} = \frac{1}{\varphi^{12}} = \frac{1}{\varphi^{3\,Z'}}$

Gruppe III: $\frac{n_9}{n_{17}} = \frac{1}{\varphi^{8}} = \frac{1}{\varphi^{2\,Z'}}$

Gruppe IV: $\frac{n_{13}}{n_{17}} = \frac{1}{\varphi^{4}} = \frac{1}{\varphi^{Z'}}$.

Z' = Anzahl der Scheibenstufen.

Zwischen den Räderpaaren der Haupt- und der ersten Vorgelegespindel muß die Beziehung bestehen:

$$r_1 + r_2 = r_3 + r_4 = r_9 + r_{10} \text{ (weil bei gleichem Achsabstand)}$$

oder $m\,(Z_1 + Z_2) = m'\,(Z_3 + Z_4) = m''\,(Z_9 + Z_{10})\,;\; m = \frac{t}{\pi}$.

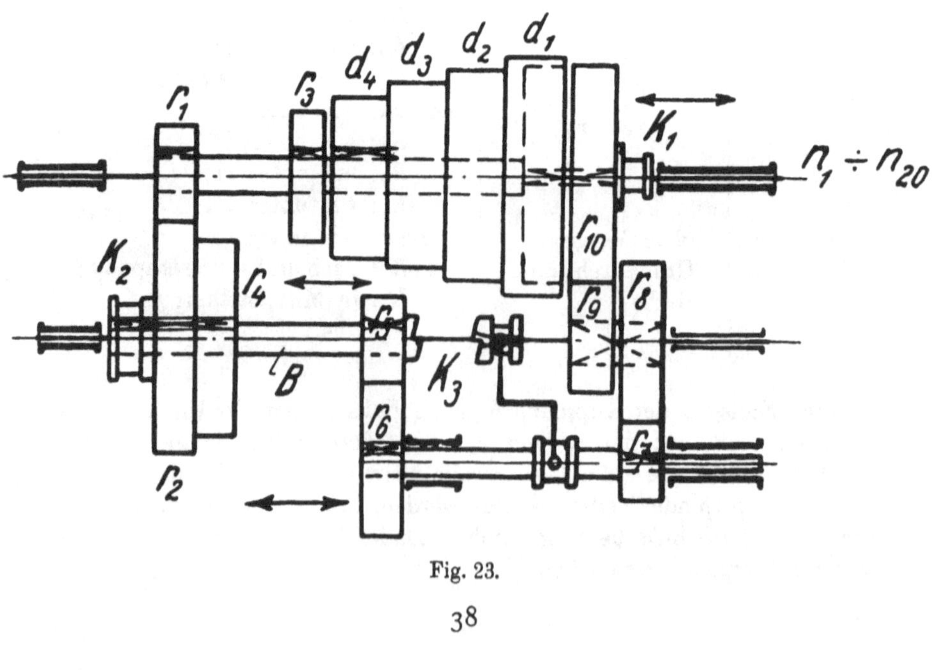

Fig. 23.

$$\frac{r_1}{r_2} \cdot \frac{r_9}{r_{10}} = \frac{1}{\varphi^8} = \frac{\text{Gruppe III}}{\text{Gruppe V}} = \frac{1}{\varphi^4} \cdot \frac{1}{\varphi^4} \text{ und}$$

$$\frac{r_3}{r_4} \cdot \frac{r_9}{r_{10}} = \frac{1}{\varphi^4} = \frac{\text{Gruppe IV}}{\text{Gruppe V}} = \frac{1}{\varphi_0} \cdot \frac{1}{\varphi^4} = \frac{1}{1} \cdot \frac{1}{\varphi^4}.$$

$$m\,Z_1(1+\varphi^4) = m'\,2\,Z_3 = m''\,Z_9\,(1+\varphi^4).$$

$$\frac{Z_1\,(1+\varphi^4)}{2\,Z_3} = \frac{m''}{m'} \cdot, \qquad \frac{2\,Z_3}{Z_9\,(1+\varphi^4)} = \frac{m'}{m}$$

Der Modul wird jeweils nach dem auftretenden größten Moment oder Zahndruck bestimmt. Der Achsabstand beträgt:

$$E = m \cdot \frac{Z_1 + Z_2}{2} = \frac{Z_3 + Z_4}{2} \cdot m' = \frac{Z_9 + Z_{10}}{2} \cdot m''.$$

Gibt man dem Getriebe (Fig. 19) einen doppelten Wechsel im Vorgelege, so ändert sich infolge der Verlängerung der Drehzahlreihe die Größe der Räderübersetzungen, wie die nachfolgende Tabelle zeigt:

Gruppensprung $= \varphi^2$.

Gruppe A	n_1	n_3	n_5	n_7	n_9	n_{11}	n_{13}	n_{15}	$n_A = \sqrt{n_9 \cdot n_{15}} = n_{12}$
Gruppe B	n_2	n_4	n_6	n_8	n_{10}	n_{12}	n_{14}	n_{16}	$n_B = \sqrt{n_{10} \cdot n_{16}} = n_{13}$
Riemen auf	d_1	d_2	d_3	d_4	d_1	d_2	d_3	d_4	der Stufenscheibe a. d. Hauptspindel
Vor-gelege	ein				aus				

$$i = \frac{r_1}{r_2} \cdot \frac{r_3}{r_4} = \frac{n_1}{n_9} \cdots \frac{n_7}{n_{15}} \text{ oder } \frac{n_2}{n_{10}} \cdots \frac{n_8}{n_{16}} = \frac{1}{\varphi^8} = \frac{1}{(\varphi^2)^{Z'}}\cdot$$

$$\frac{d_{min.}}{d_{max.}} = \frac{d_4}{d_1}: \qquad d_4 \cdot n_A = d_1 \cdot n_9$$

$$\frac{d_4}{d_1} = \frac{n_9}{n_A} = \frac{n_5}{n_{12}} = \frac{1}{\varphi^3} = \sqrt{\frac{1}{(\varphi^2)^{Z'-1}}}$$

wie in Tafel S. 50.

Hält man auch hier an der Bedingung fest:

$$\frac{d_{max.}}{d_{min.}} = \frac{d_1}{d_4} \text{ höchstens} = 2, \text{ wird wie in Fig. 12}$$

$$\varphi_{max.} = \sqrt[3]{2} = 1{,}26.$$

Bezüglich der Veränderung der Durchzugsmomente durch den doppelten Wechsel gilt dasselbe, was zu Fig. 12 ausgeführt wurde.

Die Größe der Rädervorgelege $\frac{r_1}{r_2} \cdot \frac{r_3}{r_4}$ läßt sich gesetzmäßig durch Z', die Scheibenstufenzahl, ausdrücken, und zwar (Fig. 19)

$i = \frac{1}{\varphi^{Z'}}$, bei einem Deckenvorgelege ohne Geschwindigkeitswechsel;

$i = \frac{1}{(\varphi^2)^{Z'}}$, bei einem Deckenvorgelege mit zweifachem Geschwindigkeitswechsel;

$i = \frac{1}{(\varphi^3)^{Z'}}$, bei einem Deckenvorgelege mit dreifachem Geschwindigkeitswechsel.

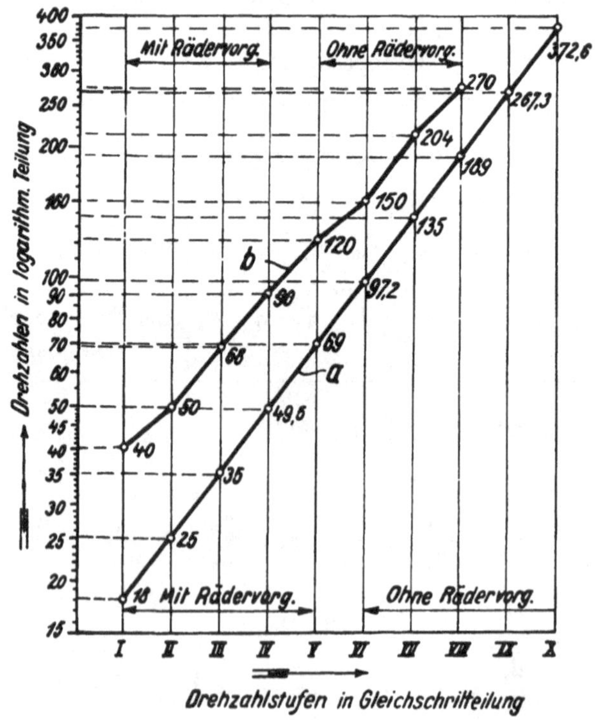

Fig. 24.

Ein praktisches und einfaches Verfahren, die Drehzahlreihe eines Getriebes auf geometrische Abstufung zu untersuchen, ist in Fig. 24 wiedergegeben.

Auf der Abszissen-Achse werden die einzelnen Drehzahlstufen in Gleichschritteilung, auf der Ordinate die Drehzahlen in logarithmischer Teilung aufgetragen. Verbindet man die zu ihren Stufen gehörenden Drehzahlen miteinander, so muß bei geometrischer Abstufung eine gerade Linie (a) entstehen. Bei ungleichem φ (b) gibt es eine gebrochene Linienführung.

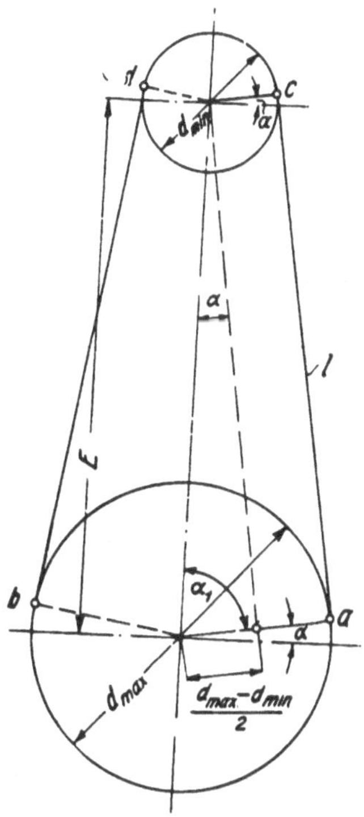

Fig. 25.

Man sieht hier sofort die unrichtige Lage der Drehzahl 50 und — bei derselben Riemenlage, aber ausgerücktem Rädervorgelege — 150. Man ist somit in der Lage, leicht die Änderung an richtiger Stelle vornehmen zu können. Bei gegebenen Grenzdrehzahlen empfiehlt es sich, in einem solchen Diagramm diese beiden miteinander zu verbinden und an den Schnittpunkten die Drehzahlen mit Hilfe eines logarithmischen Maßstabes gleich abzulesen.

Bei allen Stufenscheibentrieben war bisher der Achsabstand $E \geq 10\,(d_{max.} - d_{min.})$ oder die größte Durchmesserdifferenz $d_{max.} - d_{min.} \leq \frac{1}{10} \cdot E$ angenommen worden. Das trifft auch meistens zu, und solange kann man die Summe der zusammenarbeitenden Stufen konstant halten. Sobald aber E obigen Wert unterschreitet, ist eine Nachrechnung der Riemenlänge L unvermeidbar, um die Differenz zwischen den Grenz- und Mittellagen festzustellen. Meistens ist dann eine Korrektur der Durchmesser nötig, aber immer unter Beibehaltung der gegebenen Übersetzungen.

Die Riemenlänge für offenen Riemen:

$$L = \widehat{ab} + 2\,l + \widehat{cd} \text{ (Fig. 25)}$$

$$\widehat{ab} = \pi \cdot \frac{d_{max.}}{2} + 2\,\frac{a\,d_{max.}}{2}$$

$$l = E \cdot \cos a$$

$$\widehat{cd} = \pi \cdot \frac{d_{min.}}{2} - 2\,\frac{a\,d_{min.}}{2}$$

$$L = \pi \cdot \frac{d_{max.} + d_{min.}}{2} + 2\,E \cdot \cos a + 2\,a\,\frac{d_{max.} - d_{min.}}{2}$$

a ändert sich mit jeder Riemenlage; je kleiner E, desto größer a.

$$\sin a = \frac{d_{max.} - d_{min.}}{2\,E} \text{ gibt } E = \frac{d_{max.} - d_{min.}}{2 \sin a} = 10\,(d_{max.} - d_{min.})$$

$$\text{oder } \sin a = \frac{1}{20} = 0{,}05$$

$$a = 3^\circ.$$

Bis zu einem Winkel $a = 3^\circ$ oder $a_1 = 87^\circ$ oder mit anderen Worten $E = 10\,(d_{max.} - d_{min.})$ kann man die Summe der Durchmesser konstant halten. Da Winkel a sehr klein ist, gebraucht man für L eine Annäherungsform:

$$L = \pi\,\frac{d_{max.} + d_{min.}}{2} + 2\,E + \frac{(d_{max.} - d_{min.})^2}{4\,E}.$$

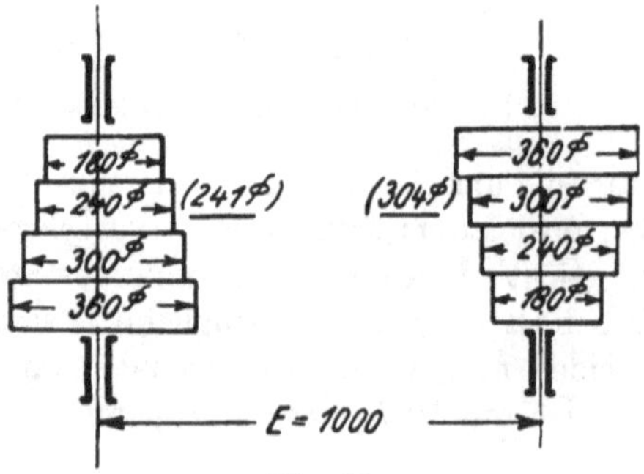

Fig. 26.

Beispiel: Ein Stufenscheibentrieb (Fig. 26) hat einen Achsabstand von nur 1000 mm. Eine Korrektion ist notwendig. E hätte noch $1800 = 10\,(360-180)$ betragen können.

Für die Riemenlage: d_4—d_1.

$$L = \pi \frac{(360 + 180)}{2} + 2000 + \frac{(360 - 180)^2}{4000} = 2856{,}33 \text{ mm}.$$

Für d_2—d_3:

$$L = \pi \frac{(300 + 240)}{2} + 2000 + \frac{(300 - 240)^2}{4000} = 2849{,}13 \text{ mm}.$$

Die Differenz beträgt: 7,20 mm.

Die Durchmesser der mittleren Lagen (d_2 und d_3) sind zu vergrößern, und zwar um

$$\frac{\pi}{2} x = 7{,}20$$

$x \sim 5$ mm. Die Verteilung erfolgt im Verhältnis der Übersetzung:

$$\frac{d_3}{d_2} = \sqrt{\frac{1}{\varphi}}\,;\; d_2 = d_3 \sqrt{\varphi}\,;\; \varphi = 1{,}58 \text{ angenommen.}$$

$$d_3 + d_2 = d_1 + d_4 + 5 \text{ mm} = 545 \text{ mm}$$

$$d_3 + d_3 \sqrt{\varphi} = 545.$$

$$d_3 = \frac{545}{1 + \sqrt{\varphi}} = \frac{545}{2{,}26} = 241 \text{ mm } \varnothing;$$

$$d_2 = 545 - 241 = 304 \text{ mm } \varnothing.$$

Übungsbeispiele.

1. Für das Getriebe nach Fig. 27 ist
   a) Die Drehzahlreihe mit Bedienungsplan aufzustellen, und
   b) das Verhältnis $\frac{d_3}{d_1}$ und die Räderübersetzungen sind durch φ auszudrücken.

   r_2, r_3 und r_5 fest auf gemeinsamer Leerbuchse a.

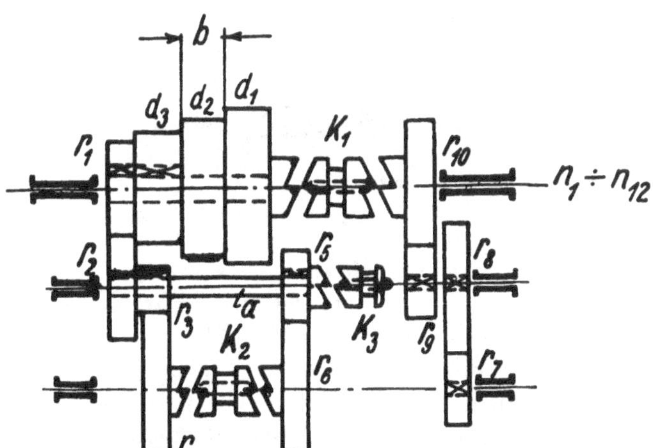

Fig. 27.

2. Bei $n_1 = 32$ U/Min.; $n_{12} = 384$; d_4 bzw. $d_3 = 150$ mm ⌀ und $b = 70$ mm ist ein Vergleich anzustellen zwischen einer Stufenscheibe mit vier Stufen und drei Rädervorgelegen (nach Art der Fig. 22) und dem Getriebe nach Fig. 27:

a) bezüglich der Durchzugskraft, d. h. dem größten Kraftmoment und

b) bezüglich der größten Kraftleistung.

3. Auf einer Drehbank sollen Werkstücke von 60 ÷ 480 mm ⌀ bearbeitet werden. Das Antriebsgetriebe ist eine Stufenscheibe mit Rädervorgelegen. Die Grenzdrehzahlen sind aus folgenden Angaben zu ermitteln:

$v_I = 37 \div 42$ m/Min. = wirtschaftliche Schnittgeschwindigkeit des zur Verarbeitung kommenden Materials Nr. 1;

$v_{II} = 27 \div 32$ m/Min. = wirtschaftliche Schnittgeschwindigkeit des zur Verarbeitung kommenden Materials Nr. 2.

Die Zwischendrehzahlen sind dem Sägendiagramm zu entnehmen. Geometrische Reihe Bedingung. Getriebe aufzeichnen: $d_{min.} = 180$ mm ⌀; $b = 80$ mm.

4. Ein Getriebe für 16 Spindelumläufe berechnen:

$n_1 = 25$ und $n_{16} = 400$ U/Min.; $b = 80$ mm.

Größter Kraftbedarf an der Stufenscheibe: $N_{max.} = 6$ PS. Zweifacher Geschwindigkeitswechsel am Vorgelege.

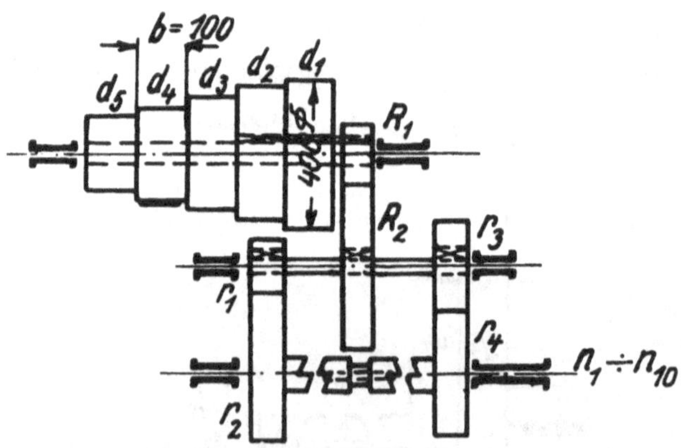

Fig. 28.

5. Um die Riemengeschwindigkeit einer Stufenscheibe um das Dreifache zu erhöhen, soll diese auf einer Vorwelle gelagert werden (Fig. 28). Für $n_1 = 12$ und $n_{10} = 196$ U/Min.; $d_{max.} = d_1 \leq 400$ mm und $b = 100$ mm ist das Getriebe vollständig zu berechnen.

6. Fig. 29: Ein Getriebe mit gegebenen Abmessungen. Es ist festzustellen:

a) ob es nach einer geometrischen Reihe arbeiten kann,

b) und, wenn nicht, wie es am zweckmäßigsten umzubauen ist.

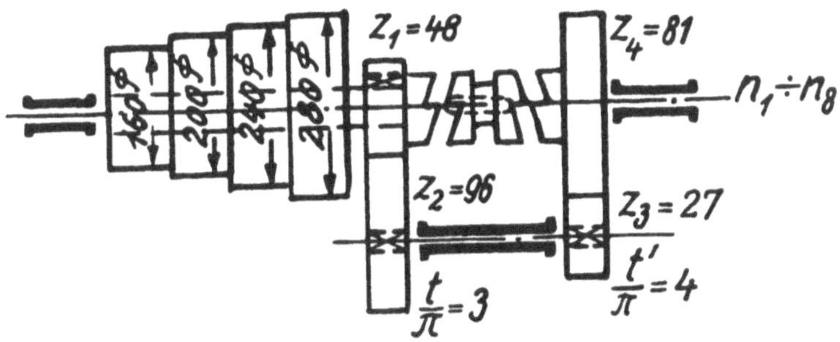

Fig. 29.

7. Fig. 30 ist unter folgenden Angaben zu berechnen:

$n_1 \div n_8 = 5 \div 39$ U/Min. in geometrischer Reihe;
$n = 140$ U/Min. und
$d_1 = D_4 = 300$ mm ∅.

Beispiele besonderer Riementriebe stellen die Fig. 31—33 dar, die erst durch die Anwendung von Führungs- und Leitrollen, ähnlich wie die Winkeltriebe, ihre Eigenart erhalten. Die beiden ersteren finden als Antriebsgetriebe bei Holzbearbeitungsmaschinen Verwendung, Fig. 31 z. B. bei einer Holzbohrmaschine mit drei längsbeweglichen Spindeln. Hier sind die Leitrollen an einem einarmigen, um *M* drehbaren und mit einem Reguliergewicht

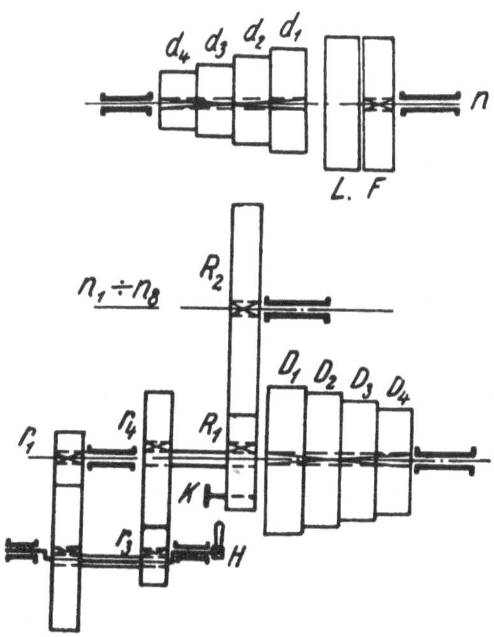

Fig. 30.

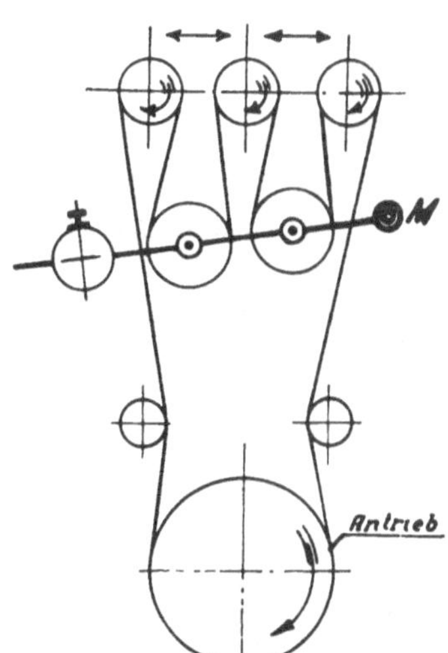

Fig. 31.

beschwerten Hebel gelagert, so daß der Riemen in allen Lagen der Spindeln die nötige Spannung hat.

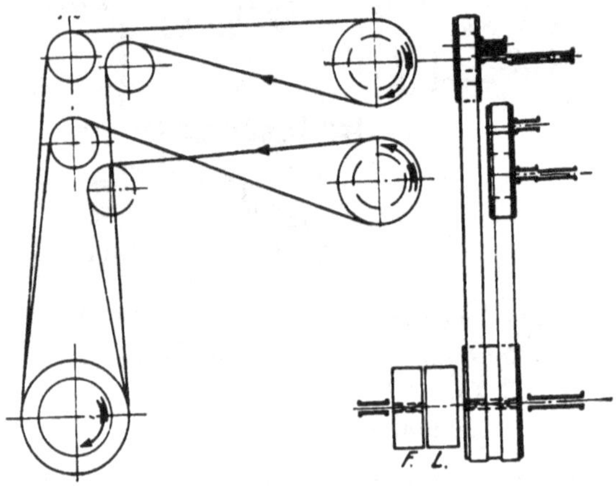

Fig. 32.

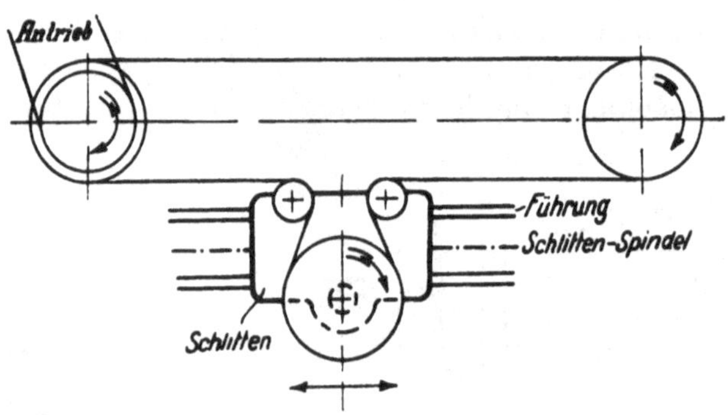

Fig. 33.

In Fig. 33 sind die Leitrollen an einem längsbeweglichen Schlitten untergebracht.

Der Wirkungsgrad dieser Getriebe ist durchaus gut. Nach Möglichkeit sollen die Leitrollen nicht zu klein und auf Wälzlagern gelagert sein, und der Riemen soll immer die erforderliche Spannung haben.

Riemen-Winkeltriebe.

Fig. 34÷38.

Wo hohe Drehzahlen bei kleinen Werkzeug-Durchmessern verlangt werden — insonderheit bei kleinen Schnellbohr- und Muttergewinde-Schneidmaschinen — sind die Riemen-Winkeltriebe am Platze. Sie laufen geräusch-

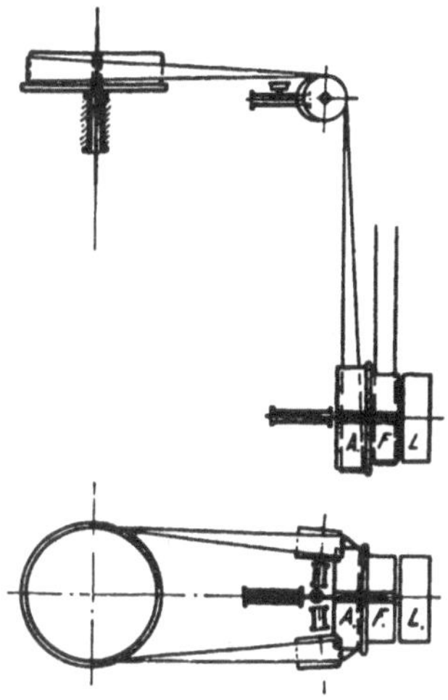

Fig. 34.

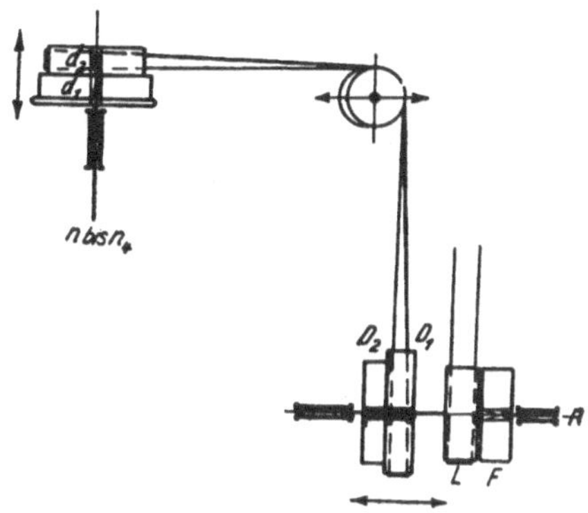

Fig. 35.

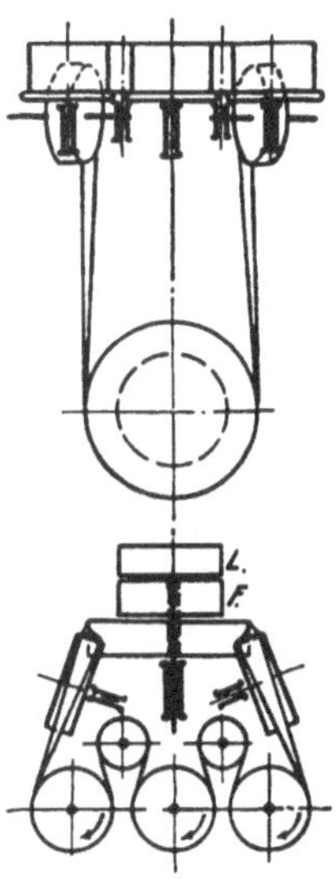

Fig. 36.

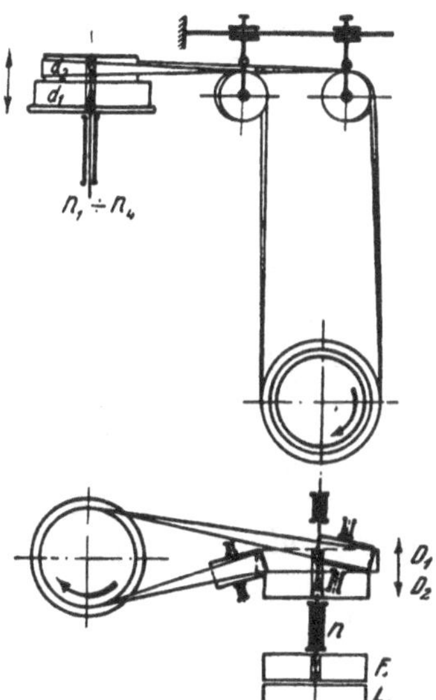

Fig. 37.

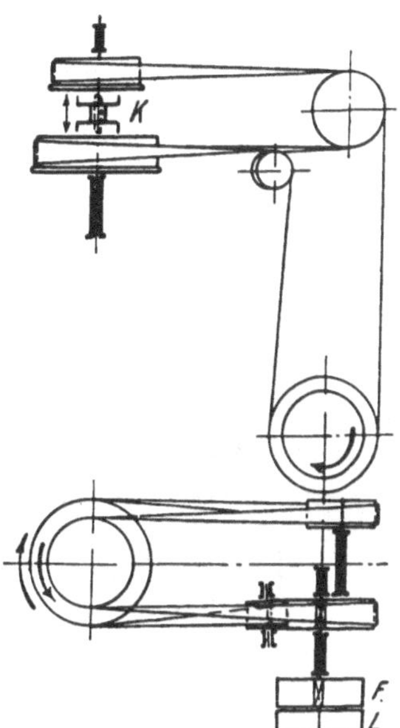

Fig. 38.

los und gewähren im Falle einer Überlastung den empfindlichen Werkzeugen einen gewissen Schutz durch ihren nachgiebigen Riemen. Die dünnen Maschinenspindeln müssen vom Riemenzuge, der sie auf Biegung beansprucht, entlastet werden. Das geschieht durch lange, im Lager gut geführte Buchsen, auf der die Antriebsscheiben laufen. (Fig. 34.) Das Umlegen des Riemens, das beim Winkeltrieb etwas umständlich ist, wird durch besonders konstruierte, einstellbare Leitrollen erleichtert. Sie geben gleichzeitig dem Riemen die richtige Spannung.

Das Vorgelege am Fuße der Maschine ist entweder senkrecht (Fig. 34÷36) oder parallel zum Gestell angeordnet (Fig. 37 u. 38).

Der Wirkungsgrad des Riemen-Winkeltriebes ist gut, zumal wenn noch Vorgelege- wie Maschinenspindel auf Wälzlagern laufen, was meistens wegen der hohen Drehzahlen geschieht.

Wegen des engbegrenzten Arbeitsgebietes dieser Maschinen kommt man mit zwei- bis vierfach veränderlichen Drehzahlen aus. Im letzteren Falle kann man auf der Maschinenspindel schlecht eine Stufenscheibe mit vier Stufen anbringen. Man nimmt eine zweistufige Scheibe und gibt dem Vorgelege einen doppelten Antrieb (n_A und n_B) oder aber, man läßt jede Stufe der einen Scheibe wechselweise mit jeder der anderen arbeiten. Hier erhebt sich nun die Frage: Ist eine geometrische Abstufung der Drehzahlen unter diesen Umständen theoretisch und praktisch durchführbar?

a) bei gleichen Scheiben: $D_2 = d_2;\ D_1 = d_1.$
(Fig. 35.)

$$n_1 = n\,\frac{d_2}{d_1}$$
$$n_2 = n\,\frac{d_2}{d_2}$$
$$n_3 = n\,\frac{d_1}{d_1}$$
$$\text{und } n_4 = n\,\frac{d_1}{d_2}.$$

n_2 und n_3 decken sich. Das bedeutet einen 25prozentigen Ausfall an verfügbaren Drehzahlen. Die Anwendung gleicher Scheiben verbietet sich.

b) bei ungleichen Scheiben: $D_2 > d_2;\ D_1 > d_1.$
(Fig. 35.)

$$n_1 = n\,\frac{D_2}{d_1}$$
$$n_2 = n\,\frac{D_2}{d_2}$$
$$n_3 = n\,\frac{D_1}{d_1}$$
$$n_4 = n\,\frac{D_1}{d_2}.$$

$$\text{Daraus: } \frac{n_1}{n_3} = \frac{D_2}{D_1} = \frac{1}{\varphi^2}$$

$$\text{und } \frac{n_1}{n_2} = \frac{d_2}{d_1} = \frac{1}{\varphi}$$

Ferner die Drehzahl des Maschinenvorgeleges n:

$$\begin{aligned} D_2\, n &= d_1\, n_1 \\ D_1\, n &= d_2\, n_4 \\ \hline D_2\, D_1\, n^2 &= d_1\, d_2\, n_1 \cdot n_4 \\ n^2 &= \frac{d_1\, d_2}{D_1\, D_2} \cdot n_1 \cdot n_4 \end{aligned}$$

für $d_2 = \frac{d_1}{\varphi}$, „ $D_2 = \frac{D_1}{\varphi^2}$ gesetzt.

$$n^2 = \left(\frac{d_1}{D_1}\right)^2 \cdot n_1 \cdot n_4 \cdot \varphi$$

$$n = \frac{d_1}{D_1} \sqrt{n_1 \cdot n_4\, \varphi}$$

oder für $d_1 = \varphi\, d_2$, „ $D_1 = \varphi^2\, D_2$ gesetzt.

$$n^2 = \left(\frac{d_2}{D_2}\right)^2 \cdot \frac{n_1 \cdot n_4}{\varphi}$$

$$n = \frac{d_2}{D_2} \cdot \sqrt{\frac{n_1 \cdot n_4}{\varphi}}.$$

n_1 und n_4, die Grenzdrehzahlen, sind meistens bekannt. Das Verhältnis der größten oder kleinsten Stufen beider Scheiben zu einander beeinflußt die Drehzahl des Maschinenvorgeleges.

Beispiel: $n_1 = 750$ U/Min.; $R = \frac{1296}{750} = \sim 1{,}73$.

$n_4 = 1296$ U/Min.;

$\varphi = \sqrt[3]{1{,}73} = 1{,}2$.

Wählt man das Verhältnis: $\frac{d_1}{D_1} = \frac{1}{1{,}75}$, erhält man:

$$n = \frac{1}{1{,}75} \sqrt{750 \cdot 1296 \cdot 1{,}2} = 617 \text{ U/Min., gewählt } 620.$$

Die Durchmesser: $d_1 = 120$ mm gewählt; $D_1 = 1{,}75\, d_1 = 210$ mm;

$d_2 = \frac{d_1}{\varphi} = 100$ mm; $D_2 = \frac{D_1}{\varphi^2} = 145$ mm.

Damit wird: $n_1 = 750$ U/Min.;
$n_2 = 899$ U/Min.;
$n_3 = 1085$ U/Min.;
$n_4 = 1302$ U/Min.

Gegen die geometrische Abstufung der Drehzahlen läßt sich theoretisch wie praktisch nichts einwenden. φ sollte man nicht zu groß wählen, — im äußersten Falle bis zu 1,41 —, weil die Unterschiede in den Durchmessern D_1 und D_2 sonst zu groß werden.

Deckenvorgelege ohne Wechsel.

Z' = Scheibenstufenzahl	3	4	5	6
Verhältnis der ∅∅ zueinander	$\frac{d_3}{d_1}=\frac{1}{\varphi}$, $\frac{d_2}{d_2}=\frac{1}{1}$, $\frac{d_1}{d_3}=\frac{\varphi}{1}$	$\frac{d_4}{d_1}=\sqrt{\frac{1}{\varphi^3}}$, $\frac{d_3}{d_2}=\sqrt{\frac{1}{\varphi}}$, $\frac{d_2}{d_3}=\sqrt{\frac{\varphi}{1}}$, $\frac{d_1}{d_4}=\sqrt{\frac{\varphi^3}{1}}$	$\frac{d_5}{d_1}=\frac{1}{\varphi^2}$, $\frac{d_4}{d_2}=\frac{1}{\varphi}$, $\frac{d_3}{d_3}=\frac{1}{1}$, $\frac{d_2}{d_4}=\frac{\varphi}{1}$, $\frac{d_1}{d_5}=\frac{\varphi^2}{1}$	$\frac{d_6}{d_1}=\sqrt{\frac{1}{\varphi^5}}$, $\frac{d_5}{d_2}=\sqrt{\frac{1}{\varphi^3}}$, $\frac{d_4}{d_3}=\sqrt{\frac{1}{\varphi}}$, $\frac{d_3}{d_4}=\sqrt{\frac{\varphi}{1}}$, $\frac{d_2}{d_5}=\sqrt{\frac{\varphi^3}{1}}$, $\frac{d_1}{d_6}=\sqrt{\frac{\varphi^5}{1}}$
Gesetz: $\frac{d_{min.}}{d_{max.}}$	$\sqrt{\frac{1}{\varphi^2}}=\frac{1}{\varphi}$	$\sqrt{\frac{1}{\varphi^3}}$	$\sqrt{\frac{1}{\varphi^4}}=\frac{1}{\varphi^2}$	$\sqrt{\frac{1}{\varphi^5}}$
Allgemein	$\frac{d_{min.}}{d_{max.}}=\sqrt{\frac{1}{\varphi^{Z'-1}}}$			

Deckenvorgelege mit zweifachem Wechsel.

Z' =	3	4	5
Vorgelege	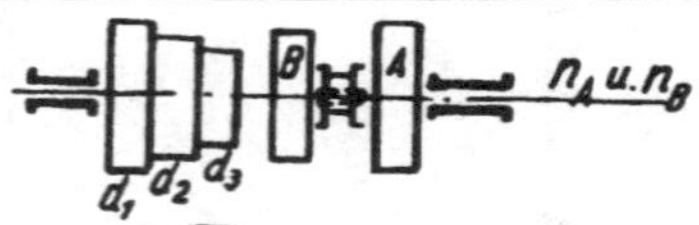	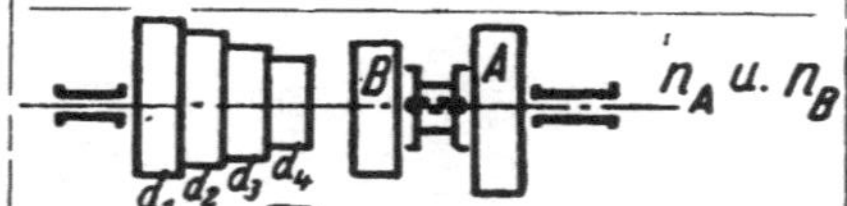	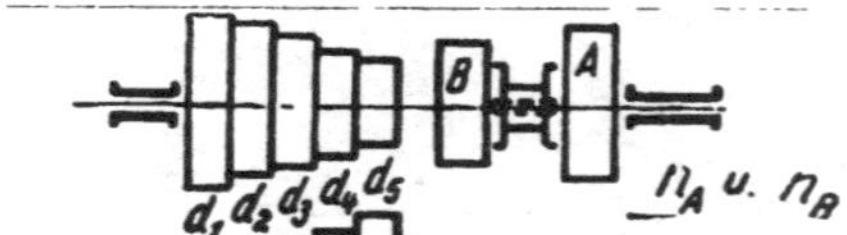
Maschine	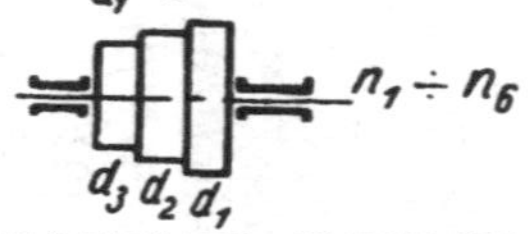	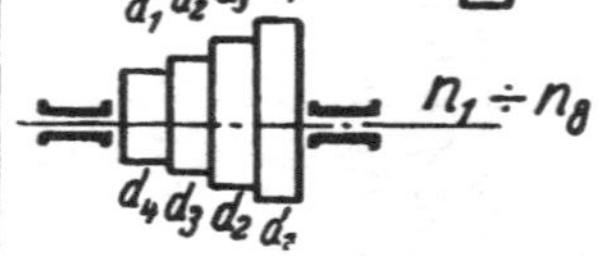	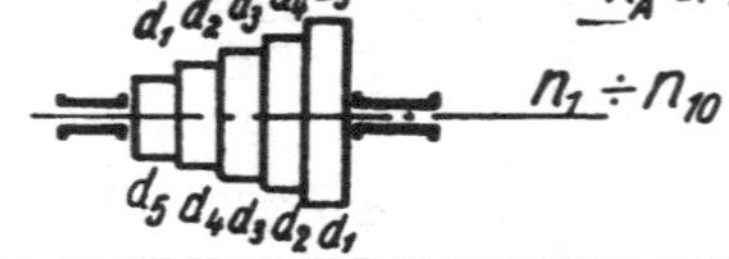
Unterteilung der Drehzahlreihe	$\frac{d_3}{d_1}$, $\frac{d_2}{d_2}$, $\frac{d_1}{d_3}$: Riemenlage	$\frac{d_4}{d_1}$, $\frac{d_3}{d_2}$, $\frac{d_2}{d_3}$, $\frac{d_1}{d_4}$	$\frac{d_5}{d_1}$, $\frac{d_4}{d_2}$, $\frac{d_3}{d_3}$, $\frac{d_2}{d_4}$, $\frac{d_1}{d_5}$
Mit A	n_1 n_3 n_5 ‖ $n_A=\sqrt{n_1\cdot n_5}=\sqrt{n_1\cdot n_1\,\varphi^4}=n_3$	n_1 n_3 n_5 n_7 ‖ $n_A=\sqrt{n_1\cdot n_7}=\sqrt{n_1\cdot n_1\,\varphi^6}=n_4$	n_1 n_3 n_5 n_7 n_9 ‖ $n_A=\sqrt{n_1\cdot n_9}=\sqrt{n_1\cdot n_1\varphi^8}$ n_5
Mit B	n_2 n_4 n_6 ‖ $n_B=\sqrt{n_2\cdot n_6}=\sqrt{n_1\varphi\cdot n_1\varphi^5}=n_4$	n_2 n_4 n_6 n_8 ‖ $n_B=\sqrt{n_2\cdot n_8}=\sqrt{n_1\,\varphi\cdot n_1\,\varphi^7}=n_5$	n_2 n_4 n_6 n_8 n_{10} ‖ $n_B=\sqrt{n_2\cdot n_{10}}=\sqrt{n_1\varphi\cdot n_1\varphi^9}$ n_6
Verhältnis der ∅∅ zueinander	$\frac{d_3}{d_1}=\frac{1}{\varphi^2}$, $\frac{d_2}{d_2}=\frac{1}{1}$, $\frac{d_1}{d_3}=\frac{\varphi^2}{1}$	$\frac{d_4}{d_1}=\frac{1}{\varphi^3}$, $\frac{d_3}{d_2}=\frac{1}{\varphi}$, $\frac{d_2}{d_3}=\frac{\varphi}{1}$, $\frac{d_1}{d_4}=\frac{\varphi^3}{1}$	$\frac{d_5}{d_1}=\frac{1}{\varphi^4}$, $\frac{d_4}{d_2}=\frac{1}{\varphi^2}$, $\frac{d_3}{d_3}=\frac{1}{1}$, $\frac{d_2}{d_4}=\frac{\varphi^2}{1}$, $\frac{d_1}{d_5}=\frac{\varphi^4}{1}$
Gesetz: $\frac{d_{min.}}{d_{max.}}$	$\sqrt{\frac{1}{(\varphi^2)^2}}=\frac{1}{\varphi^2}$	$\sqrt{\frac{1}{(\varphi^2)^3}}=\frac{1}{\varphi^3}$	$\sqrt{\frac{1}{(\varphi^2)^4}}=\frac{1}{\varphi^4}$
Allgemein	$\frac{d_{min.}}{d_{max.}}=\sqrt{\frac{1}{(\varphi^2)^{Z'-1}}}$		

Deckenvorgelege mit dreifachem Wechsel.

Vorgelege Maschine	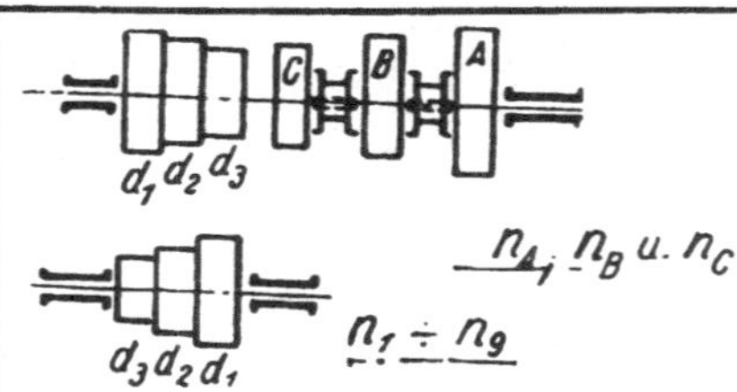	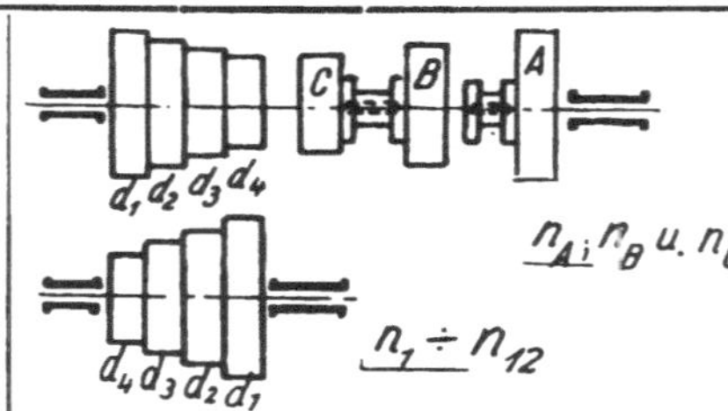	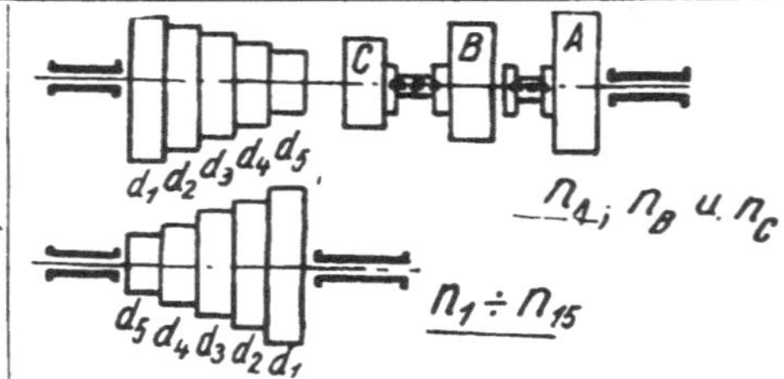
Unterteilung der Drehzahlreihe	$\frac{d_3}{d_1}$ | $\frac{d_2}{d_2}$ | $\frac{d_1}{d_3}$ ‖ : Riemenlage	$\frac{d_4}{d_1}$ | $\frac{d_3}{d_2}$ | $\frac{d_2}{d_3}$ | $\frac{d_1}{d_4}$	$\frac{d_5}{d_1}$ | $\frac{d_4}{d_2}$ | $\frac{d_3}{d_3}$ | $\frac{d_2}{d_4}$ | $\frac{d_1}{d_5}$
Mit A	n_1 | n_4 | n_7 ‖ $n_A = \sqrt{n_1 \cdot n_7} = \sqrt{n_1 \cdot n_1\varphi^6} = n_4$	n_1 | n_4 | n_7 | n_{10} ‖ $n_A = \sqrt{n_1 \cdot n_{10}} = \sqrt{n_1\, n_1\varphi^9} = n_5\sqrt{\varphi}$	n_1 | n_4 | n_7 | n_{10} | n_{13} ‖ $n_A = \sqrt{n_1 \cdot n_{13}} = \sqrt{n_1 \cdot n_1\varphi^{12}} = n_7$
Mit B	n_2 | n_5 | n_8 ‖ $n_B = \sqrt{n_2 \cdot n_8} = \sqrt{n_1\varphi \cdot n_1\varphi^7} = n_5$	n_2 | n_5 | n_8 | n_{11} ‖ $n_B = \sqrt{n_2 \cdot n_{11}} \qquad n_6\sqrt{\varphi}$	n_2 | n_5 | n_8 | n_{11} | n_{14} ‖ $n_B = \sqrt{n_2 \cdot n_{14}} = \sqrt{n_1\varphi \cdot n_1\varphi^{13}} = n_8$
Mit C	n_3 | n_6 | n_9 ‖ $n_C = \sqrt{n_3 \cdot n_9} = \sqrt{n_1\varphi^2 \cdot n_1\varphi^8} = n_6$	n_3 | n_6 | n_9 | n_{12} ‖ $n_C = \sqrt{n_3 \cdot n_{12}} \qquad n_7\sqrt{\varphi}$	n_3 | n_6 | n_9 | n_{12} | n_{15} ‖ $n_C = \sqrt{n_3 \cdot n_{15}} = \sqrt{n_1\varphi^2 \cdot n_1\varphi^{14}} = n_9$
Verhältnis der ⌀⌀ zueinander	$\frac{d_3}{d_1}$ | $\frac{d_2}{d_2}$ | $\frac{d_1}{d_3}$ $\frac{1}{\varphi^3}$ | $\frac{1}{1}$ | $\frac{\varphi^3}{1}$	$\frac{d_4}{d_1}$ | $\frac{d_3}{d_2}$ | $\frac{d_2}{d_3}$ | $\frac{d_1}{d_4}$ $\sqrt{\frac{1}{\varphi^9}}$ | $\sqrt{\frac{1}{\varphi^3}}$ | $\sqrt{\frac{\varphi^3}{1}}$ | $\sqrt{\frac{\varphi^9}{1}}$	$\frac{d_5}{d_1}$ | $\frac{d_4}{d_2}$ | $\frac{d_3}{d_3}$ | $\frac{d_2}{d_4}$ | $\frac{d_1}{d_5}$ $\frac{1}{\varphi^6}$ | $\frac{1}{\varphi^3}$ | $\frac{1}{1}$ | $\frac{\varphi^3}{1}$ | $\frac{\varphi^6}{1}$
Gesetz: $\frac{d_{min.}}{d_{max.}}$	$\sqrt{\frac{1}{(\varphi^3)^2}} = \frac{1}{\varphi^3}$	$\sqrt{\frac{1}{(\varphi^3)^3}}$	$\sqrt{\frac{1}{(\varphi^3)^4}} = \frac{1}{\varphi^6}$
Allgemein		$\frac{d_{min.}}{d_{max.}} = \sqrt{\frac{1}{(\varphi^3)^{Z'-1}}}$	
Beweis	$d_3\, n_A = d_1\, n_1$ $\frac{d_3}{d_1} = \frac{n_1}{n_A} = \frac{n_1}{n_4} = \frac{1}{\varphi^3}$	$d_4\, n_A = d_1\, n_1$ $\frac{d_4}{d_1} = \frac{n_1}{n_A} = \frac{n_1}{n_5\sqrt{\varphi}} = \frac{1}{\varphi^4\sqrt{\varphi}} = \sqrt{\frac{1}{\varphi^9}}$	$d_5 \cdot n_A = d_1\, n_1$ oder $d_5\, n_B = d_1 \cdot n_2$ $\frac{d_5}{d_1} = \frac{n_1}{n_A} = \frac{n_1}{n_7} = \frac{1}{\varphi^6}$; $\frac{d_5}{d_1} = \frac{n_2}{n_B} = \frac{n_2}{n_8} = \frac{1}{\varphi^6}$

B. Rädergetriebe: Einscheibentriebe.

Da, wo den Stufenscheibentrieben ungefähr eine Leistungsgrenze gesteckt ist (bei 6 PS herum), beginnt das eigentliche Gebiet der Rädergetriebe. Diese Grenze ist allerdings keine scharf getrennte; es gibt Stufenscheibentriebe, die wesentlich darüber hinausgehen und es gibt Rädergetriebe, die darunter bleiben.

Der Antrieb erfolgt entweder durch Einscheibe oder durch Elektromotor mit konstanter Drehzahl, durch polumschaltbaren oder durch Regelmotor.

Einscheibenantriebe.

Sie zeichnen sich durch konstante und höhere Riemengeschwindigkeiten gegenüber den Stufenscheiben aus. Daher ihre größere Leistung. Als weitere Vorzüge müssen der größere Regelbereich, die weit höheren Durchzugsmomente, die man mit ihnen erzielen kann, und der raschere Geschwindigkeitswechsel gelten. Ihre Antriebsleistung ist konstant $N_E = \frac{P \cdot v_R}{75}$; ihre Leistung an der Hauptspindel innerhalb derselben Drehzahlgruppen ebenfalls, d. h.

$$M\,n = \text{konstant oder in den Grenzlagen}$$
$$M_{max.} \cdot n_{min.} = M_{min.} \cdot n_{max.} = \text{konstant.}$$

Rein äußerlich kann man sie wohl in Kupplungsräder-, Schieberäder- und Stufenrädergetriebe einteilen. Meistens handelt es sich jedoch um Kombinationen aus diesen dreien.

Kupplungsrädergetriebe.

Das einfachste Getriebe dieser Art Fig. 39.

Es arbeitet mit vier verschiedenen Räderübersetzungen von der Antriebsauf die Hauptspindel, so daß diese mit vier verschiedenen Drehzahlen läuft. Die Kupplungen K_1 und K_2 sind auf der Hauptspindel angeordnet, um je nach Bedarf die sich lose um sie drehenden Räder r_2; r_4; r_6 und r_8 mit ihr zu kuppeln. Um ein gleichzeitiges Einkuppeln von K_1 und K_2 zu verhindern, was zu Zahnbrüchen führen würde, ist eine Verriegelung vorgesehen, die ein Kuppeln von K_1 nur gestattet, wenn K_2 in Mittellage steht und umgekehrt. Es ist nicht empfehlenswert, K_1 und K_2 auf der Antriebswelle anzubringen; es gäbe dann zu starke Rücktriebe ins Rasche.

Die Verriegelung wie die Kupplungen — meistens Friktionskupplungen — sind nur schematisch angedeutet. r_1 bis r_8 bezeichnen Räder und Radien.

Die Bedienung des Getriebes erfordert drei Handgriffe: 2 Kupplungen und das Deckenvorgelege. Mit vier Räderpaaren werden vier Geschwindigkeiten an der Hauptspindel erzeugt.

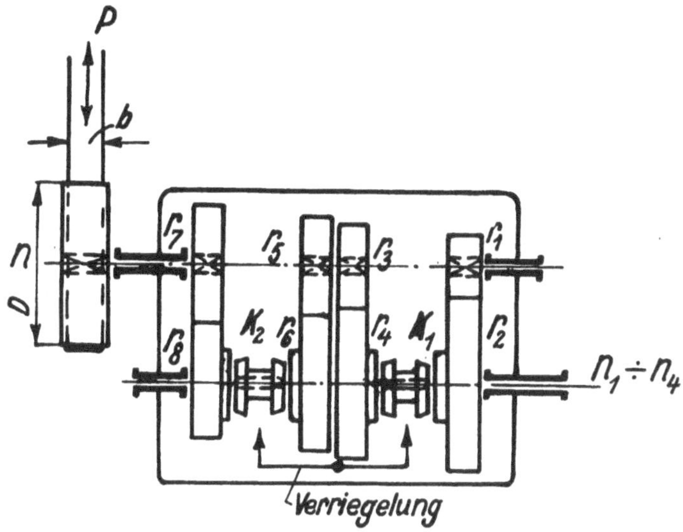

Fig. 39.

Es muß sein:

$$i_1 = \frac{r_1}{r_2} = \frac{n_1}{n}; \; n_1 = n\,\frac{r_1}{r_2}; \; K_1 \text{ nach rechts; } K_2 \text{ in Mittellage.}$$

$$i_2 = \frac{r_3}{r_4} = \frac{n_2}{n}; \; n_2 = n\,\frac{r_3}{r_4}; \; K_1 \text{ nach links; } K_2 \text{ in Mittellage.}$$

$$i_3 = \frac{r_5}{r_6} = \frac{n_3}{n}; \; n_3 = n\,\frac{r_5}{r_6}; \; K_2 \text{ nach rechts; } K_1 \text{ in Mittellage.}$$

$$i_4 = \frac{r_7}{r_8} = \frac{n_4}{n}; \; n_4 = n\,\frac{r_7}{r_8}; \; K_2 \text{ nach links; } K_1 \text{ in Mittellage.}$$

$$\frac{n_4}{n_1} = R = \text{Regelbereich.}$$

Bei geometrischer Abstufung der Drehzahlen:

$$\varphi = \sqrt[z-1]{R} = \sqrt[3]{\frac{n_4}{n_1}}.$$

$$\text{Aus } \frac{n_3}{n_4} = \frac{n\,\frac{r_5}{r_6}}{n\,\frac{r_7}{r_8}} = \frac{1}{\varphi} \text{ folgt } \frac{r_5}{r_6} = \frac{1}{\varphi} \cdot \frac{r_7}{r_8}.$$

$$\text{Aus } \frac{n_2}{n_4} = \frac{1}{\varphi^2} \quad \text{folgt } \frac{r_3}{r_4} = \frac{1}{\varphi^2} \cdot \frac{r_7}{r_8}.$$

$$\text{Aus } \frac{n_1}{n_4} = \frac{1}{\varphi^3} \quad \text{folgt } \frac{r_1}{r_2} = \frac{1}{\varphi^3}\,\frac{r_7}{r_8}.$$

$$\frac{r_7}{r_8} = \text{Bezugsübersetzung. (Bezugsgröße.)}$$

$\frac{r_7}{r_8}$ wird bestimmt durch das Verhältnis von $\frac{n_4}{n}$, denn $n_4 = n \frac{r_7}{r_8}$.

	$n = n_4$	$n > n_4 = \varphi\, n_4$	$n > n_4 = x\, n_4$
$\frac{r_7}{r_8} =$	$\frac{1}{\varphi^0} = \frac{1}{1}$	$\frac{1}{\varphi}$	$\frac{1}{x}$
$\frac{r_5}{r_6} =$	$\frac{1}{\varphi}$	$\frac{1}{\varphi^2}$	$\frac{1}{x\,\varphi}$
$\frac{r_3}{r_4} =$	$\frac{1}{\varphi^2}$	$\frac{1}{\varphi^3}$	$\frac{1}{x\,\varphi^2}$
$\frac{r_1}{r_2} =$	$\frac{1}{\varphi^3}$	$\frac{1}{\varphi^4}$	$\frac{1}{x\,\varphi^3}$

Bedingung: $d_1 + d_2 = d_3 + d_4 = d_5 + d_6 = d_7 + d_8$.

Achsabstand: $\frac{d_1 + d_2}{2}$ usw.

Das Drehmoment an der Antriebsspindel ist

$$M_E = \frac{P\,D}{2} = P_1\, r_1 = P_3\, r_3 = P_5\, r_5 = P_7\, r_7$$

ohne Berücksichtigung der Kraftverluste durch Riemenrutsch und Lagerreibung. P_1; P_3; P_5 u. P_7 Zahndrücke.

Die Drehmomente an der Hauptspindel sind vierfach verschieden, je nach Größe des eingekuppelten Rädertriebes. Unter Berücksichtigung der Reibungsverluste ist:

$$i = \eta\, \frac{M_E}{M}; \quad M = \frac{\eta}{i}\, M_E.$$

$$M_1 = \frac{\eta}{i_1} \cdot M_E = \eta_1 \cdot \eta_2^2 \cdot \eta_3 \cdot \eta_4^3\, \frac{P\,D}{2} \cdot \frac{1}{i_1}$$

$$= \frac{\text{Konst.}}{i_1} = \frac{\text{Konst.}}{\frac{r_1}{r_2}} = \text{Konst.}\ \varphi^3.$$

$$i_1 = \frac{r_1}{r_2} = \frac{1}{\varphi^3} \text{ bei der Annahme: } n = n_4.$$

$$M_2 = \frac{\eta}{i_2}\, M_E = \frac{\text{Konst.}}{\frac{r_3}{r_4}} = \text{Konst.}\ \varphi^2.$$

$$M_3 = \frac{\eta}{i_3} M_E = \frac{\text{Konst.}}{\frac{r_5}{r_6}} = \text{Konst. } \varphi.$$

$$M_4 = \frac{\eta}{i_4} M_E = \frac{\text{Konst.}}{\frac{r_7}{r_8}} = \text{Konst. } \varphi^\circ = \text{Konst.}$$

Die Momente an der Hauptspindel steigen und fallen mit φ.

$$\eta = \eta_1 \cdot \eta_2^2 \cdot \eta_3 \cdot \eta_4^3 = 0{,}98 \cdot 0{,}97^2 \cdot 0{,}96 \cdot 0{,}99^3 = 0{,}86.$$

$\eta_4 = 0{,}99$ für ein leer mitlaufendes Räderpaar.
$M_1 = M_{max.}$ bei n_1 und
$M_4 = M_{min.}$ bei n_4.

Die PS an der Einscheibe: $N_E = \frac{P \cdot v_R}{75}$.

Die PS an der Hauptspindel: $N = \eta N_E = \eta_1 \cdot \eta_2^2 \cdot \eta_3 \cdot \eta_4^3 \frac{P \cdot v_R}{75}$ — Konst.'

Die Leistungen sind über dem ganzen Regelbereich konstant.

Um das Getriebe voll auszunutzen, soll P den höchst zulässigen Wert erreichen, der als konstant zu gelten hat; v_R und η — letzteres bei voller Belastung — sind ebenfalls konstante Größen.

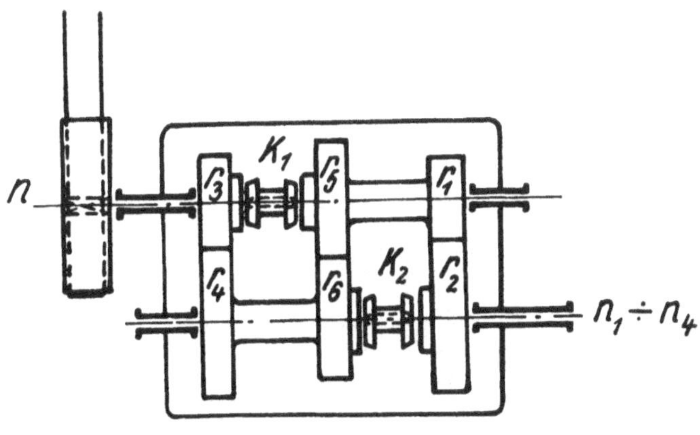

Fig. 40.

Die lästige Verriegelung in Fig. 39 läßt sich vermeiden, wenn man Räderbuchsen verwendet. (Fig. 40.) r_1 und r_5, r_4 und r_6 sitzen aufgefedert auf je einer Leerbuchse. Damit erreicht man den weiteren Vorteil, daß man mit nur drei Räderpaaren einen vierfachen Drehzahlwechsel an der Hauptspindel herbeiführen kann.

$$n_1 = n \frac{r_3}{r_4} \cdot \frac{r_6}{r_5} \cdot \frac{r_1}{r_2}; \; K_1 \text{ nach links; } K_2 \text{ nach rechts.}$$

$$n_2 = n \frac{r_1}{r_2} \qquad ; \; K_1 \text{ nach rechts; } K_2 \text{ nach rechts.}$$

$$n_3 = n \frac{r_3}{r_4} \qquad ; \; K_1 \text{ nach links; } K_2 \text{ nach links.}$$

$$n_4 = n \frac{r_5}{r_6} \qquad ; \; K_1 \text{ nach rechts; } K_2 \text{ nach links.}$$

Da das mittlere Räderpaar einmal mit der Übersetzung $\frac{r_5}{r_6}$ in n_4 und das andere Mal mit $\frac{r_6}{r_5}$ in n_1 verwandt wird, erhebt sich die Frage: Gestattet dieses Getriebe überhaupt eine geometrisch abgestufte Drehzahlreihe?

Setzt man sie zunächst als möglich voraus, dann müßte sein:

$$\frac{r_3}{r_4} = \frac{1}{\varphi} \frac{r_5}{r_6}, \text{ das Ergebnis aus } \frac{n_3}{n_4}.$$

$$\text{und } \frac{r_1}{r_2} = \frac{1}{\varphi^2} \cdot \frac{r_5}{r_6}, \text{ das Ergebnis aus } \frac{n_2}{n_4}.$$

$\frac{r_5}{r_6}$ ist hier wieder die Bezugsgröße und abhängig von dem Verhältnis $\frac{n_4}{n}$.

$$\frac{r_5}{r_6} = \frac{1}{\varphi} \text{ angenommen bei } n = \varphi\, n_4, \text{ gibt}$$

$$\frac{r_3}{r_4} = \frac{1}{\varphi^2} \text{ und } \frac{r_1}{r_2} = \frac{1}{\varphi^3}.$$

Demnach ist

$$n_4 = n \frac{r_5}{r_6} = \frac{n}{\varphi};$$

$$n_3 = n \frac{r_3}{r_4} = \frac{n}{\varphi^2};$$

$$n_2 = n \frac{r_1}{r_2} = \frac{n}{\varphi^3};$$

$$n_1 = n \frac{r_3}{r_4} \cdot \frac{r_6}{r_5} \cdot \frac{r_1}{r_2} = \frac{n \cdot \varphi}{\varphi^2 \cdot \varphi^3} = \frac{n}{\varphi^4}.$$

Die geometrische Reihe bleibt aufrechterhalten.

Der Wirkungsgrad dieses Getriebes dürfte nur wenig von dem der Fig. 39 abweichen. Bei der Drehzahl n_1 sind sämtliche drei Räderpaare in Eingriff und unter Druck. In diesem Falle stellt sich der Gesamtwirkungsgrad auf $\eta = \eta_1 \cdot \eta_2^2 \cdot \eta_3^3$; bei den anderen Drehzahlen ist der Wirkungsgrad etwas günstiger, da immer nur ein Räderpaar treibt, während die zwei anderen leer mitlaufen: $\eta = \eta_1 \cdot \eta_2^2 \cdot \eta_3 \cdot \eta_4^2$.

Ordnet man die sechs Räder in Fig. 40 zu zwei Räderketten an, erhält man das Dreiwellengetriebe Fig. 41.

$$n_1 = n \frac{r_1}{r_2} \cdot \frac{r_5}{r_6} = n_{min.}; \; K_1 \text{ nach rechts; } K_2 \text{ nach links.}$$

$$n_2 = n \frac{r_1}{r_2} \cdot \frac{r_2}{r_3} = n \frac{r_1}{r_3}; \; K_1 \text{ nach rechts; } K_2 \text{ nach rechts.}$$

$$n_3 = n \frac{r_4}{r_5} \cdot \frac{r_5}{r_6} = n \frac{r_4}{r_6}; \; K_1 \text{ nach links; } K_2 \text{ nach links.}$$

$$n_4 = n \frac{r_4}{r_5} \cdot \frac{r_2}{r_3} = n_{max.}; \; K_1 \text{ nach links; } K_2 \text{ nach rechts.}$$

Die Abstufung der Drehzahlen nach einer geometrischen Reihe dürfte hier unmöglich sein, da jedes Rad des Getriebes eine doppelte Bindung hat; z. B. r_1 gegenüber r_2 und r_3 (Drehzahl n_1 und n_2); r_4 gegenüber r_5 und r_6 (Drehzahl n_3 und n_4) usw. Außerdem kommt erschwerend hinzu, daß $r_1 + r_2 = r_4 + r_5$ und $r_2 + r_3 = r_5 + r_6$ sein muß.

Die Kupplungen K_1 und K_2 bedürfen keiner Verriegelung. Bedienung und Wirkungsgrad entspricht ungefähr dem Getriebe in Fig. 40. Hier $\eta = \eta_1 \cdot \eta_2^3 \cdot \eta_3^2 \cdot \eta_4$.

Ein Kupplungsrädergetriebe mit wesentlich höherer Durchzugskraft und größerem Regelbereich gibt Fig. 42 schematisch wieder.

Die Kupplungen sind so angeordnet, daß sich Verriegelungen erübrigen, ein besonderer Vorzug des Getriebes.

Die Einscheibe sitzt auf einer Buchse. Die Kuppelung K hat die Aufgabe, die Maschine einzurücken und stillzusetzen. Die Räder r_1 und r_3 sind auf Welle I aufgefedert. Auf Welle II sitzen sämtliche Räder bzw. die Buchse *a* mit r_5 und r_9 lose. Die Kupplungen K_1 und K_2 kuppeln je nach Bedarf diese mit der Welle. Für die Hauptspindel, Welle III, gilt dasselbe. K_3 kuppelt die Leerbuchse *b* mit r_8 und r_{10} mit der langen Buchse *c*, die ihrerseits durch K_4 mit der Hauptspindel verbunden werden kann. Der Antrieb der Vorgelegewelle, IV, geht von r_{11} aus, das auf *c* aufgefedert ist.

Das Getriebe kann mit 12 — in vier Gruppen zu je drei — nach einer geometrischen Reihe geordneten Drehzahlen arbeiten.

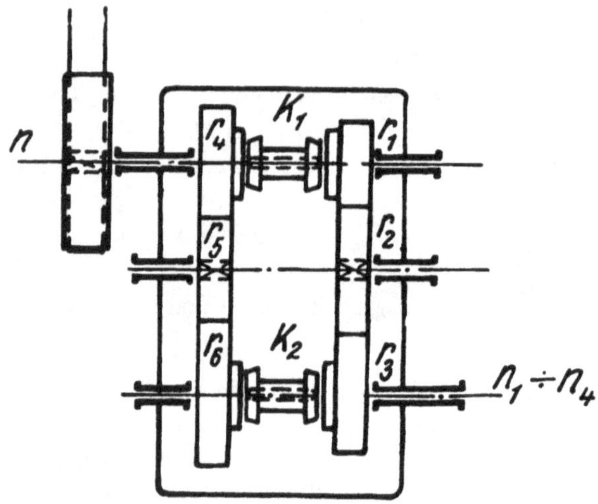

n
K1
r4
r1
r5
r2
r6
K2
r3
n1÷n4

Fig. 41.

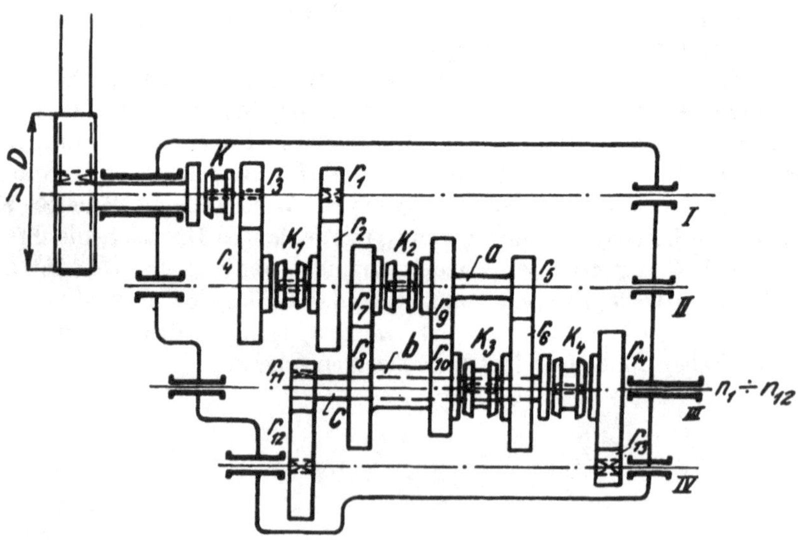

n
D
K
r3
r1
r4
K1
r2
K2
a
r5
I
II
r7
r9
r6
K3
K4
r8
b
r10
r14
r11
n1÷n12
III
C
r12
r13
IV

Fig. 42.

Gruppe	Drehzahlen	Kupplungen K1	K2	K3	K4
I	$n_1 = n \frac{r_1}{r_2} \cdot \frac{r_5}{r_6} \cdot \frac{r_{11}}{r_{12}} \cdot \frac{r_{13}}{r_{14}}$	↗	↗	↗	↗
	$n_2 = n \frac{r_1}{r_2} \cdot \frac{r_7}{r_8} \cdot \frac{r_{11}}{r_{12}} \cdot \frac{r_{13}}{r_{14}}$	↗	↖	↖	↗
	$n_3 = n \frac{r_1}{r_2} \cdot \frac{r_9}{r_{10}} \cdot \frac{r_{11}}{r_{12}} \cdot \frac{r_{13}}{r_{14}}$	↗	↗	↖	↗
II	$n_4 = n \frac{r_3}{r_4} \cdot \frac{r_5}{r_6} \cdot \frac{r_{11}}{r_{12}} \cdot \frac{r_{13}}{r_{14}}$	↖	↗	↗	↗
	$n_5 = n \cdot \frac{r_3}{r_4} \cdot \frac{r_7}{r_8} \cdot \frac{r_{11}}{r_{12}} \cdot \frac{r_{13}}{r_{14}}$	↖	↖	↖	↗
	$n_6 = n \frac{r_3}{r_4} \cdot \frac{r_9}{r_{10}} \cdot \frac{r_{11}}{r_{12}} \cdot \frac{r_{13}}{r_{14}}$	↖	↗	↖	↗
III	$n_7 = n \frac{r_1}{r_2} \cdot \frac{r_5}{r_6}$	↗	↗	↗	↖
	$n_8 = n \frac{r_1}{r_2} \cdot \frac{r_7}{r_8}$	↗	↖	↖	↖
	$n_9 = n \frac{r_1}{r_2} \cdot \frac{r_9}{r_{10}}$	↗	↗	↖	↖
IV	$n_{10} = n \frac{r_3}{r_4} \cdot \frac{r_5}{r_6}$	↖	↗	↗	↖
	$n_{11} = n \frac{r_3}{r_4} \cdot \frac{r_7}{r_8}$	↖	↖	↖	↖
	$n_{12} = n \cdot \frac{r_3}{r_4} \cdot \frac{r_9}{r_{10}} = n_1 \varphi^{11}.$	↖	↗	↖	↖

Es bedeutet: ↗ Kupplung nach rechts eingerückt;
↖ Kupplung nach links eingerückt.

Der Wirkungsgrad des Getriebes ist in den Gruppen I und II, III und IV der gleiche. Man kann mit genügender Genauigkeit setzen für

Gr. I und II: $\eta' = \eta_1 \cdot \eta_2^4 \cdot \eta_3^4 \cdot \eta_4^3 = 0{,}98 \cdot 0{,}97^4 \cdot 0{,}96^4 \cdot 0{,}99^3 = 0{,}71$

und für

Gr. III u. IV: $\eta'' = \eta_1 \cdot \eta_2^3 \cdot \eta_3^2 \cdot \eta_4^5 = 0{,}98 \cdot 0{,}97^3 \cdot 0{,}96^2 \cdot 0{,}99^5 = \sim 0{,}79.$

Das φ der Reihe ergibt sich zu $\sqrt[z-1]{R} = \sqrt[11]{\frac{n_{12}}{n_1}}$.

Die Räderübersetzungen:

$$\frac{r_{11}}{r_{12}} \cdot \frac{r_{13}}{r_{14}} : \frac{\text{Gr. I}}{\text{Gr. III}} = \frac{n_1}{n_7} \cdots \frac{n_3}{n_9} = \frac{r_{11}}{r_{12}} \cdot \frac{r_{13}}{r_{14}} = \frac{1}{\varphi^6}.$$

$$\frac{r_1}{r_2} \text{ u. } \frac{r_3}{r_4} : \frac{\text{Gr. III}}{\text{Gr. IV}} = \frac{n_7}{n_{10}} \cdots \frac{n_9}{n_{12}} = \frac{\frac{r_1}{r_2}}{\frac{r_3}{r_4}} = \frac{1}{\varphi^3}\,;\ \frac{r_1}{r_2} = \frac{1}{\varphi^3} \cdot \frac{r_3}{r_4}.$$

Ferner aus Gr. IV: $\frac{n_{11}}{n_{12}} = \frac{\frac{r_7}{r_8}}{\frac{r_9}{r_{10}}} = \frac{1}{\varphi}\,;\ \frac{r_7}{r_8} = \frac{1}{\varphi} \cdot \frac{r_9}{r_{10}}.$

$$\frac{n_{10}}{n_{12}} = \frac{\frac{r_5}{r_6}}{\frac{r_9}{r_{10}}} = \frac{1}{\varphi^2}\,;\ \frac{r_5}{r_6} = \frac{1}{\varphi^2} \cdot \frac{r_9}{r_{10}}.$$

Die Übersetzungen $\frac{r_3}{r_4}$ und $\frac{r_9}{r_{10}}$ sind die Bezugsgrößen. Ihr Wert wird bestimmt durch das Verhältnis $\frac{n_{12}}{n}$, denn $n_{12} = n \cdot \frac{r_3}{r_4} \cdot \frac{r_9}{r_{10}}$. Nimmt man sie entsprechend diesem Verhältnis an, sind die anderen damit festgelegt.

Die PS-Leistungen an der Hauptspindel müssen in den Gruppen I und II, III und IV konstant sein, nicht aber über dem ganzen Regelbereich, weil η' und η'' differieren.

$$N' = \eta' N_E = 0{,}71 \cdot \frac{P \cdot v_R}{75}$$

$$N'' = \eta'' N_E = 0{,}79\, \frac{P \cdot v_R}{75}.$$

Die Momente an der Hauptspindel.

Annahme: $n = n_{12}$, damit $\frac{r_3}{r_4} = \frac{r_9}{r_{10}} = \frac{1}{\varphi^0} = \frac{1}{1}$.

Gr.	Bei	Momente: $M = \frac{\eta}{i} M_E$	Eingeschaltete Räderübersetzungen
I	n_1	$\frac{\eta'}{i_1} M_E = 0{,}71\, \varphi^9 \frac{P\,D}{2} \cdot \varphi^2 = K_I \cdot \varphi^2$	$i_1 = \frac{r_1}{r_2} \cdot \frac{r_{11}}{r_{12}} \cdot \frac{r_{13}}{r_{14}} \cdot \frac{r_5}{r_6} = \frac{1}{\varphi^3} \cdot \frac{1}{\varphi^6} \cdot \frac{1}{\varphi^2}$
	n_2	$\frac{\eta'}{i_2} M_E = 0{,}71\, \varphi^9 \frac{P\,D}{2} \varphi = K_I\, \varphi$	$i_2 = \frac{r_1}{r_2} \cdot \frac{r_{11}}{r_{12}} \cdot \frac{r_{13}}{r_{14}} \cdot \frac{r_7}{r_8} = \frac{1}{\varphi^9} \cdot \frac{1}{\varphi}$
	n_3	$\frac{\eta'}{i_3} M_E = 0{,}71\, \varphi^9 \frac{P\,D}{2} \varphi^0 = K_I$	$i_3 = \frac{r_1}{r_2} \cdot \frac{r_{11}}{r_{12}} \cdot \frac{r_{13}}{r_{14}} \cdot \frac{r_9}{r_{10}} = \frac{1}{\varphi^9} \cdot \frac{1}{\varphi^0} = \frac{1}{\varphi^9}$
II	n_4	$\frac{\eta'}{i_4} M_E = 0{,}71 \cdot \varphi^6 \frac{P\,D}{2} \cdot \varphi^2 = K_{II} \cdot \varphi^2$	$i_4 = \frac{r_3}{r_4} \cdot \frac{r_{11}}{r_{12}} \cdot \frac{r_{13}}{r_{14}} \cdot \frac{r_5}{r_6} = \frac{1}{\varphi^0} \cdot \frac{1}{\varphi^6} \cdot \frac{1}{\varphi^2}$
	n_5	$\frac{\eta'}{i_5} M_E = 0{,}71 \cdot \varphi^6 \cdot \frac{P\,D}{2} \cdot \varphi = K_{II}\, \varphi$	$i_5 = \frac{r_3}{r_4} \cdot \frac{r_{11}}{r_{12}} \cdot \frac{r_{13}}{r_{14}} \cdot \frac{r_7}{r_8} = \frac{1}{\varphi^6} \cdot \frac{1}{\varphi}$
	n_6	$\frac{\eta'}{i_6} M_E = 0{,}71 \cdot \varphi^6 \cdot \frac{P\,D}{2} \cdot \varphi^0 = K_{II}$	$i_6 = \frac{r_3}{r_4} \cdot \frac{r_{11}}{r_{12}} \cdot \frac{r_{13}}{r_{14}} \cdot \frac{r_9}{r_{10}} = \frac{1}{\varphi^6} \cdot \frac{1}{\varphi^0} = \frac{1}{\varphi^6}$
III	n_7	$\frac{\eta''}{i_7} M_E = 0{,}79 \cdot \varphi^3 \frac{P\,D}{2} \cdot \varphi^2 = K_{III} \cdot \varphi^2$	$i_7 = \frac{r_1}{r_2} \cdot \frac{r_5}{r_6} = \frac{1}{\varphi^3} \cdot \frac{1}{\varphi^2}$
	n_8	$\frac{\eta''}{i_8} M_E = 0{,}79 \cdot \varphi^3 \cdot \frac{P\,D}{2} \cdot \varphi = K_{III}\, \varphi$	$i_8 = \frac{r_1}{r_2} \cdot \frac{r_7}{r_8} = \frac{1}{\varphi^3} \cdot \frac{1}{\varphi}$
	n_9	$\frac{\eta''}{i_9} M_E = 0{,}79 \cdot \varphi^3 \cdot \frac{P\,D}{2} \varphi^0 = K_{III}$	$i_9 = \frac{r_1}{r_2} \cdot \frac{r_9}{r_{10}} = \frac{1}{\varphi^3} \cdot \frac{1}{\varphi^0} = \frac{1}{\varphi^3}$
IV	n_{10}	$\frac{\eta''}{i_{10}} M_E = 0{,}79\, \varphi^0 \frac{P\,D}{2} \cdot \varphi^2 = K_{IV}\, \varphi^2$	$i_{10} = \frac{r_3}{r_4} \cdot \frac{r_5}{r_6} = \frac{1}{\varphi^0} \cdot \frac{1}{\varphi^2} = \frac{1}{\varphi^2}$
	n_{11}	$\frac{\eta''}{i_{11}} \cdot M_E = 0{,}79 \cdot \varphi^0 \cdot \frac{P\,D}{2} \varphi = K_{IV}\, \varphi$	$i_{11} = \frac{r_3}{r_4} \cdot \frac{r_7}{r_8} = \frac{1}{\varphi^0} \frac{1}{\varphi} = \frac{1}{\varphi}$
	n_{12}	$\frac{\eta''}{i_{12}} \cdot M_E = 0{,}79 \cdot \varphi^0 \cdot \frac{P\,D}{2} \varphi^0 = K_{IV}$	$i_{12} = \frac{r_3}{r_4} \cdot \frac{r_9}{r_{10}} = \frac{1}{\varphi^0} \frac{1}{\varphi^0} = \frac{1}{1}$

Ein Zahlenbeispiel: Kraftbedarf = 8 PS (an der Einscheibe).

$n_1 = 16$ U/Min.

$n_{12} = 320$ U/Min.

$R = 20.$

1. Die Einscheibe.

v_R soll mindestens 8—9 m/Sek. betragen.

$n = 400$ U/Min. angenommen, gibt

$$D = \frac{1000 \cdot 60 \cdot v_R}{\pi \cdot n} = \frac{1000 \cdot 60 \cdot 9}{\pi \cdot 400} = 43 \text{ cm} \varnothing = 430 \text{ mm}$$

$$\frac{M_E \cdot n}{71\,620} = N$$

$$M_E = \frac{71\,620 \cdot 8}{400} = 179{,}5 \cdot 8 = 1436 \text{ cm/kg}.$$

$$\frac{P D}{2} = M_E = 1436 \text{ cm/kg}.$$

$$P = \frac{2 \cdot 1436}{43} = \sim 67 \text{ kg}.$$

$$P = p\,b = 1{,}2 \cdot 60 = 72 \text{ kg};\ b = 60 \text{ mm}.$$

2. Die theoretische Drehzahlreihe:

$$\varphi = \sqrt[z-1]{R} = \sqrt[11]{20}$$

$$\log \varphi = \frac{1}{11} \log \cdot 20 = 0{,}11\,827$$

$$\varphi = 1{,}313.$$

Gruppe	Drehzahlen/Min.
I	16; 21; 27,5
II	36,3; 47,7; 62,8
III	82; 107; 140
IV	185; 243; 320

3. Die Räderübersetzungen:

a) $$\frac{r_{11}}{r_{12}} \cdot \frac{r_{13}}{r_{14}} = \frac{1}{\varphi^6} = \frac{1}{5{,}1} = \frac{1}{2{,}04} \cdot \frac{1}{2{,}5}.$$

b) Die Bezugsgrößen: $\frac{r_3}{r_4}$ und $\frac{r_9}{r_{10}}$.

$$n_{12} = n\,\frac{r_3}{r_4} \cdot \frac{r_9}{r_{10}};\ \frac{r_3}{r_4} \cdot \frac{r_9}{r_{10}} = \frac{n_{12}}{n} = \frac{320}{400} = \frac{1}{1{,}25}.$$

$$\frac{r_3}{r_4} = \frac{1}{1{,}25};\ \frac{r_9}{r_{10}} = \frac{1}{\varphi^0} = \frac{1}{1}.$$

c) $\frac{r_1}{r_2} = \frac{1}{\varphi^3} \cdot \frac{r_3}{r_4} = \frac{1}{1,25} \cdot \frac{1}{1,313^3} = \frac{1}{2,82}.$

$\frac{r_7}{r_8} = \frac{1}{\varphi} \cdot \frac{r_9}{r_{10}} = \frac{1}{1,313}.$

$\frac{r_5}{r_6} = \frac{1}{\varphi^2} \cdot \frac{r_9}{r_{10}} = \frac{1}{1,313^2} = \frac{1}{1,72}.$

4. Die Momente an der Hauptspindel:

Die Konstanten:

$$K_I = \eta' \cdot 1,25\ \varphi^9 \frac{P\,D}{2} = 0,71 \cdot 1,25 \cdot 11,4 \cdot 72 \cdot \frac{43}{2} = 15712.$$

$$K_{II} = \eta' \cdot 1,25\ \varphi^6 \frac{P\,D}{2} = 0,71 \cdot 1,25 \cdot 5,06 \cdot 72 \cdot \frac{43}{2} = 6972.$$

$$K_{III} = \eta'' \cdot 1,25\ \varphi^3 \frac{P\,D}{2} = 0,79 \cdot 1,25 \cdot 2,25 \cdot 72 \cdot \frac{43}{2} = 3447.$$

$$K_{IV} = \eta'' \cdot 1,25\ \varphi^0 \frac{P\,D}{2} = 0,79 \cdot 1,25 \cdot 72 \cdot \frac{43}{2} = 1532.$$

Gruppe	Momente in cm/kg
I	$M_1 = K_I\ \varphi^2 = 15712 \cdot 1,72 = 27025 = M_{max.}$
	$M_2 = K_I\ \varphi = 15712 \cdot 1,313 = 20630$
	$M_3 = K_I = 15712$
II	$M_4 = K_{II}\ \varphi^2 = 6972 \cdot 1,72 = 11992$
	$M_5 = K_{II}\ \varphi = 6972 \cdot 1,313 = 9154$
	$M_6 = K_{II} = 6972$
III	$M_7 = K_{III} \cdot \varphi^2 = 3447 \cdot 1,72 = 5929$
	$M_8 = K_{III} \cdot \varphi = 3447 \cdot 1,313 = 4526$
	$M_9 = K_{III} \cdot = 3447$
IV	$M_{10} = K_{IV} \cdot \varphi^2 = 1532 \cdot 1,72 = 2635$
	$M_{11} = K_{IV} \cdot \varphi = 1532 \cdot 1,313 = 2012$
	$M_{12} = K_{IV} = 1532 = M_{min.}$

5. Die PS an der Hauptspindel:

Gruppe I und II: $N' = \eta' N_E = 0,71 \cdot 8 = 5,68.$
Gruppe III u. IV: $N'' = \eta'' N_E = 0,79 \cdot 8 = 6,32.$

6. Die Räderabmessungen:

$\frac{r_{13}}{r_{14}}$ und $\frac{r_{11}}{r_{12}}$: Das Moment am Rade $r_{14} = M_1 = 27\,055$ cm/kg;

Das Moment am Rade $r_{13} = \frac{27\,055}{2{,}5 \cdot 0{,}97} = 11\,120$ cm/kg.

$$\frac{t}{\pi} = \sqrt[3]{\frac{0{,}2\,Mr_{13}}{c \cdot \frac{b}{t} \cdot Z_{13}}}$$

Tabelle Nr. 1.

c-Werte für Räder aus Gußeisen: *)

Radgeschw. v_R in m/Sek.	0,25	0,5	1,0	2	3	4	5	6	7	8	9	10	11	12÷15
Werte für *c*	28	27	26	23	21	19	18	17	16	14	13	12	11	10

Für Stahlguß:	das 2fache obiger Werte.
Für Schmiedestahl: Für SM-Stahl oder Bessemerstahl:	das 3fache ,,
Für Nickelstahl:	das 6fache ,,
Für Chromnickelstahl gehärtet:	das 8fache ,,
Für Deltametall:	das 2,6fache ,,

v_R bis 6 m/Sek. für geschnittene Räder aus Gußeisen u. Stahlguß.
v_R bis 10 m/Sek. für geschnittene Räder aus Schmiedestahl.
v_R bis 10 ÷ 12 für geschnittene Räder aus Rohhaut.

Die Radbreite b meistens $= 10\,\frac{t}{\pi}$. Daraus $\frac{b}{t} = \frac{10}{\pi} = 3{,}2$.

$$\frac{t}{\pi} = \sqrt[3]{\frac{0{,}2 \cdot 11\,120}{c \cdot 3{,}2 \cdot Z_{13}}} = \sqrt[3]{\frac{0{,}2 \cdot 11\,120}{160 \cdot 3{,}2 \cdot 28}} = 0{,}537 \text{ cm.}$$

$c = 160$ gewählt und $Z_{13} = 28$ Zähne.

$$\frac{t}{\pi} = 5{,}5.$$

$$d_{13} = Z_{13}\,\frac{t}{\pi} = 28 \cdot 5{,}5 = 154 \text{ mm} \varnothing.$$

$$d_{14} = Z_{14}\,\frac{t}{\pi} = 2{,}5 \cdot 28 \cdot 5{,}5 = 70 \cdot 5{,}5 = 385 \text{ mm} \varnothing.$$

$$b = 10\,\frac{t}{\pi} = 55 \text{ mm.}$$

*) Entnommen Hilfsbuch: Schuchardt & Schütte; 7. Auflage.

Nachprüfung des Wertes $c = 160$.

$$v_R = \frac{d_{13} \cdot \pi \cdot n_{r13}}{1000 \cdot 60} = \frac{154\,\pi \cdot 40}{1000 \cdot 60} = 0{,}32 \text{ m/Sek.}$$

$$n_{r13} = n_1 \cdot 2{,}5 = 16 \cdot 2{,}5 = 40 \text{ U/Min.}$$

Bei $v_R = 0{,}5$ m/Sek. ist $c = 27$ für Gußeisen (s. Tabelle Nr. 1),
$c = 27 \cdot 6 = 162$ für Nickelstahl.

Rad r_{13} ausgeführt aus Nickelstahl;
Rad r_{14} ausgeführt aus Schmiedestahl.

Bei einer Übersetzung von $\frac{r_{13}}{r_{14}} = \frac{1}{2{,}5}$ dürfte für r_{14} SM-Stahl genügen.

$$\frac{r_{11}}{r_{12}} : M_{r12} = \frac{M\,r_{13}}{\eta_2} = \frac{11\,120}{0{,}97} = 11\,350 \text{ cm/kg.}$$

$$M_{r11} = \frac{i}{\eta}\,M r_{12} = \frac{11\,350}{2{,}04 \cdot 0{,}96} \sim 5\,800 \text{ cm/kg.}$$

$\frac{t}{\pi}$ sei hier mit 5,5 gewählt. c ist nachzuprüfen und das Material der Räder zu bestimmen.

Bedingung: $Z_{13} + Z_{14} = Z_{11} + Z_{12}$.

$$28 + 70 = Z_{11} + 2{,}04\,Z_{11};\quad \frac{Z_{11}}{Z_{12}} = \frac{1}{2{,}04}.$$

$$Z_{11} = \frac{98}{3{,}04} = 32 \text{ Zähne.}$$

$$Z_{12} = 98 - 32 = 66 \text{ Zähne.}$$

$$d_{11} = Z_{11}\,\frac{t}{\pi} = 32 \cdot 5{,}5 = 176 \text{ mm}/\varnothing;$$

$$d_{12} = Z_{12}\,\frac{t}{\pi} = 66 \cdot 5{,}5 = 363 \text{ mm}/\varnothing.$$

$$b = 10\,\frac{t}{\pi} = 10 \cdot 5{,}5 = 55 \text{ mm.}$$

$$\frac{t}{\pi} = \sqrt[3]{\frac{0{,}2 \cdot M_{r11}}{c \cdot \frac{b}{t} \cdot Z_{11}}}$$

$$c = \frac{0{,}2 \cdot M_{r11}}{\left(\frac{t}{\pi}\right)^3 \cdot \frac{b}{t} \cdot Z_{11}} = \frac{0{,}2 \cdot 5800}{0{,}55^3 \cdot 3{,}2 \cdot 32} \sim 68.$$

$$v_R = \frac{d_{11} \cdot \pi \cdot n_{r11}}{1000 \cdot 60} = \frac{176 \cdot \pi \cdot 82}{1000 \cdot 60} = 0{,}76 \text{ m/Sek.}$$

$$n_{r11} = n_1 \cdot 2{,}5 \cdot 2{,}04 = 82 \text{ U/Min.}$$

Bei $v_R = 0{,}76$ m/Sek. $c = 26$ für Gußeisen (s. Tabelle Nr. 1)
$c = 26 \cdot 3 = 78$ für Schmiedestahl.

Rad r_{11} und r_{12} ausgeführt aus Schmiedestahl.

Bei der Übersetzung von $\frac{r_{11}}{r_{12}} = \frac{1}{2{,}04}$ dürfte Rad r_{12} auch aus Stahlguß ausgeführt werden können.

$\frac{r_5}{r_6}$; $\frac{r_7}{r_8}$ und $\frac{r_9}{r_{10}}$: Gleicher Modul für alle.

Das Moment am Rade r_5:

$$M_{r_5} = \frac{\eta}{i} M_E = \frac{\eta_1 \cdot \eta_2^2 \cdot \eta_3 M_E}{\frac{r_1}{r_2}} = 0{,}88 \cdot 1436 \cdot 2{,}82 = 3561 \text{ cm/kg}.$$

$\frac{t}{\pi} = 5$ und $Z_5 = 28$ Zähne gewählt. Damit wird

$d_5 = 28 \cdot 5 = 140$ mm/⌀;
$d_6 = 28 \cdot 1{,}72 \cdot 5 = 48 \cdot 5 = 240$ mm/⌀.

$$b = 10 \frac{t}{\pi} = 50 \text{ mm}.$$

Nachprüfung von c und Bestimmung des Materials:

$$c = \frac{0{,}2\, M_{r_5}}{\left(\frac{t}{\pi}\right)^3 \cdot \frac{b}{t} \cdot Z_5} = \frac{0{,}2 \cdot 3\,561}{(0{,}5)^3 \cdot 3{,}2 \cdot 28} = \sim 64.$$

$$v_R = \frac{d_5\, \pi \cdot n_{r_5}}{1000 \cdot 60} = \frac{140 \cdot \pi \cdot 141}{1000 \cdot 60} = 1{,}03 \text{ m/Sek.}$$

$n_{r_5} = n_1 \cdot 2{,}5 \cdot 2{,}04 \cdot 1{,}72 = 141$ U/Min.

$c = 26$ für Gußeisen bei $v_R = 1$ m/Sek. (s. Tabelle Nr. 1)
$c = 26 \cdot 3 = 78$ für Schmiedestahl.
Rad r_{11} und r_{12} aus SM-Stahl ausgeführt.

$\frac{r_1}{r_2}$ und $\frac{r_3}{r_4}$: Gleicher Modul für beide.

$$M_{r_1} = \frac{P\,D}{2} \cdot \eta_2 = 1436 \cdot 0{,}97 = 1\,393 \text{ cm/kg}.$$

$\frac{t}{\pi} = 3{,}5$ und $Z_1 = 30$ Zähne gewählt.

$$d_1 = Z_1 \frac{t}{\pi} = 30 \cdot 3{,}5 = 105 \text{ mm/⌀}.$$

$$d_2 = Z_2 \frac{t}{\pi} = 2{,}82 \cdot 30 \cdot 3{,}5 = 84 \cdot 3{,}5 = 294 \text{ mm/⌀}.$$

$$b = 10 \frac{t}{\pi} = 35 \text{ mm}.$$

Nachprüfung von c und Bestimmung des Materials:

$$c = \frac{0{,}2\, M_{r1}}{\left(\frac{t}{\pi}\right)^3 \frac{b}{t} \cdot Z_1} = \frac{0{,}2 \cdot 1393}{(0{,}35)^3 \cdot 3{,}2 \cdot 30} = 66.$$

$$v_R = \frac{d_1 \pi \cdot n_{r1}}{1000 \cdot 60} = \frac{105 \cdot \pi \cdot 400}{1000 \cdot 60} = 2{,}19 \text{ m/Sek.}$$

Bei $v_R = 2$ m/Sek. $c = 23$ für Gußeisen (s. Tabelle Nr. 1)
$c = 3 \cdot 23$ für Schmiedestahl.

Rad r_1 aus SM-Stahl ausgeführt;

Rad r_2 aus Stahlguß. Die Übersetzung von $\frac{r_1}{r_2} = \frac{1}{2{,}82}$.

Bedingung:

$$Z_3 + Z_4 = Z_1 + Z_2$$
$$Z_3 + Z_4 = 30 + 84 = 114$$
$$\frac{Z_3}{Z_4} = \frac{1}{1{,}25}\,; \; Z_4 = 1{,}25\, Z_3.$$
$$Z_3 + 1{,}25\, Z_3 = 114$$
$$Z_3 = \frac{114}{2{,}25} = 51 \text{ Zähne.}$$
$$Z_4 = 114 - 51 = 63 \text{ Zähne.}$$

$d_3 = 51 \cdot 3{,}5 = 178{,}5$ mm ⌀;	$d_1 = 105$ mm ⌀
$d_4 = 63 \cdot 3{,}5 = 220{,}5$ mm ⌀	$d_2 = 294$ mm ⌀
$d_3 + d_4 = 399$ mm ⌀.	$d_1 + d_2 = 399$ mm ⌀.

7. Die wirkliche Drehzahlreihe in den Grenzlagen:

$$n_1 = 400 \cdot \frac{30}{84}\,\frac{28}{48} \cdot \frac{32}{66} \cdot \frac{28}{70} = \sim 16 \text{ U/Min.}$$

$$n_{12} = 400 \cdot \frac{51}{63} \cdot \frac{38}{38} = \sim 323 \text{ U/Min.}$$

Kupplungsgetriebe mit zweifachem Geschwindigkeitswechsel am Vorgelege. (Fig. 43.)

Erweitert man das Getriebe Fig. 40 durch die Rädervorgelege $\frac{r_7}{r_8}$ und $\frac{r_9}{r_{10}}$ und gibt ihm einen doppelten Geschwindigskeitswechsel am Vorgelege, so wird seine Durchzugskraft und sein Regelbereich wesentlich vergrößert.

Mit vier Handgriffen sind 16 verschiedene, geometrisch abgestufte Drehzahlen zu erreichen.

Die Frage, um die es sich hierbei dreht, ist die der zweckmäßigen Unterteilung der Reihe.

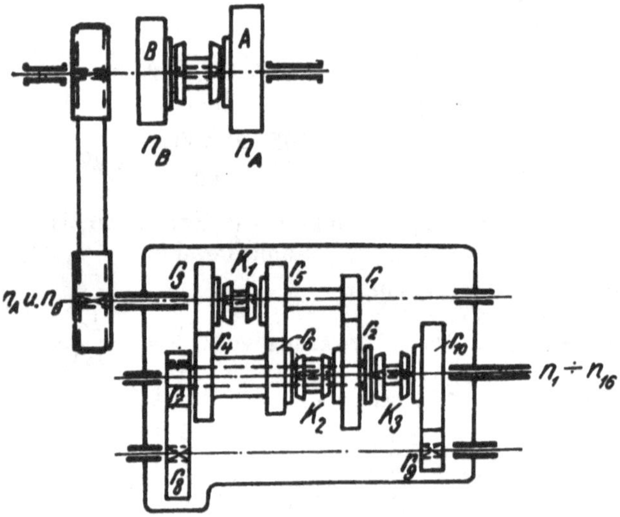

Fig. 43.

a) Gruppensprung = Reihensprung = φ.

$\longrightarrow \varphi$.

Gruppe A	n_1	n_2	n_3	n_4	n_9	n_{10}	n_{11}	n_{12}
Gruppe B	n_5	n_6	n_7	n_8	n_{13}	n_{14}	n_{15}	n_{16}
Rädervorgelege $\frac{r_7}{r_8} \cdot \frac{r_9}{r_{10}}$	← ein →				← aus →			

Aus obiger Tabelle ergibt sich:

a) $\frac{r_7}{r_8} \cdot \frac{r_9}{r_{10}} = \frac{n_1}{n_9} \cdot \cdot \cdot \cdot \cdot \frac{n_4}{n_{12}} = \frac{1}{\varphi^8}$;

b) $D_A \cdot n_A = D_B \cdot n_B$; $n_A = x \cdot n_{12}$; $n_B = x \cdot n_{16}$;

$$\frac{D_A}{D_B} = \frac{n_B}{n_A} = \frac{n_{16}}{n_{12}} = \frac{\varphi^4}{1}; \; D_A = \varphi^4 D_B.$$

c) Bedienung:

Beim Durchregulieren von $n_1 \div n_{16}$ ist erforderlich:
4maliger Kupplungswechsel oben;
16maliger Gangwechsel im Getriebe.

b) Gruppensprung = φ^2.

$\longrightarrow \varphi^2$.

Gruppe A	n_1	n_3	n_5	n_7	n_9	n_{11}	n_{13}	n_{15}
Gruppe B	n_2	n_4	n_6	n_8	n_{10}	n_{12}	n_{14}	n_{16}
Rädervorgelege $\frac{r_7}{r_8} \cdot \frac{r_9}{r_{10}}$	← ein →				← aus →			

a) $\frac{r_7}{r_8} \cdot \frac{r_9}{r_{10}} = \frac{n_1}{n_9} \cdots \frac{n_7}{n_{15}} = \frac{1}{\varphi^8}$.

b) $D_A\, n_A = D_B \cdot n_B$; $n_A = x \cdot n_{15}$

$n_B = x \cdot n_{16}$

$$\frac{D_A}{D_B} = \frac{n_B}{n_A} = \frac{n_{16}}{n_{15}} = \frac{\varphi}{1}$$

$$D_A = D_B \cdot \varphi.$$

c) Bedienung:
Beim Durchregulieren von $n_1 \div n_{16}$:
16maliger Kupplungswechsel oben;
8maliger Gangwechsel im Getriebe.

Die Unterteilung nach 2. ist vorzuziehen, weil das Verhältnis $\frac{D_A}{D_B}$ ein annehmbares und die Bedienung einfacher ist.

Schieberädergetriebe.

Sie sind konstruktiv einfacher als die Kupplungsgetriebe, da gerade die manchmal recht komplizierten Kupplungen fehlen. Nur wenn Rädervorgelege zur Steigerung der Durchzugskraft vorgeschaltet sind, sind sie meistens unvermeidbar.

Auf der Schiebeseite müssen die Zähne abgerundet werden zur Erleichterung des Einkuppelns, die des Mittelrades beiderseits.

Der Wirkungsgrad dieser Getriebe ist verhältnismäßig gut, da leer mitlaufende Räder wie bei den Kupplungsgetrieben fehlen.

In Fig. 44, der einfachsten Art dieser Getriebe, wird ein Dreierblock auf der Antriebswelle verschoben. Man verlegt den Schiebeblock gerade gern auf diese Welle, weil doch meistens bei der Übersetzung ins Langsame die Räder hier verhältnismäßig klein und leicht sind. Dementsprechend ist die Kraftanstrengung. Jedoch findet man bei Getrieben mit großem Regelbereich verschiebbare Dreierblöcke auch auf Vorgelegewellen, was man wegen der großen Räder nach Möglichkeit vermeiden sollte.

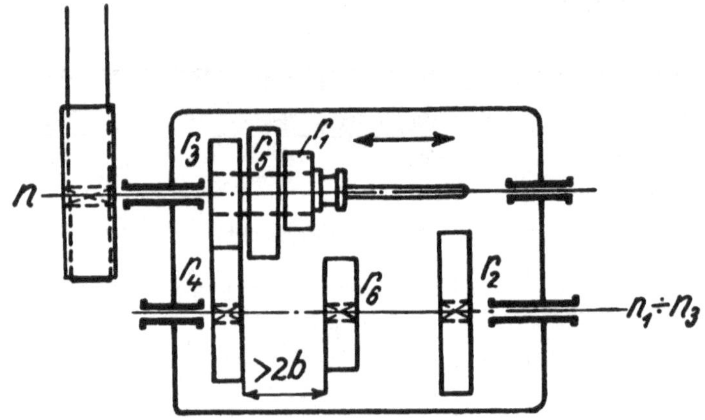

Fig. 44.

Ein recht brauchbares und in seiner Konstruktion einfaches Getriebe zeigt schematisch Fig. 45. Mit nur vier Räderpaaren erreicht der Konstrukteur hier sechs verschiedene Geschwindigkeiten an der Hauptwelle.

Drehzahlen	Schaltungen
$n_1 = n \frac{r_1}{r_2} \cdot \frac{r_6}{r_5} \cdot \frac{r_7}{r_8}$	r_1 auf r_2; r_8 auf r_7 eingeschoben.
$n_2 = n \frac{r_3}{r_4} \cdot \frac{r_6}{r_5} \cdot \frac{r_7}{r_8}$	r_3 auf r_4; r_8 auf r_7 eingeschoben.
$n_3 = n \frac{r_7}{r_8}$	r_3 mit r_5 gekuppelt; r_8 auf r_7 eingeschoben.
$n_4 = n \frac{r_1}{r_2}$	r_1 auf r_2 eingeschoben; r_8 mit r_6 gekuppelt.
$n_5 = n \frac{r_3}{r_4}$	r_3 auf r_4 eingeschoben; r_8 mit r_6 gekuppelt.
$n_6 = n \frac{r_5}{r_6}$	r_3 mit r_5, r_8 mit r_6 gekuppelt.

Hier läßt sich allerdings das tote Mitlaufen einer Leerbuchse *a* oder *b* bei den Drehzahlen n_3 bis n_6 nicht umgehen, was nicht ohne Einfluß auf den Wirkungsgrad des Getriebes ist.

Erwähnenswert ist noch ein Getriebe mit stark erweiterter Durchzugskraft und sehr großem Regelbereich wegen der Eigenart seiner Konstruktion. Fig. 46.

Ein Dreierblock a, zwei Zweierblöcke b und c und ein Einerblock d — sämtlich so angeordnet, daß Verriegelungen nicht nötig sind — geben dem Getriebe 18 verschiedene Spindelgeschwindigkeiten. Außerdem ist das tote Mitlaufen von Leerbuchsen vermieden.

Die Schiebeblöcke sind auf ihren Wellen aufgefedert. An Leerbuchsen sind drei vorhanden e, f und g. Rad $r_{11} = r_{15}$.

Wie der Bedienungsplan zeigt, sind vier Handgriffe zur Einstellung einer gewünschten Drehzahl nötig.

Bei der Wellenlagerung sind Wälzlager verwandt, die den Wirkungsgrad günstig beeinflussen. In den beiden ersten Gruppen dürfte $\eta = 0{,}73 \div 0{,}75$, in den übrigen $0{,}78 \div 0{,}80$ sein.

Die geometrische Abstufung der Drehzahlen ist schwerlich möglich, denn die Räder r_7, r_8 und r_{17} einerseits und r_{12}, r_{11} und r_{16} andererseits bilden zwei Räderketten, von denen dasselbe gilt, was bereits in Fig. 41 darüber gesagt wurde.

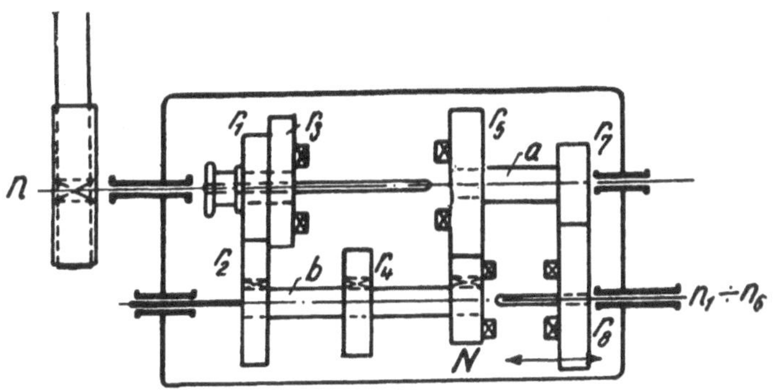

Fig. 45.

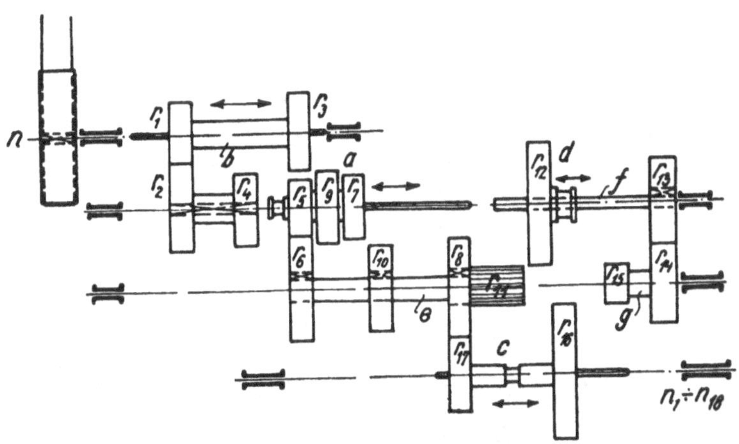

Fig. 46.

Bedienungsplan.

(Zu Fig. 46.)

Gruppe	Drehzahlen	Räderblockschaltungen b	a	d	c
I	$n_1 = n \frac{r_1}{r_2} \cdot \frac{r_5}{r_6} \cdot \frac{r_{11}}{r_{12}} \cdot \frac{r_{13}}{r_{14}} \cdot \frac{r_{15}}{r_{16}}$	o→	←o	←o	o→
	$n_2 = n \frac{r_1}{r_2} \cdot \frac{r_7}{r_8} \cdot \frac{r_{11}}{r_{12}} \cdot \frac{r_{13}}{r_{14}} \cdot \frac{r_{15}}{r_{16}}$	o→	o→	←o	o→
	$n_3 = n \frac{r_1}{r_2} \cdot \frac{r_9}{r_{10}} \cdot \frac{r_{11}}{r_{12}} \cdot \frac{r_{13}}{r_{14}} \cdot \frac{r_{15}}{r_{16}}$	o→	o↓	←o	o→
II	$n_4 = n \frac{r_3}{r_4} \cdot \frac{r_5}{r_6} \cdot \frac{r_{11}}{r_{12}} \cdot \frac{r_{13}}{r_{14}} \cdot \frac{r_{15}}{r_{16}}$	←o	←o	←o	o→
	$n_5 = n \frac{r_3}{r_4} \cdot \frac{r_7}{r_8} \cdot \frac{r_{11}}{r_{12}} \cdot \frac{r_{13}}{r_{14}} \cdot \frac{r_{15}}{r_{16}}$	←o	o→	←o	o→
	$n_6 = n \frac{r_3}{r_4} \cdot \frac{r_9}{r_{10}} \cdot \frac{r_{11}}{r_{12}} \cdot \frac{r_{13}}{r_{14}} \cdot \frac{r_{15}}{r_{16}}$	←o	o↓	←o	o→
III	$n_7 = n \frac{r_1}{r_2} \cdot \frac{r_5}{r_6} \cdot \frac{r_{11}}{r_{16}}$	o→	←o	○	o↓
	$n_8 = n \frac{r_1}{r_2} \cdot \frac{r_7}{r_8} \cdot \frac{r_{11}}{r_{16}}$	o→	o→	○	o↓
	$n_9 = n \frac{r_1}{r_2} \cdot \frac{r_9}{r_{10}} \cdot \frac{r_{11}}{r_{16}}$	o→	o↓	○	o↓
IV	$n_{10} = n \frac{r_3}{r_4} \cdot \frac{r_5}{r_6} \cdot \frac{r_{11}}{r_{16}}$	←o	←o	○	o↓
	$n_{11} = n \frac{r_3}{r_4} \cdot \frac{r_7}{r_8} \cdot \frac{r_{11}}{r_{16}}$	←o	o→	○	o↓
	$n_{12} = n \frac{r_3}{r_4} \cdot \frac{r_9}{r_{10}} \cdot \frac{r_{11}}{r_{16}}$	←o	o↓	○	o↓
V	$n_{13} = n \frac{r_1}{r_2} \cdot \frac{r_5}{r_6} \cdot \frac{r_8}{r_{17}}$	o→	←o	○	←o
	$n_{14} = n \frac{r_1}{r_2} \cdot \frac{r_7}{r_8} \cdot \frac{r_8}{r_{17}}$	o→	o→	○	←o
	$n_{15} = n \frac{r_1}{r_2} \cdot \frac{r_9}{r_{10}} \cdot \frac{r_8}{r_{17}}$	o→	o↓	○	←o

Gruppe	Drehzahlen	Räderblockschaltungen			
		b	a	d	c
VI	$n_{16} = n \frac{r_3}{r_4} \cdot \frac{r_5}{r_6} \cdot \frac{r_8}{r_{17}}$	←o	←o	○	←o
	$n_{17} = n \frac{r_3}{r_4} \cdot \frac{r_7}{r_8} \cdot \frac{r_8}{r_{17}}$	←o	o→	○	←o
	$n_{18} = n \frac{r_3}{r_4} \cdot \frac{r_9}{r_{10}} \cdot \frac{r_8}{r_{17}}$	←o	o↓	○	←o

Es bedeutet: ←o, o→, o↓ } Räderblock eingerückt { nach links, „ rechts, in Mitte.

Räderblock in Nullstellung; ausgerückt.

Stufenrädergetriebe.

a) Norton- und Mäandergetriebe.

b) Ziehkeilgetriebe.

Fig. 47 ist das reine Nortongetriebe. Antriebsrad r mit Zwischenrad ist verschiebbar; schwenk- und verriegelbar durch einen Handgriff.

Bei geometrischer Abstufung müßte sein:

$$i_1 = \frac{n_1}{n} = \frac{r}{r_4}\,;\; n_1 = n\,\frac{r}{r_4}.$$

$$i_2 = \frac{n_2}{n} = \frac{r}{r_3}\,;\; n_2 = n\,\frac{r}{r_3}.$$

$$i_3 = \frac{n_3}{n} = \frac{r}{r_2}\,;\; n_3 = n\,\frac{r}{r_2}.$$

$$i_4 = \frac{n_4}{n} = \frac{r}{r_1}\,;\; n_4 = n\,\frac{r}{r_1} = n_1\,\varphi^3.$$

$$\varphi = \sqrt[3]{\frac{n_4}{n_1}} = \sqrt[3]{\frac{n\,\frac{r}{r_1}}{n\,\frac{r}{r_4}}} = \sqrt[3]{\frac{r_4}{r_1}}.$$

Daraus: $r_4 = r_1\,\varphi^3$ und des weiteren

$r_3 = r_1\,\varphi^2$ als Ergebnis aus $\frac{n_2}{n_4}$;

$r_2 = r_1\,\varphi$ als Ergebnis aus $\frac{n_3}{n_4}$.

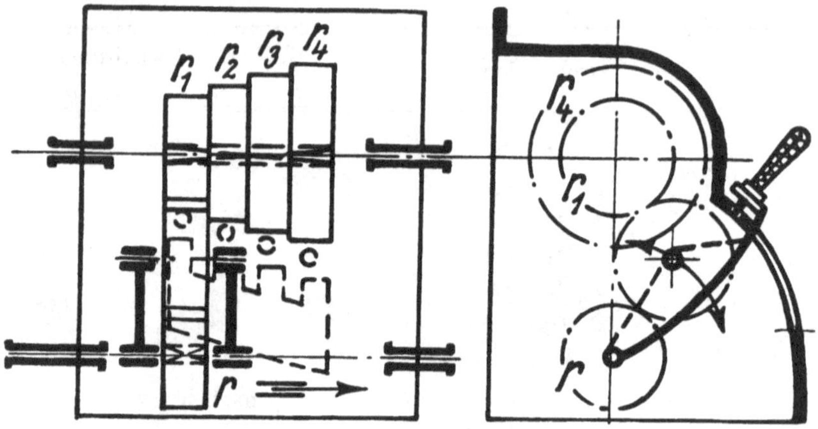

Fig. 47.

Wie die Drehzahlen müssen auch die Nortonräder nach einer geometrischen Reihe abgestuft werden.

$$r_{max.} = r_{min.}\, \varphi^{Z'-1}, \text{ wenn}$$

Z' = Anzahl der Nortonräder bedeutet. Es dürfte jedoch nicht möglich sein, den Sprung φ genau einzuhalten wegen der Abrundung auf ganze Zähnezahlen.

Empfehlenswert ist, φ mit Vorsicht zu wählen, und zwar es desto kleiner zu bemessen, je länger die Nortonreihe ist, damit die Differenz zwischen dem kleinsten und größten Rade nicht zu groß wird: allenfalls $\frac{r_{min.}}{r_{max.}} = \frac{1}{3}$.

$$\frac{r}{r_1} = \frac{1}{1} \text{ gibt}: \frac{r}{r_2} = \frac{1}{\varphi} \;\ldots\ldots\; \frac{r}{r_4} = \frac{1}{\varphi^3};$$

$$\frac{r}{r_1} = \frac{1}{x} \text{ gibt}: \frac{r}{r_2} = \frac{1}{x\varphi} \;\ldots\ldots\; \frac{r}{r_4} = \frac{1}{x\varphi^3}.$$

Die Drehzahl n wird man immer so zu wählen haben, daß die Riemengeschwindigkeit $v_R \geq 8$ m/Sek. wird.

Das reine Nortongetriebe ist zur Übertragung starker Kraftmomente (für Kraftantriebe) nicht geeignet. Die Verriegelung des Zwischenrades macht Schwierigkeiten. Dieser Übelstand läßt sich stark mildern, wenn man hinter den Nortonrädern Übersetzungen ins Langsame einschaltet (Fig. 48). Damit erreicht man seine Verwendbarkeit für Kraftantriebe.

Die Drehzahlgruppen:

Gruppe I: $n_1 = n \frac{r}{r_5} \cdot \frac{r_6}{r_7} \cdot \frac{r_8}{r_9} \cdot \frac{r_{10}}{r_{11}}$; K nach rechts.

$$n_5 = n \frac{r}{r_1} \cdot \frac{r_6}{r_7} \cdot \frac{r_8}{r_9} \cdot \frac{r_{10}}{r_{11}}; \quad ,, \quad ,, \quad ,, \quad .$$

Gruppe II: $n_6 = n \frac{r}{r_5} \cdot \frac{r_6}{r_7}$; K nach links.

$n_{10} = n \frac{r}{r_1} \cdot \frac{r_6}{r_7}$; „ „ „ .

Die Räderübersetzungen:

Im Norton: $\frac{r}{r_1} = \frac{1}{1}$ angenommen.

$$\frac{r}{r_1} = \frac{1}{1}; \frac{r}{r_2} = \frac{1}{\varphi} \ldots \frac{r}{r_5} = \frac{1}{\varphi^4}.$$

In den Vorgelegen: $\frac{\text{Gr. I}}{\text{Gr. II}} : \frac{n_1}{n_6} \ldots \frac{n_5}{n_{10}} = \frac{r_8}{r_9} \cdot \frac{r_{10}}{r_{11}} = \frac{1}{\varphi^5}.$

Die Anordnung des Vorgeleges $\frac{r_6}{r_7}$ bietet den Vorteil, daß die Abmessungen der Nortonräder kleiner gehalten werden können. Sie sind auf einer Vorwelle untergebracht, die wesentlich schwächer ist als die Hauptspindel. Die Größe der Übersetzung $\frac{r_6}{r_7}$ beliebig.

Der Achsabstand fordert als Bedingung:

$$d_8 + d_9 = d_{10} + d_{11}.$$

Die Momente an der Hauptspindel: $M = \frac{\eta}{i} M_E$; $M_E = \frac{P D}{2}$.

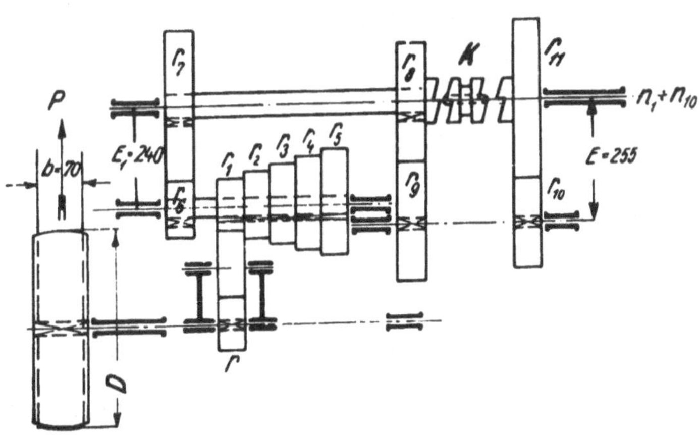

Fig. 48.

$$\text{Bei } n_1 : M_1 = \frac{\eta}{i_1} M_E = \eta \frac{P D}{2} \cdot \frac{r_7}{r_6} \cdot \varphi^9 = K \varphi^9 = M_{max}.$$

$$i_1 = \frac{r}{r_5} \cdot \frac{r_6}{r_7} \cdot \frac{r_8}{r_9} \cdot \frac{r_{10}}{r_{11}} = \frac{r_6}{r_7} \cdot \frac{1}{\varphi^4} \cdot \frac{1}{\varphi^5}.$$

$$\text{Bei } n_5 : M_5 = \frac{\eta}{i_5} M_E = K \varphi^5.$$

$$\text{Bei } n_6 : M_6 = \frac{\eta'}{i_6} M_E = \eta' \frac{P D}{2} \cdot \frac{r_7}{r_6} \cdot \varphi^4 = K' \varphi^4.$$

$$\text{Bei } n_{10} : M_{10} = \frac{\eta'}{i_{10}} M_E = K' \varphi^0 = K' = M_{min}.$$

K und K' = Konstanten;

$$\eta = \eta_1 \cdot \eta_2^4 \cdot \eta_3^5$$
$$\eta' = \eta_1 \cdot \eta_2^3 \cdot \eta_3^3 \cdot \eta_4^2.$$

Die PS an der Hauptspindel: $N = \eta N_E$; $N_E = \frac{P v_R}{75}$.

$$\text{In Gr. I: } N_I = \eta N_E = \eta_1 \cdot \eta_2^4 \cdot \eta_3^5 \frac{P v_R}{75} = \text{Konst.}$$

$$\text{In Gr. II: } N_{II} = \eta' N_E = \eta_1 \cdot \eta_2^3 \cdot \eta_3^3 \cdot \eta_4^2 \frac{P v_R}{75} = \text{Konst.}'$$

Die Leistungen sind nicht über dem ganzen Regelbereich, sondern nur in ihren Gruppen konstant.

Ein Zahlenbeispiel: Kraftbedarf: 6 PS. $n = 312$ U/Min.

$$n_1 = 20 \text{ U/Min.}$$
$$n_{10} = 104 \text{ U/Min.}$$
$$r = r_1 ; \frac{r_6}{r_7} = \frac{1}{3}.$$

1. Die Einscheibe:

$$\frac{M n}{71620} = N$$

$$M = \frac{71620 N}{n} = \frac{71620 \cdot 6}{312} = 1378 \text{ cm/kg.}$$

$$n_{10} = n \frac{r}{r_1} \cdot \frac{r_6}{r_7} ; n = \frac{n_{10}}{\frac{r}{r_1} \cdot \frac{r_6}{r_7}} = 104 \cdot 3 = 312 \text{ U/Min.}$$

$$M = \frac{PD}{2}; \; P = p\,b = 1{,}2 \cdot 70 = 84 \text{ kg angenommen.}$$

$$D = \frac{2M}{P} = \frac{2 \cdot 1378}{84} = 32{,}8 \text{ cm} \sim 330 \text{ mm } \varnothing$$

$$\eta = 0{,}98 \cdot 0{,}97^4 \cdot 0{,}96^5 = 0{,}69$$

$$\eta' = 0{,}98 \cdot 0{,}97^3 \cdot 0{,}96^3 \cdot 0{,}99^2 = 0{,}77.$$

2. Die Drehzahlreihe:

$$\varphi = \sqrt[9]{\frac{n_{10}}{n_1}} = \sqrt[9]{5{,}02}$$

$$\log \varphi = \frac{1}{9} \log 5{,}02 = 0{,}07785$$

$$\varphi = 1{,}2.$$

Gruppe I 20; 24; 29; 34,5; 41,5 U/Min.

Gruppe II 50; 60; 72,5; 86; 104. „

3. Die Räderübersetzungen:

Im Norton: $r_1 = 24$ Zähne angenommen $= r$.

$r_2 = r_1\,\varphi = 29$ Zähne

$r_3 = r_1\,\varphi^2 = 35$ „

$r_4 = r_1\,\varphi^3 = 42$ „

$r_5 = r_1\,\varphi^4 = 50$ „ .

In den Vorgelegen: $\frac{r_6}{r_7} = \frac{1}{3}$.

$$\frac{r_8}{r_9} \cdot \frac{r_{10}}{r_{11}} = \frac{1}{\varphi^5} = \frac{1}{2{,}5} = \frac{1}{1} \cdot \frac{1}{2{,}5}.$$

4. Die Räderabmessungen:

$\frac{r_{10}}{r_{11}}$ und $\frac{r_8}{r_9}$: Das Maximalmoment am Rade r_{11} ist $M_1 = K\,\varphi^9$ (bei n_1)

$$K = \eta\,\frac{PD}{2} \cdot \frac{r_7}{r_6} = 0{,}69 \cdot 84 \cdot \frac{33}{2}\,3 = 2869$$

$$\varphi^9 = 1{,}2^9 = 5{,}18.$$

$$M_1 = 2869 \cdot 5{,}18 = 14861 \text{ cm/kg.}$$

Am Rade r_{10}: $M_{r_{10}} = \frac{i}{\eta_3} M_1 = \frac{14861}{2{,}5 \cdot 0{,}96} = 6190$ cm/kg.

$$\frac{t}{\pi} = \sqrt[3]{\frac{0{,}2\,M_{r_{10}}}{c \cdot \frac{b}{t}\,Z_{10}}} = \sqrt[3]{\frac{0{,}2 \cdot 6190}{80 \cdot 24 \cdot 3{,}2}} \sim 0{,}63 \text{ cm}$$

$c = 80$ für Schmiedestahl, $Z_{10} = 24$ Zähne } angenommen.

$$\frac{b}{t} = 3{,}2.$$

$$\frac{t}{\pi} = 6.$$

$$d_{10} = 24 \cdot 6 = 144 \text{ mm } \varnothing; \quad b = 10 \frac{t}{\pi} = 60 \text{ mm}.$$
$$d_{11} = 24 \cdot 2{,}5 \cdot 6 = 60 \cdot 6 = 360 \text{ mm } \varnothing;$$

Nachprüfung des angenommenen Wertes $c = 80$. Dazu ist die Räderumfangsgeschwindigkeit v_R erforderlich.

$$v_R = \frac{d_{10} \cdot \pi \cdot n_{r10}}{1000 \cdot 60} = \frac{144 \cdot \pi \cdot 50}{1000 \cdot 60} = 0{,}376 \text{ m/Sek.}$$

$$n_{r10} = 2{,}5 \cdot n_1 = 2{,}5 \cdot 20 = 50 \text{ U/Min.}$$

Für Gußeisen $c = 27$ bei $v_R = 0{,}5$ m/Sek. (s. Tabelle 1).

Für Schmiedestahl $c = 3 \cdot 27 = 81$.

Rad r_{10} aus SM-Stahl; r_{11} aus Stahlguß ausgeführt, da die Übersetzung

$$\frac{r_{10}}{r_{11}} = \frac{1}{2{,}5}.$$

$\frac{r_8}{r_9}$: $\frac{t'}{\pi} = 5$ gewählt. Diese Annahme ist nachzuprüfen.

Bedingung: $d_9 + d_8 = d_{10} + d_{11}$.

$$\frac{t'}{\pi}(Z_9 + Z_8) = \frac{t}{\pi}(Z_{10} + Z_{11})$$

$$Z_9 = Z_8.$$

$$\frac{t'}{\pi} 2 Z_8 = 6(24 + 60) = 504.$$

$$Z_8 = \frac{508}{5 \cdot 2} = 51 \text{ Zähne.}$$

$5(51 + 51) = 510$ mm. Differenz $= 6$ mm.

Z_{10} auf 25 Zähne erhöht und die Differenz ist beseitigt: $6(25 + 60) = 510$

$$d_9 = d_8 = 5 \cdot 51 = 255 \text{ mm}; \; b = 10 \frac{t'}{\pi} = 50 \text{ mm}.$$

Nachprüfung des Wertes c und Bestimmung des Materials für die Räder:

$$c = \frac{0{,}2 \, M_{r9}}{\left(\frac{t}{\pi}\right)^3 \cdot \frac{b}{t} \cdot Z_9} = \frac{0{,}2 \cdot 6400}{0{,}5^3 \cdot 3{,}2 \cdot 51} = 62{,}5.$$

$$M_{r9} = \frac{M_{r10}}{\eta_2} = \frac{6190}{0{,}97} = 6400 \text{ cm/kg}.$$

$$v_R = \frac{d_9 \, \pi \cdot n_{r9}}{1000 \cdot 60} = \frac{255 \cdot \pi \cdot 50}{1000 \cdot 60} = 0{,}67 \text{ m/Sek.}$$

$$n_{r9} = n_{r10} = 50 \text{ U/Min.}$$

Bei $v_R = 1$ m/Sek. für Gußeisen $c = 26$,
für Schmiedestahl $c = 3 \cdot 26 = 78$. (S. Tabelle 1).

Beide Räder aus SM-Stahl ausgeführt.

$\frac{r_6}{r_7}$: $M_{max.}$ am Rade $r_6 = M_{max.}$ an der Buchse $= M_{r_5}$.

$$M_{r_5} = \frac{P\,D}{2} \cdot \frac{r_5}{r} \cdot \eta = 84 \cdot \frac{33}{2} \cdot 1{,}2^4 \cdot 0{,}85 = 2478 \text{ cm/kg}$$

η hier $= \eta_1 \cdot \eta_2^2 \cdot \eta_3^2 = \sim 0{,}85$,

$\frac{t}{\pi} = 4$ gewählt und $Z_6 = 30$ Zähne. Dann wird

$$d_6 = 30 \cdot 4 = 120 \text{ mm } \varnothing,$$
$$d_7 = 30 \cdot 3 \cdot 4 = 360 \text{ mm } \varnothing.$$
$$b = 10 \frac{t}{\pi} = 40 \text{ mm}.$$

Nachprüfung des Wertes c und Bestimmung des Materials:

$$c = \frac{0{,}2\, M_{r_5}}{\left(\frac{t}{\pi}\right)^3 \cdot \frac{b}{t} \cdot Z_6} = \frac{0{,}2 \cdot 2478}{(0{,}4)^3 \cdot 3{,}2 \cdot 30} \sim 80.$$

$$v_R = \frac{d_6 \cdot \pi \cdot n_{r_6}}{1000 \cdot 60} = \frac{120 \cdot \pi \cdot 159}{1000 \cdot 60} \sim 1 \text{ m/Sek.}$$

$n_{r_6} = n_{r_5}$; sie sitzen auf einer Buchse.

$$n_{r_5} = n \frac{r}{r_5} = \frac{n}{\varphi^4} = \frac{312}{1{,}96} = \sim 159 \text{ U/Min.}$$

Bei $v_R = 1$ m/Sek. für Gußeisen $c = 26$.
Bei $v_R = 1$ m/Sek. für Schmiedestahl $c = 26 \cdot 3 = 78$. (S. Tabelle 1.)

Es empfiehlt sich, den Modul auf $\frac{t}{\pi} = 4{,}25$ zu erhöhen. Damit wird c kleiner ($c = 67$), während v_R sich auf 1,09 m/Sek. erhöht, was belanglos ist.

Rad r_6 aus SM-Stahl; r_7 aus Stahlguß, da die Übersetzung $\frac{r_6}{r_7} = \frac{1}{3}$.

Endgültige Abmessungen der Räder:

$$d_6 = Z_6 \frac{t}{\pi} = 30 \cdot 4{,}25 = 127{,}5 \text{ mm } \varnothing,$$

$$d_7 = Z_7 \frac{t}{\pi} = 90 \cdot 4{,}25 = 382{,}5 \text{ mm } \varnothing.$$

Die Nortonräder: $M_{max.}$ am Rade $r_5 = 2478$ cm/kg.

$\frac{t}{\pi} = 3{,}75$ gewählt.

Bestimmung des Materials und Nachprüfung von c:

$$c = \frac{0,2 \cdot Mr_5}{\left(\frac{t}{\pi}\right)^3 \cdot \frac{b}{t} \cdot Z_5} = \frac{0,2 \cdot 2478}{0,053 \cdot 3,2 \cdot 50} = \sim 58.$$

$$v_R = \frac{d_5 \cdot \pi \cdot n_{r5}}{1000 \cdot 60} = \frac{187,5 \cdot \pi \cdot 159}{1000 \cdot 60} = \sim 1,56 \text{ m/Sek.}$$

$d_5 = 50 \cdot 3,75 = 187,5$ mm ⌀.

$c = 23$ für Gußeisen bei $v_R = 2$ m/Sek.

$c = 23 \cdot 3 = 69$ für Schmiedestahl. (S. Tabelle 1.)

Die Räder werden aus Schmiedestahl hergestellt.

Endgültige Abmessungen der Nortonräder:

$$d_1 = Z_1 \frac{t}{\pi} = 24 \cdot 3,75 = 90 \text{ mm ⌀};$$

$$d_2 = Z_2 \frac{t}{\pi} = 29 \cdot 3,75 = 108,75 \text{ mm ⌀};$$

$$d_3 = 35 \cdot 3,75 = 131,25 \text{ mm ⌀};$$

$$d_4 = 42 \cdot 3,75 = 157,5 \text{ mm ⌀};$$

$$d_5 = 50 \cdot 3,75 = 187,5 \text{ mm ⌀}.$$

Die Momente an der Hauptspindel:

(Fig. 49.)

Bei $n_1 : M_1 = K\varphi^9 = 2869 \cdot 5,18 = 14861$ cm/kg

$n_2 : M_2 = K\varphi^8 = 2869 \cdot 4,28 = 12279$ „

$n_3 : M_3 = K\varphi^7 = 2869 \cdot 3,59 = 10290$ „

$n_4 : M_4 = K\varphi^6 = 2869 \cdot 2,99 = 8578$ „

$n_5 : M_5 = K\varphi^5 = 2869 \cdot 2,48 = 7115$ „

$n_6 : M_6 = K'\varphi^4 = 3202 \cdot 2,07 = 6628$ cm/kg

$n_7 : M_7 = K'\varphi^3 = 3202 \cdot 1,73 = 5539$ „

$n_8 : M_8 = K'\varphi^2 = 3202 \cdot 1,44 = 4611$ „

$n_9 : M_9 = K'\varphi = 3022 \cdot 1,2 = 3842$ „

$n_{10} : M_{10} = K'\varphi^0 = K' = 3202$ „

$$K = \eta \frac{P D}{2} \cdot \frac{r_7}{r_6} = 0,69 \cdot 84 \cdot \frac{33}{2} \cdot 3 = 2869$$

$$K' = \eta' \frac{P D}{2} \cdot \frac{r_7}{r_6} = 0,77 \cdot 84 \cdot \frac{33}{2} \cdot 3 = 3202$$

$$\varphi = 1,2$$

$\varphi^2 = 1,44$; $\varphi^3 = 1,73$

$\varphi^4 = (\varphi^2)^2 = 2,07$; $\varphi^6 = (\varphi^3)^2 = 2,99$

$\varphi^8 = (\varphi^4)^2 = 4,28$; $\varphi^9 = (\varphi^3)^3 = 5,18$

$\varphi^5 = \varphi^4 \cdot \varphi = 2,48$; $\varphi^7 = \varphi^6 \cdot \varphi = 3,59$.

Die PS an der Hauptspindel:

Gruppe I: $N_I = \eta\ N_E = 0{,}69 \cdot 6 = 4{,}14$

Gruppe II: $N_{II} = \eta'\ N_E = 0{,}77 \cdot 6 = 4{,}62$.

Die wirkliche Drehzahlreihe:

$$n_1 = 312 \cdot \frac{24}{50} \cdot \frac{30}{90} \cdot \frac{51}{51} \cdot \frac{25}{60} = 20{,}8 \text{ U/Min.}$$

$n_2 = 24{,}8$ U/Min.
$n_3 = 29{,}8$ „
$n_4 = 36$ „
$n_5 = 43{,}3$ „

$n_6 = 49{,}9$ U/Min.
$n_7 = 59{,}4$ „
$n_8 = 72$ „
$n_9 = 86{,}4$ „
$n_{10} = 104$ „

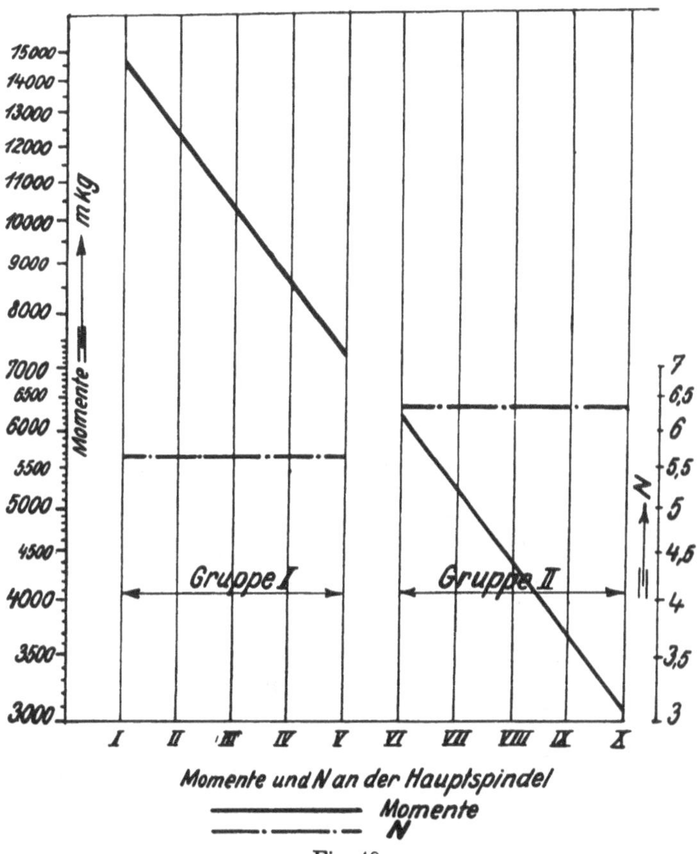

Fig. 49.

Bringt man Vorgelegeräder in direkten Eingriff mit dem Nortonblock nach Art der Fig. 50 — eine Schiebemuffe mit den aufgefederten Rädern r_5 und r_6 wird hier auf r_2 und r_4 eingeschoben —, kann die geometrische Reihe nicht immer eingehalten werden.

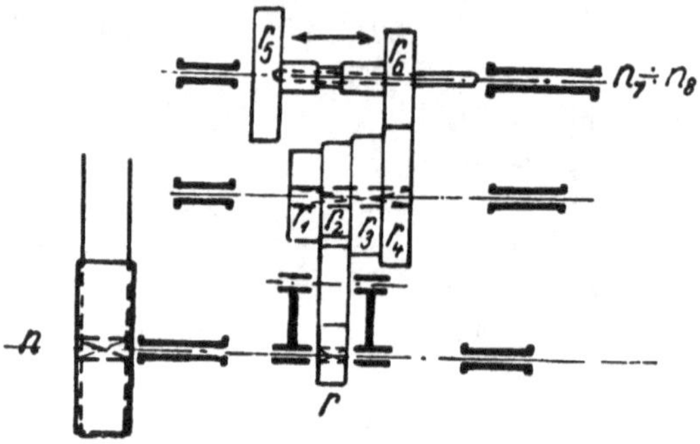

Fig. 50.

Aus der gesetzmäßig abgestuften Drehzahlreihe

$$n_1 = n \frac{r}{r_4} \cdot \frac{r_2}{r_5} \qquad n_5 = n \frac{r}{r_4} \cdot \frac{r_4}{r_6}$$

$$n_4 = n \frac{r}{r_1} \cdot \frac{r_2}{r_5} \qquad n_8 = n \frac{r}{r_1} \cdot \frac{r_4}{r_6} = n_1 \varphi^7$$

müßte sich ergeben

$$i = \frac{n_1}{n_5} \dots \frac{n_4}{n_8} = \frac{\frac{r_2}{r_5}}{\frac{r_4}{r_6}} = \frac{1}{\varphi^4}.$$

Am einfachsten und zweckmäßigsten würde man ferner der Bedingung

$$d_2 + d_5 = d_4 + d_6$$

genügen, wenn man $d_5 = d_4$ und $d_6 = d_2$ machen würde. In diesem Falle würde:

$$\frac{r_2}{r_5} = \frac{r_2}{r_4} = \frac{r_2}{r_2 \varphi^2} = \frac{1}{\varphi^2} \text{ und}$$

$$\frac{r_4}{r_6} = \frac{r_4}{r_2} = \frac{\varphi^2}{1} \text{ und damit}$$

$$\frac{\frac{r_2}{r_5}}{\frac{r_4}{r_6}} = \frac{1}{\varphi^4} = \frac{1}{\varphi^2} \cdot \frac{\varphi^2}{1}.$$

Die geometrische Reihe ist hergestellt. In jedem anderen Falle, z. B. r_5 eingeschoben auf r_1, wäre die geometrische Reihe gestört, denn $r_5 = r_4$ und $r_6 = r_1$ gesetzt ergäbe

$$\frac{r_1}{r_5} = \frac{r_1}{r_4} = \frac{r_1}{r_1\,\varphi^3} = \frac{1}{\varphi^3}$$

$$\text{und } \frac{r_4}{r_6} = \frac{r_4}{r_1} = \frac{\varphi^3}{1}.$$

$$\text{Hier würde } i = \frac{\frac{1}{\varphi^3}}{\frac{\varphi^3}{1}} = \frac{1}{\varphi_6}.$$

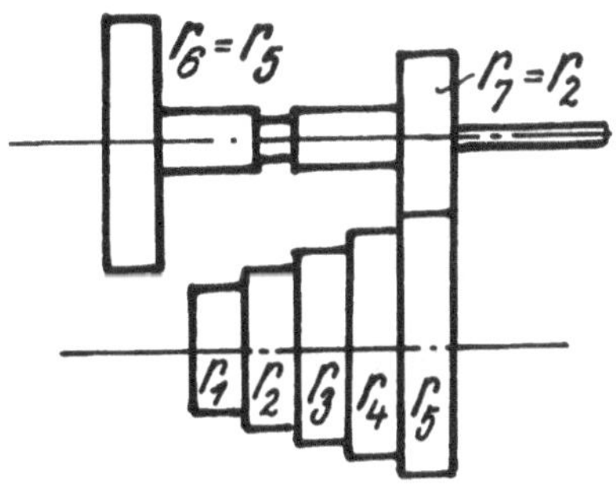

Fig. 51.

Bei 5 Nortonrädern (Fig. 51) müßte

$$\frac{\frac{r_2}{r_6}}{\frac{r_5}{r_7}} = \frac{1}{\varphi^5} \text{ sein.}$$

$r_6 = r_5$ und $r_7 = r_2$ gesetzt, gibt $\frac{r_2}{r_6} = \frac{r_2}{r_5} = \frac{1}{\varphi^3}$ und $\frac{r_5}{r_7} = \frac{r_5}{r_2} = \frac{\varphi^3}{1}$, also $i = \frac{1}{\varphi^6}$.

Man mag ein Nortonrad wählen, welches man will, die Übersetzung

$$i = \frac{1}{\varphi^5} = \frac{\frac{1}{\varphi^{2,5}}}{\frac{\varphi^{2,5}}{1}}$$

ist durch Nortonräder nicht ausdrückbar.

Ist die Anzahl der Nortonräder $= Z'$, so ist $i = \frac{1}{\varphi^{Z'}}$, und ist Z' eine gerade Zahl, dann ist unter der ausdrücklichen Voraussetzung, die Vorgelegeräder durch entsprechende Blockräder zu ersetzen, die geometrisch abgestufte Drehzahlreihe möglich.

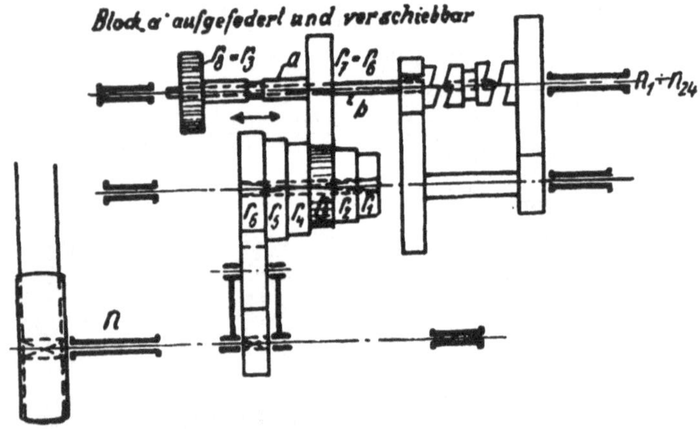

Fig. 52.

Ein derartiges, häufig verwandtes Getriebe gibt Fig. 52 wieder. Buchse a gleitet aufgefedert auf Buchse b.

$r_8 = r_3$ und $r_7 = r_6$ garantiert die geometrische Reihe: $i = \frac{1}{\varphi^6} = \frac{1}{\varphi^3 \cdot \frac{\varphi^3}{1}}$.

Würde man für Fig. 48 einen doppelten Geschwindigkeitswechsel am Vorgelege vorsehen, dann sind wiederum zwei verschiedene Möglichkeiten einer Unterteilung gegeben:

a) Gruppensprung = Reihensprung = φ.

$\longrightarrow \varphi.$

Gruppe A	n_1 bis n_5	n_{11} bis n_{15}
Gruppe B	n_6 bis n_{10}	n_{16} bis n_{20}
	mit $\frac{r_6}{r_7} \cdot \frac{r_8}{r_9} \cdot \frac{r_{10}}{r_{11}}$	mit $\frac{r_6}{r_7}$

Daraus ergibt sich: für $\frac{r_8}{r_9} \cdot \frac{r_{10}}{r_{11}} = \frac{n_1}{n_{11}} \; \ldots \; \frac{n_5}{n_{15}} = \frac{1}{\varphi^{10}}$.

$$\frac{D_A}{D_B} = \frac{n_{20}}{n_{15}} = \frac{\varphi^5}{1}$$

und $\frac{r_1}{r_5} = \frac{r_{min.}}{r_{max.}}$ im Norton $= \frac{1}{\varphi^4}$.

b) Gruppensprung $= \varphi^2$.

Gruppe A	n_1 n_3 bis n_9	n_{11} bis n_{19}
Gruppe B	n_2 n_4 bis n_{10}	n_{12} bis n_{20}
	mit $\frac{r_6}{r_7} \cdot \frac{r_8}{r_9} \cdot \frac{r_{10}}{r_{11}}$	mit $\frac{r_6}{r_7}$

$$\text{Daraus für: } \frac{r_8}{r_9} \cdot \frac{r_{10}}{r_{11}} = \frac{n_1}{n_{11}} \ldots \frac{n_5}{n_{15}} = \frac{1}{\varphi^{10}}.$$

$$\frac{D_A}{D_B} = \frac{n_{20}}{n_{19}} = \frac{\varphi}{1}$$

$$\text{und } \frac{r_1}{r_5} = \frac{r_{min.}}{r_{max.}} = \frac{1}{(\varphi^2)^4}.$$

Beide Arten der Unterteilung können nur ein kleines φ vertragen. Im ersteren Falle würden die Unterschiede in den Durchmessern der Antriebsscheiben A und B zu groß und im letzteren würden die Nortonräder r_1 und r_5 zu ungleich.

Bezüglich der Bedienung ist die Unterteilung nach b vorzuziehen.

Nach a: 4maliger Kupplungswechsel oben und
20maliger Gangwechsel im Norton.

Nach b: 20maliger Kupplungswechsel und
10maliger Gangwechsel beim Durchregulieren von n_1 bis n_{20}.

Sehr häufig werden Nortongetriebe z. B. als Doppelgetriebe (Fig. 53) für Nebenantriebe verwandt.

Bezeichnet man die Spindelantriebe einer Arbeitsmaschine als Hauptantriebe, so versteht man unter Nebenantrieben die Antriebe der Zustellungs-

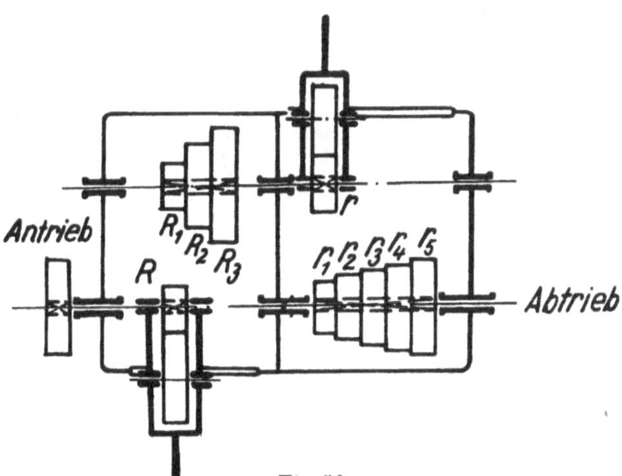

Fig. 53.

oder Schaltorgane. Drehbank-, Bohr- und Frässpindelantriebe sind Hauptantriebe, die Zustellung des Drehstahles, der Bohrspindel und des Fräsmaschinentisches ist Aufgabe des Nebenantriebes.

Fig. 53 besteht aus einem Grund- und einem Vervielfältigungsgetriebe. Theoretisch gibt das ganze Getriebe 15 verschiedene Übersetzungen in drei Reihen zu je 5 Größen her.

Die Grundreihe: $\frac{r}{r_1}$ bis $\frac{r}{r_5}$ bei $\frac{R}{R_1} = \frac{1}{1}$;

die Vervielfältigungsreihe I: $\frac{r}{r_1}$ bis $\frac{r}{r_5}$ bei $\frac{R}{R_2} = \frac{1}{x}$;

die Vervielfältigungsreihe II: $\frac{r}{r_1}$ bis $\frac{r}{r_5}$ bei $\frac{R}{R_3} = \frac{1}{y}$.

Beispiel: Übersetzungen von $\frac{1}{1}$ bis $\frac{1}{9}$ sollen mit dem Getriebe Fig. 53 erreicht werden.

Wählt man $\frac{R}{R_2} = \frac{1}{2}$ und $\frac{R}{R_3} = \frac{1}{3}$, dann ist

die größte Übersetzung in der Grundreihe: $i_5 = \frac{1}{3}$, denn

die größte Übersetzung in der Vervielfältigungsreihe I: $i_{10} = \frac{1}{3} \cdot \frac{1}{2} = \frac{1}{6}$,

die größte Übersetzung in der Vervielfältigungsreihe II: $i_{15} = \frac{1}{3} \cdot \frac{1}{3} = \frac{1}{9}$.

Stuft man in der Grundreihe nach φ ab, muß

$$i_5 = i_1 \varphi^4 \text{ und } \varphi = \sqrt[4]{\frac{1}{3}} = \frac{1}{1,31} \text{ werden.}$$

Demnach erhält man:

als Grundreihe	als Vervielfältigungsreihe I	als Vervielfältigungsreihe II
$i_1 = \frac{R}{R_1} \cdot \frac{r}{r_1} = \frac{1}{1}$	$i_6 = \frac{R}{R_2} \cdot \frac{r}{r_1} = \frac{1}{2}$	$i_{11} = \frac{R}{R_3} \cdot \frac{r}{r_1} = \frac{1}{3}$
$i_2 = ,, \cdot \frac{r}{r_2} = \frac{1}{1,31}$	$i_7 = ,, \cdot \frac{r}{r_2} = \frac{1}{2,62}$	$i_{12} = ,, \cdot \frac{r}{r_2} = \frac{1}{3,93}$
$i_3 = ,, \cdot \frac{r}{r_3} = \frac{1}{1,72}$	$i_8 = ,, \cdot \frac{r}{r_3} = \frac{1}{3,48}$	$i_{13} = ,, \cdot \frac{r}{r_3} = \frac{1}{5,16}$
$i_4 = ,, \cdot \frac{r}{r_4} = \frac{1}{2,25}$	$i_9 = ,, \cdot \frac{r}{r_4} = \frac{1}{4,5}$	$i_{14} = ,, \cdot \frac{r}{r_4} = \frac{1}{6,75}$
$i_5 = ,, \cdot \frac{r}{r_5} = \frac{1}{3}$	$i_{10} = ,, \cdot \frac{r}{r_5} = \frac{1}{6}$	$i_{15} = ,, \cdot \frac{r}{r_5} = \frac{1}{9}$

Jede Reihe für sich ist nach φ abgestuft. Den ganzen Regelbereich nach einer geometrischen Reihe zu regeln, ist nur bei kleinem φ empfehlenswert. Die Unterschiede in den Raddurchmessern werden sonst zu groß, z. B.

$$\frac{i_1}{i_{11}} = \frac{R_3}{R_1} = \varphi^{10};\ R_3 = R_1\ \varphi^{10}.$$

Außerdem dürfte es praktisch ohne Belang sein.

Die Räderabmessungen:

Im Nortongetriebe:

$Z = Z_1 = 24$ Zähne gewählt;
$Z_2 = 31$ Zähne $= 24 \cdot 1{,}31$
$Z_3 = 41$ Zähne $= 24 \cdot 1{,}72$
$Z_4 = 54$ Zähne $= 24 \cdot 2{,}25$
$Z_5 = 72$ Zähne $= 24 \cdot 3$.

Im Vervielfältigungsgetriebe:

$Z = Z_1 = 24$ gewählt;
$Z_2 = 2\,Z = 48$ Zähne.
$Z_3 = 3\,Z = 72$,, .

Mäander- und Ziehkeilgetriebe.

Beide eignen sich nur für Nebenantriebe, d. h. zur Übertragung verhältnismäßig geringer Drehmomente.

Das Mäandergetriebe ist ein sehr anpassungs- und wandlungsfähiges Getriebe. Deshalb als Vervielfältigungsgetriebe besonders beliebt.

Rad a (Fig. 54) sitzt auf der Welle fest, alle übrigen sind lose und immer je zwei miteinander verbunden, Fig. 55. (Zeichen: $\smile$). h kann durch das Zwischenrad r_0 mit den Rädern d, e, f und g in Eingriff gebracht werden.

Es sei

$$\left.\begin{array}{l} a = c = e = g \\ b = d = f = h \end{array}\right\} \frac{a}{b} = \frac{1}{2}.$$

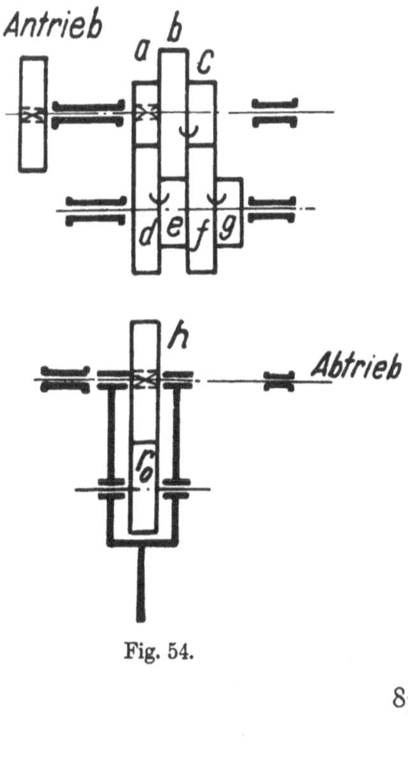

Fig. 54.

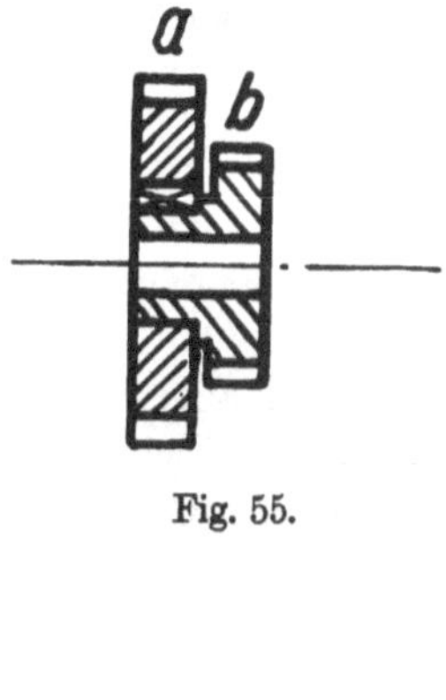

Fig. 55.

Die möglichen Übersetzungen sind:

$$\frac{a}{d} \cdot \frac{d}{h} = \frac{a}{h} = \frac{1}{2};$$

$$\frac{a}{d} \cdot \frac{e}{h} = \frac{1}{2^2} = \frac{1}{4};$$

$$\frac{a}{d} \cdot \frac{e}{b} \cdot \frac{c}{h} = \frac{1}{2^3} = \frac{1}{8};$$

$$\frac{a}{d} \cdot \frac{e}{b} \cdot \frac{c}{f} \cdot \frac{g}{h} = \frac{1}{2^4} = \frac{1}{16}.$$

$h = a$ gesetzt: die Übersetzungskette geht in $\frac{1}{1}$ bis $\frac{1}{8}$ über.

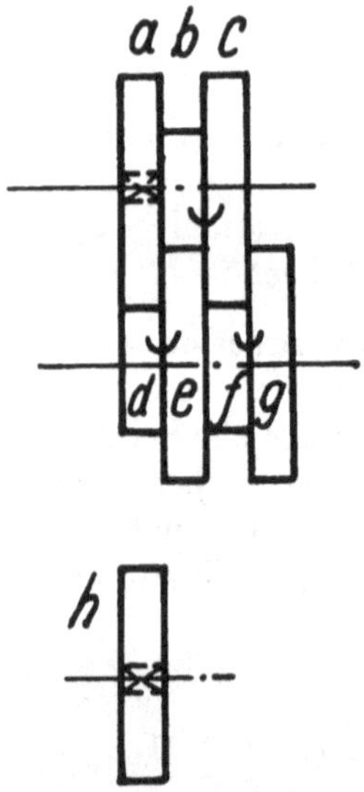

Fig. 56.

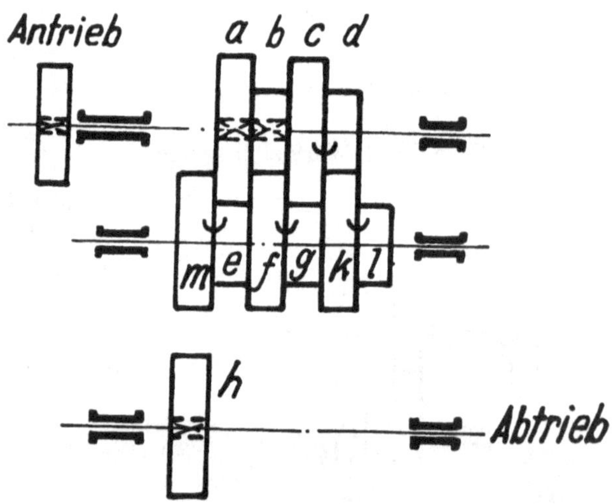

Fig. 57.

Will man Übersetzungen ins Rasche (Fig. 56), muß

$$\left.\begin{matrix} a = c = e = g = h \\ b = d = f \end{matrix}\right\} \frac{a}{b} = \frac{2}{1}$$

werden, und man erhält: $\frac{1}{1}$; $\frac{2}{1}$; $\frac{4}{1}$ und $\frac{8}{1}$.

Am meisten angewandt wird eine Kombination, die teils ins Langsame, teils ins Rasche übergeht (Fig. 57). Hier sind die Räder a und b aufgefedert, alle anderen in der üblichen Weise miteinander verbunden.

$$\left.\begin{matrix} a = c = m = f = k = h \\ b = d = e = g = l \end{matrix}\right\} \frac{a}{b} = \frac{2}{1}.$$

$$\longleftarrow \circ \longrightarrow$$

$\frac{a}{h} = \frac{1}{1}$	$\frac{b}{h} = \frac{1}{2}$
$\frac{a}{e} \cdot \frac{m}{h} = \frac{2}{1}$	$\frac{b}{f} \cdot \frac{g}{h} = \frac{1}{4}$
	$\frac{b}{f} \cdot \frac{g}{c} \cdot \frac{d}{h} = \frac{1}{8}$
	$\frac{b}{f} \cdot \frac{g}{c} \cdot \frac{d}{k} \cdot \frac{l}{h} = \frac{1}{16}.$

Das Ziehkeilgetriebe: Fig. 58.

Die Kupplung der Räder *b* und *d* bzw. *f*, *h*, *l* und *o* mit der Welle erfolgt von innen aus. Daher die aufgebohrte und auf eine bestimmte Länge geschlitzte Welle *w* (Fig. 59), in der eine Rundstange *s* mit einer gefederten Klinke sich bewegen läßt. Sobald an der Klinke, die sich in dem Schlitz der Welle führt und durch die Feder ständig nach außen gedrückt wird, das Rad mit seiner Federnut sich vorbeibewegt, schnappt die Klinke ein, und das Rad ist mit der Welle gekuppelt. Die gehärteten und geschliffenen

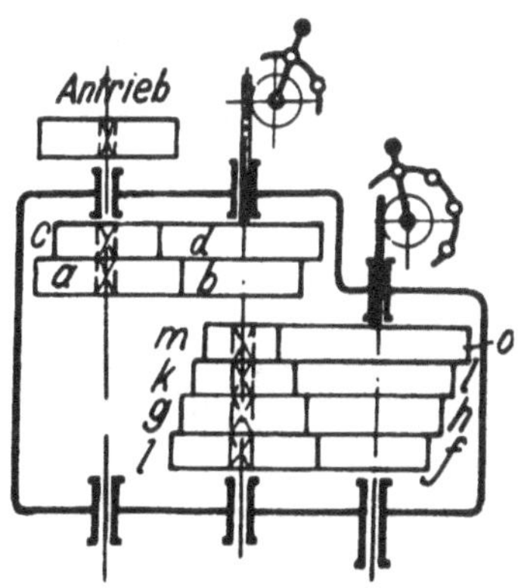

Fig. 58.

Zwischenringe *r* ermöglichen erst das Ein- und Auskuppeln. Beim Stillsetzen steht die Klinke unter einem der Ringe.

Eine Zeigerskala *z* orientiert den Arbeiter jeweils über die Stellung der Klinke.

Ziehkeilgetriebe sind wegen ihrer geringen Baulänge und ihrer leichten Bedienbarkeit beliebt.

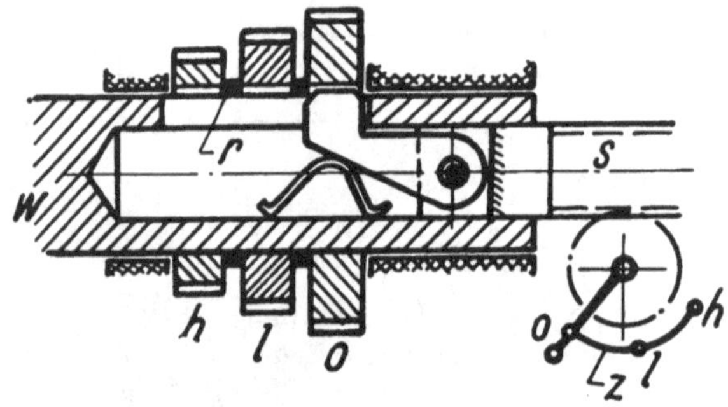

Fig. 59.

Man vermeidet es, den Ziehkeil in die Antriebswelle zu verlegen. Dann müßten die Räder auf der getriebenen Welle befestigt sein, und es gäbe dann starke Rücktriebe ins Rasche.

Durch das doppelte Ziehkeilgetriebe (Fig. 58) sind acht verschiedene, geometrisch abgestufte Übersetzungen zu erreichen in zwei Reihen zu je vier Gliedern.

1. Reihe	2. Reihe
$i_1 = \frac{a}{b} \cdot \frac{e}{f}$	$i_5 = \frac{c}{d} \cdot \frac{e}{f}$
$i_2 = \frac{a}{b} \cdot \frac{g}{h}$	$i_6 = \frac{c}{d} \cdot \frac{g}{h}$
$i_3 = \frac{a}{b} \cdot \frac{k}{l}$	$i_7 = \frac{c}{d} \cdot \frac{k}{l}$
$i_4 = \frac{a}{b} \cdot \frac{m}{o}$	$i_8 = \frac{c}{d} \cdot \frac{m}{o} = i_1 \varphi^7$

$$\varphi = \sqrt[7]{\frac{i_8}{i_1}}.$$

Aus der Division der beiden Reihen: $\frac{i_1}{i_5} \ldots\ldots \frac{i_4}{i_8}$ lassen sich die Übersetzungen $\frac{a}{b}$ und $\frac{c}{d}$ bestimmen. Damit sind auch die anderen Räderübersetzungen festgelegt.

$$\text{Beispiel: } i_1 = \frac{1{,}12}{1} \text{ und } i_8 = \frac{1}{6}.$$

Geometrische Abstufung über dem ganzen Regelbereich. Räderabmessungen bei $\frac{t}{\pi} = 3$.

1. Die theoretischen Übersetzungen:

$$\varphi = \sqrt[7]{\frac{i_8}{i_1}} = \sqrt[7]{\frac{1}{6,72}} = \frac{1}{1,312}.$$

$i_1 = \frac{a}{b} \cdot \frac{e}{f} = \frac{1,12}{1}$	$i_5 = \frac{c}{d} \cdot \frac{e}{f} = \frac{1}{2,67}$
$i_2 = i_1 \varphi = \frac{1,12}{1,312} = \frac{1}{1,17}$	$i_6 = \frac{1}{3,51}$
$i_3 = \frac{1}{1,54}$	$i_7 = \frac{1}{4,62}$
$i_4 = \frac{a}{b} \cdot \frac{m}{o} = \frac{1}{2}$	$i_8 = \frac{a}{d} \cdot \frac{m}{o} = \frac{1}{6}$

$$\frac{i_1}{i_5} = \frac{\frac{a}{b}}{\frac{c}{d}} = \frac{1}{\varphi^4}; \quad \frac{c}{d} = \frac{a}{b} \cdot \varphi^4 = \frac{a}{b} \cdot \frac{1}{1,312^4}$$

$\frac{a}{b} = \frac{1}{1}$ gesetzt;

$$\frac{c}{d} = \frac{1}{1,312^4} = \frac{1}{2,98}.$$

Damit: $\frac{e}{f} = \frac{1,12}{1}; \ \frac{g}{h} = \frac{1}{1,17}; \ \frac{k}{l} = \frac{1}{1,54}$ und $\frac{m}{o} = \frac{1}{2}$.

2. Die Räderabmessungen:

$c + d = a + b.$

$c = 25$ Zähne gewählt;

$d = 25 \cdot 3 = 75;$

$a + b = 25 + 75 = 100;$

$a = b = \frac{100}{2} = 50$ Zähne.

$m + o = k + l = g + h = e + f.$

$\left.\begin{array}{l} m = 24 \text{ Zähne gewählt} \\ o = 24 \cdot 2 = 48 \end{array}\right\} m + o = 72.$

$k + l = 72; \quad k + 1,54\,k = 72$

$\frac{k}{l} = \frac{1}{1,54}; \quad k = \frac{72}{2,54} = 28.$

$l = 72 - 28 = 44.$

$g = 33$ Zähne; $f = 34$ Zähne;

$h = 39$,, ; $e = 38$,,

Rädertabelle

Räderpaare	Zähnezahlen	$\frac{t}{\pi}$	Durchmesser	Σd	Wirkliche Übersetzungen
$a - b$	50 — 50		150 — 150	300	$\frac{50}{50} = \frac{1}{1}$
$c - d$	25 — 75		75 — 225		$\frac{25}{75} = \frac{1}{3}$
$e - f$	38 — 34		114 — 102		$\frac{114}{102} = \frac{1,11}{1}$
$g - h$	33 — 39	3	99 — 117	216	$\frac{99}{117} = \frac{1}{1,18}$
$k - l$	28 — 44		84 — 132		$\frac{84}{1,32} = \frac{1}{1,57}$
$m - o$	24 — 48		72 — 144		$\frac{72}{144} = \frac{1}{2}$

Die Abweichungen von den errechneten — den theoretischen — Übersetzungen erreichen noch nicht einmal 1 Prozent.

Fig. 60 zeigt die Einordnung eines Ziehkeilgetriebes in den Schaltorganismus einer Bohrmaschine.

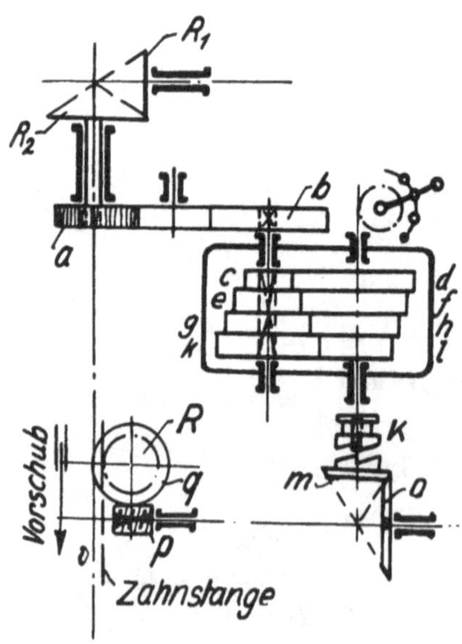

Fig. 60.

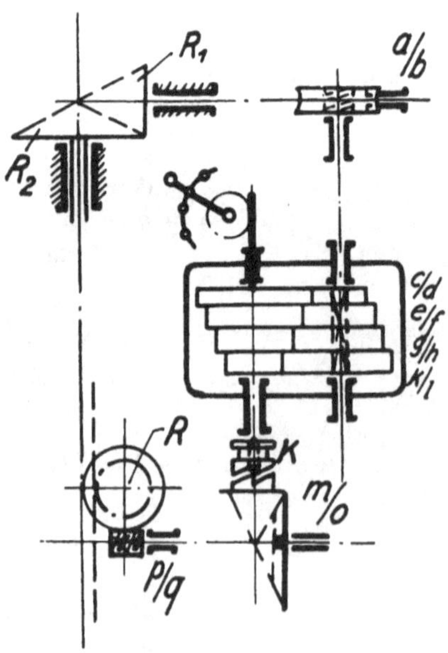

Fig. 61.

Der Vorschub der Bohrspindel sei 0,1; 0,2; 0,3 und 0,4 mm bei einer Umdrehung der Spindel. Er wird vom Rade R ausgeführt, das über eine Reihe von Getrieben von der Bohrspindel selbst bzw. dem Rade a angetrieben wird. a sitzt auf einer Buchse des Kegelrades R_2, das mit einer Feder in die Langnut der Bohrspindel greift. Die vierfache Veränderlichkeit des Vorschubes besorgt das Ziehkeilgetriebe.

Der Durchmesser des Rades R sei zu 60 mm angenommen. Es ist mit der Welle aus einem Stück hergestellt. Die Gesamtübersetzung von a bis R sei i.

Wäre $i = \frac{1}{1}$, dann müßte der Vorschub der Bohrspindel $s = 2\,R\,\pi$ sein.

In Wirklichkeit ist er aber nur ein Bruchteil des Radumfanges:

$$s = 2\,R\,\pi \cdot i.$$

Für i kann man setzen $i_1 \cdot i_3 \cdot i_4 \cdot i_2$. Also:

$$s = 2\,R\,\pi \cdot i_1 \cdot i_3 \cdot i_4 \cdot i_2 = \text{Konst. } i_2.$$

i_2 = veränderliche Übersetzung im Ziehkeilgetriebe.

Demnach:

$$s_1 = \text{Konst. } i_2' = 0{,}1;$$
$$s_2 = \text{Konst. } i_2'' = 0{,}2;$$
$$s_3 = \text{Konst. } i_3''' = 0{,}3;$$
$$s_4 = \text{Konst. } i_4'''' = 0{,}4.$$

Annahmen:

$$i_1 = \frac{a}{b} = \frac{1}{2};$$
$$i_3 = \frac{m}{o} = \frac{1}{4};$$
$$i_4 = \frac{p}{q} = \frac{1}{60}.$$

$$\text{Konst.} = \frac{1}{2} \cdot \frac{1}{4} \cdot \frac{1}{60} \cdot 60\,\pi = \frac{\pi}{8}.$$

$$i_2 = \frac{0{,}1}{\frac{\pi}{8}} = \frac{0{,}8}{\pi} = \frac{1}{4} = \frac{c}{d};$$

$$i_2'' = \frac{0{,}2}{\text{Konst.}} = \frac{2}{4} = \frac{e}{f};$$

$$i_2''' = \frac{0{,}3}{\text{Konst.}} = \frac{3}{4} = \frac{g}{h};$$

$$i_2'''' = \frac{0{,}4}{\text{Konst.}} = \frac{4}{4} = \frac{k}{l}.$$

Da verhältnismäßig geringe Drehmomente zu übertragen sind, genügt ein Modul von $\frac{t}{\pi} = 2{,}5 \div 3$.

Man vermeidet große Übersetzungen im Ziehkeilgetriebe, wenn man den Vorschub von der Antriebs- und nicht von der Bohrspindel ausgehen läßt (Fig. 61). (Zwei Schneckengetriebe.)

$$\text{Es ist } s = 2\,R\,\pi \cdot \frac{R_2}{R_1} \cdot i_1 \cdot i_3 \cdot i_4 \cdot i_2 = \text{Konst.}' \cdot i_2.$$

$$\text{Annahmen: } \frac{R_1}{R_2} = \frac{1}{2};$$

$$i_1 = \frac{a}{b} = \frac{1}{30};$$

$$i_3 = \frac{m}{o} = \frac{1}{2};$$

$$i_4 = \frac{p}{q} = \frac{1}{30}.$$

$$\text{Konst.}' = 60 \cdot \pi \cdot \frac{2}{1} \cdot \frac{1}{30} \cdot \frac{1}{2} \cdot \frac{1}{30} = \frac{\pi}{15}.$$

$$i'_2 = \frac{0{,}1}{\frac{\pi}{15}} = \frac{1}{2}; \quad i_3''' = \frac{3}{2}.$$

$$i_2'' = \frac{2}{2}; \quad i_4'''' = \frac{4}{2}.$$

Die Bestimmung der Räderabmessungen macht keine Schwierigkeiten. Vielfach wird eine Kombination aus Ziehkeil und Norton oder Mäander und Norton für Nebenantriebe auf der Drehbank, z. B. zum Gewindeschneiden, benutzt.

Man greift zu derartigen Räderkombinationen, um einmal, soweit es irgend möglich ist, das lästige und zeitraubende Aufstecken von Wechselrädern zu beschränken, und sodann, um nach Möglichkeit alle gängigen Gewinde auf einer Maschine schneiden zu können.

Beim Gewindeschneiden — Einrichtung schematisch (Fig. 62) dargestellt — vollführt bekanntlich das Werkstück die Schnitt- oder Hauptbewegung,

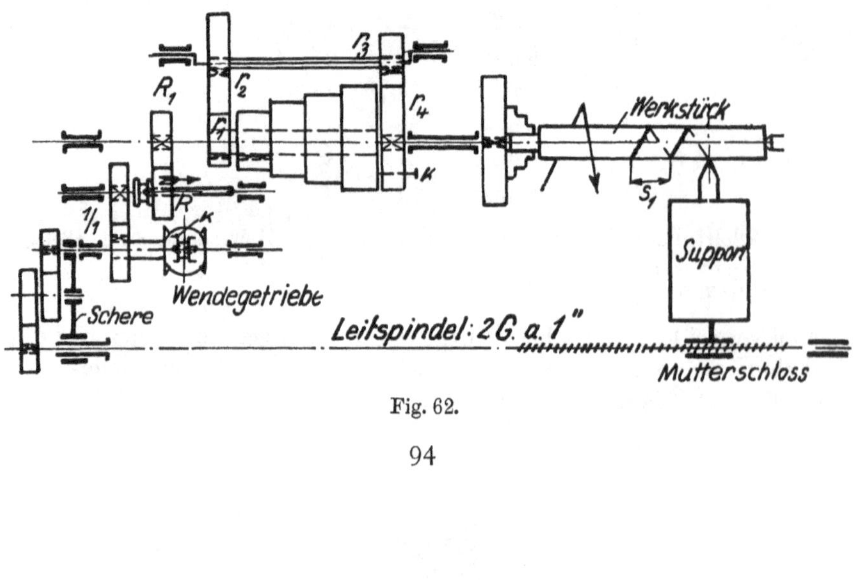

Fig. 62.

der Stahl den Vorschub oder die Nebenbewegung. Die Längsbewegung des Stahles bzw. des Supportes geschieht durch die Leitspindel, die ihrerseits von der Hauptspindel, dem Rade r_1 oder R_1, angetrieben wird.

Wäre die Übersetzung zwischen Haupt- und Leitspindel $i = \frac{n_L}{n_H} = \frac{1}{1}$, dann würde der Stahl die Leitspindelsteigung an das Werkstück schneiden. Bei $i = \frac{1}{2}$ entsteht ein Gewinde von der halben und bei $i = \frac{2}{1}$ von der doppelten Leitspindelsteigung. Demnach kann man die Übersetzung ausdrücken:

$$i = \frac{s_1}{s} = \frac{\text{Werkstück — Gewindesteigung}}{\text{Leitspindel — Gewindesteigung}}$$

oder

$$i = \frac{g}{g_1} = \frac{\text{Gangzahl der Leitspindel}}{\text{Gangzahl des Werkstückgewindes}}.$$

Gangzahl und Steigung eines Gewindes sind umgekehrt proportional: je größer die Steigung oder je gröber das Gewinde, desto kleiner die Gangzahl (Fig. 63).

Die Leitspindel hat entweder Zoll- oder Mm-Gewinde. 2, 3 oder 4 Gang auf 1″ oder 6, 12 oder 24 mm Steigung. Normale Wechselräder haben folgende Zähnezahlen: 20, 25, 30, 35 — immer um 5 Zähne steigend — bis 125. Das letzte Rad derNormalreihe hat 127 Zähne, um mit einer Zoll-Leitspindel Mm-Gewinde schneiden zu können.

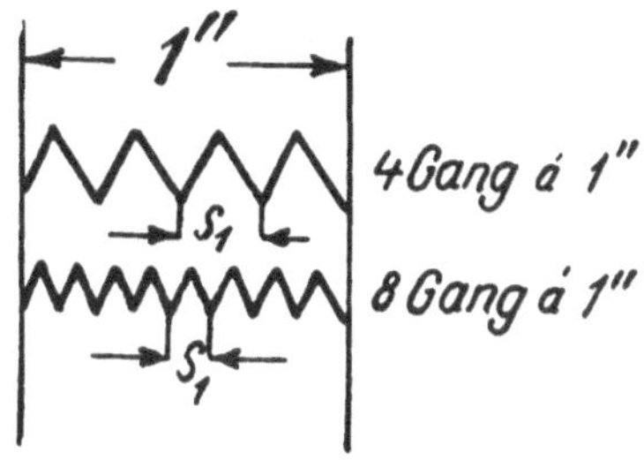

Fig. 63.

Beispiele:

1. Leitspindel: 2 Gang auf 1″.

   W (Whitworth) 7/8″ soll geschnitten werden.
   Die Wechselräder?

   $i = \frac{g}{g_1}$; *W* 7/8″ hat 9 Gang auf 1″.

   $i = \frac{2}{9} = \frac{20}{90}$.

Die Wechselräder haben 20 und 90 Zähne. Das 90er Rad kommt auf die Leitspindel.

2. *M* 8 (Gewinde von 8 mm Steigung) soll mit derselben Leitspindel geschnitten werden.

   Die Wechselräder?

   $i = \frac{s_1}{s}$; $s = \frac{25{,}4}{2}$; $s_1 = 8$.

$$i = \frac{8 \cdot 2}{25{,}4} = \frac{80}{127}.$$

Die Wechselräder haben 80 und 127 Zähne.

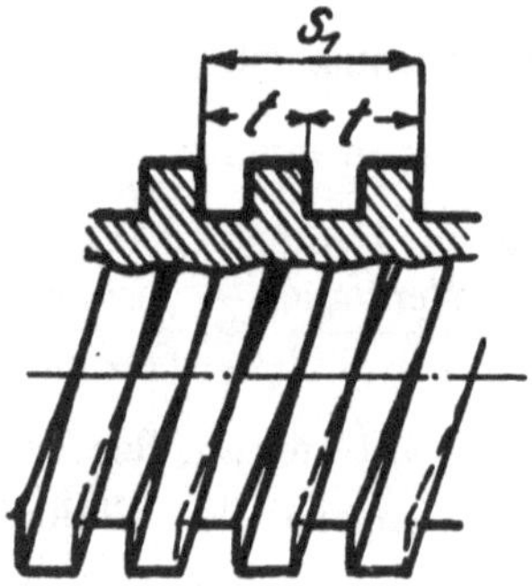

Fig. 64.

3. Ein Flachgewinde zweifach rechts von $t = 6$ mm (Fig. 64) soll geschnitten werden.

$$i = \frac{s_1}{s};\ s_1 = 2\,t = 12 \text{ mm};\ s = \frac{25{,}4}{2}.$$

$$i = \frac{12 \cdot 2}{25{,}4} = \frac{120}{127}.$$

Es ist ein 120er und ein 127er Wechselrad nötig.

4. Ein Modul- oder Schneckengewinde von $\frac{t}{\pi} = 4$ soll geschnitten werden.

$$i = \frac{s_1}{s};\ s_1 = t = 4\,\pi;\ s = \frac{25{,}4}{2}.$$

$$i = \frac{4 \cdot 2 \cdot \pi}{25{,}4} = \frac{8 \cdot 22}{25{,}4 \cdot 7} = \frac{8 \cdot 2 \cdot 11}{25{,}4 \cdot 7} = \frac{80}{127} \cdot \frac{110}{70} = \frac{40}{35} \cdot \frac{110}{127}.$$

a) π ersetzt durch $\frac{22}{7}$ (ungenau).

Vier Wechselräder sind nötig. Auf die Leitspindel kommt entweder das 127er oder das 35er Rad.

b) π ersetzt durch $\frac{355}{113} = \frac{5 \cdot 71}{113}$ (genau)

$$i = \frac{8}{25{,}4} \cdot \frac{5 \cdot 71}{113} = \frac{8 \cdot 2{,}5}{25{,}4} \cdot \frac{2}{1} \cdot \frac{71}{113} = \frac{100}{127} \cdot \frac{40}{20} \cdot \frac{71}{113}.$$

Es wären 6 Wechselräder erforderlich, die aber an der Schere nicht unterzubringen sind. Man muß jetzt das Rad R auf r_1 einschieben (Einrichtung zum Schneiden steiler Gewinde). Die Leitspindel läuft jetzt um den reziproken Wert der Übersetzung $\frac{r_1}{r_2} \cdot \frac{r_3}{r_4}$ rascher. Angenommen $\frac{r_1}{r_2} \cdot \frac{r_3}{r_4} = \frac{1}{5}$,

gibt $$i = \frac{8}{25,4} \cdot \frac{5 \cdot 71}{113} \cdot \frac{1}{5} = \frac{40}{127} \cdot \frac{71}{113}.$$

Nunmehr sind nur noch 4 Wechselräder nötig, davon zwei mit anormalen Zähnezahlen, die aber zum Schneiden von Modulgewinden mitgeliefert werden.

Hätte die Leitspindel im letzten Falle 12 mm Steigung, dann wäre

$$i = \frac{s_1}{s} = \frac{4\,\pi}{12} = \frac{\pi}{3} = \frac{5}{3} \cdot \frac{71}{113} = \frac{50}{30} \cdot \frac{71}{113}.$$

Nur vier Wechselräder wären an die Schere zu stecken, und das Einschieben von R auf r wäre unnötig.

Damit dürfte das Berechnen von Wechselrädern geklärt sein.

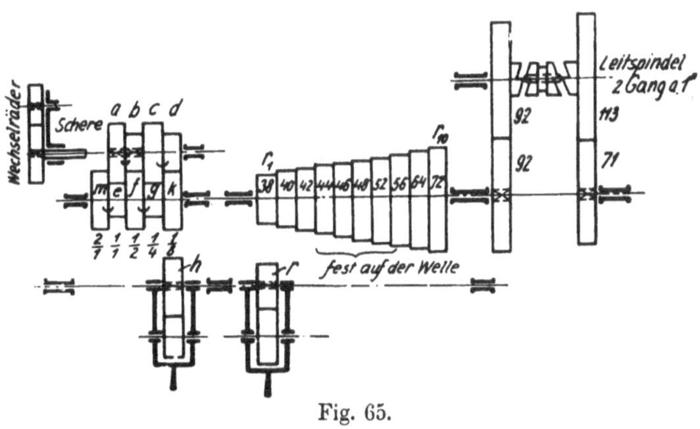

Fig. 65.

Nun zur Räderkombination: Mäander-Norton (Fig. 65).

Welche Gewinde lassen sich mit dieser Einrichtung bei einer Zoll-Leitspindel von zwei Gang schneiden?

a) Zoll-Gewinde:

Grundgänge. Im Mäander: 1:1	Zähnezahlen im Norton $i = \frac{g}{g_1} = \frac{2}{x}$	Sonstige Gewinde. Im Mäander $\frac{2}{1}$	$\frac{1}{2}$	$\frac{1}{4}$	$\frac{1}{8}$
$2^3/_8''$	$\frac{2}{2^3/_8} = \frac{r}{r_1} = \frac{32}{38}$	Nicht ausnutzbar.	—	—	19
$2^1/_2''$	$\frac{2}{2^1/_2} = \frac{r}{r_2} = \frac{32}{40}$		5	10	20
$2^5/_8''$	$\frac{2}{2^5/_8} = \frac{r}{r_3} = \frac{32}{42}$		—	—	21
$2^3/_4''$	$\frac{2}{2^3/_4} = \frac{r}{r_4} = \frac{32}{44}$		—	11	22
$2^7/_8''$	$\frac{2}{2^7/_8} = \frac{r}{r_5} = \frac{32}{46}$		—	—	23
$3''$	$\frac{2}{3} = \frac{r}{r_6} = \frac{32}{48}$		6	12	24
$3^1/_4''$	$\frac{2}{3^1/_4} = \frac{r}{r_7} = \frac{32}{52}$		—	13	26
$3^1/_2''$	$\frac{2}{3^1/_2} = \frac{r}{r_8} = \frac{32}{56}$		7	14	28
$4''$	$\frac{2}{4} = \frac{r}{r_9} = \frac{32}{64}$		8	16	32
$4^1/_2''$	$\frac{2}{4^1/_2} = \frac{r}{r_{10}} = \frac{32}{72}$		9	18	36

Es sind sämtliche normalen W-Gewinde nach Din 11 und außerdem die Rohrgewinde nach Din 259 und 260 ohne Benuztung von Wechselrädern zu schneiden.

Um ein Rohrgewinde von 11 Gang zu schneiden, sind drei Handgriffe erforderlich:

1. h auf g geschaltet: Im Mäander $\frac{1}{4}$.
2. r auf r_4 geschaltet: Im Norton $\frac{32}{44}$.
3. Kupplung K nach links.

b) Mm-Gewinde:

Grundsteigungen. Im Norton, im Mäander } 1 : 1	Wechselräder $i = \frac{s_1}{s}$	Sonstige Steigungen. Im Mäander $\frac{2}{1}$	$\frac{1}{2}$	$\frac{1}{4}$	$\frac{1}{8}$
6 mm	$\frac{6 \cdot 2}{25{,}4} = \frac{12}{25{,}4} = \frac{60}{127}$	12	3	1,5	—
7 ,,	$= \frac{70}{127}$	14	3,5	1,75	—
8 ,,	$= \frac{80}{127}$	16	4	2	1
9 ,,	$= \frac{90}{127}$	18	4,5	—	—
10 ,,	$= \frac{100}{127}$	20	5	2,5	1,25
11 ,,	$= \frac{110}{127}$	22	5,5	—	—
12 ,,	$= \frac{120}{127}$	24	6	3	—
13 ,,	$= \frac{130}{127}$	26	6,5	—	—

Mit Hilfe von 9 Wechselrädern (60 bis 130 und 127 Zähnen) sind zu schneiden:

1. die normalen Mm-Gewinde von 1 ÷ 26 mm Steigung: Din 13 und 14;
2. sämtliche normalen Trapezgewinde (Din 103) von 3 ÷ 26 mm Steigung;
3. sämtliche normalen Sägengewinde (Din 513) von 5 ÷ 26 mm Steigung.

Das Mäandergetriebe wird dabei stark ausgenutzt, das Norton nur mit einer Übersetzung.

Um ein Gewinde von 4 mm Steigung zu schneiden, sind vier Handgriffe nötig:

1. h auf f geschaltet: Im Mäander $\frac{1}{2}$.
2. r auf r_1 geschaltet: Im Norton $\frac{1}{1}$.

3. 2 Wechselräder aufstecken von 80 und 127 Zähnen.
4. Kupplung K nach links.

c) Modul-Gewinde: (Schnecken-Gewinde)
$$\left\{\begin{array}{l} \pi \text{ ersetzt durch } \frac{355}{113} = \frac{5\cdot 71}{113}. \\ \text{Rad } R \text{ auf } r_1 \text{ geschaltet: } \frac{r_1}{r_2}\cdot\frac{r_3}{r_4} = \frac{1}{5} \end{array}\right.$$

Grund-Modul. Im Mäander, im Norton } 1:1	Wechselräder $i = \frac{s_1}{s}$	Sonst. Modul-Gewinde. Im Mäander $\frac{1}{2}$	$\frac{1}{4}$	$\frac{1}{8}$	$\frac{2}{1}$
4π	$\frac{4\pi}{25{,}4}\cdot 2 = \frac{8\pi}{25{,}4} = \frac{40}{127}\cdot\frac{5}{1}\cdot\frac{71}{113}\cdot\frac{1}{5}$	2π	π	$0{,}5\pi$	Nicht ausnutzbar.
5π	$= \frac{50}{127}\cdot\frac{71}{113}$	$2{,}5\pi$	$1{,}25\pi$	—	
6π	$= \frac{60}{127}\cdot\frac{71}{113}$	3π	$1{,}5\pi$	$0{,}75\pi$	
7π	$= \frac{70}{127}\cdot\frac{71}{113}$	$3{,}5\pi$	$1{,}75\pi$	—	
8π	$= \frac{80}{127}\cdot\frac{71}{113}$	4π	2π	π	
9π	$= \frac{90}{127}\cdot\frac{71}{113}$	$4{,}5\pi$	$2{,}25\pi$	—	
10π	$= \frac{100}{127}\cdot\frac{71}{113}$	5π	$2{,}5\pi$	—	
11π	$= \frac{110}{127}\cdot\frac{71}{113}$	$5{,}5\pi$	$2{,}75\pi$	—	
12π	$= \frac{120}{127}\cdot\frac{71}{113}$	6π	3π	—	

Die Grundgänge unter dem Strich werden nicht mehr geschnitten. Man könnte annehmen, daß sie über den Arbeitsbereich der Bank hinausgehen.

Mit 12 Wechselrädern (von 40 bis 120, von 127 und 71 und 113 Zähnen) lassen sich die Modulgewinde von $0{,}5\pi$ an aufwärts bis 8π schneiden. Das Mäandergetriebe wird zum Teil, das Norton nur unvollkommen ausgenutzt.

Manche Gewinde können doppelt geschnitten werden.

Um ein Gewinde von 5,5 π zu schneiden, sind 4 Handgriffe nötig:

1. h auf f: Im Mäander $\frac{1}{2}$.
2. r auf r_1: Im Norton $\frac{1}{1}$.
3. Ein Paar Wechselräder aufstecken: $\frac{110}{127}$.
4. Kupplung K nach rechts.

Alles in allem genommen, kann man wohl behaupten, daß das Schneiden der Zollgewinde — weil ohne Wechselräder — Vorteile bietet. Die Mm- und Modulgewinde jedoch erfordern manche Handgriffe, die nicht geeignet sind, dem Arbeiter das Gefühl der Unsicherheit zu nehmen. Die Bedienung einer solchen Maschine setzt daher eine gründliche Schulung des Drehers und die Anfertigung und den Gebrauch leichtverständlicher Bedienungstafeln voraus.

Übungsbeispiele.

1. Mit einer zweigliedrigen Räderkette (Fig. 41) soll eine geometrisch abgestufte Drehzahlreihe von 120 bis 329 U/Min. möglichst erreicht werden. Die Enddrehzahl ist einzuhalten.

Gesetzmäßige Abstufung vorausgesetzt, müßte sein:

$$\varphi = \sqrt[3]{\frac{329}{120}} = 1{,}4 \text{ und damit}$$

a) Die Drehzahlreihe und Räderübersetzungen:

$$n_1 = n\,\frac{r_1}{r_2}\cdot\frac{r_5}{r_6} = 120 \text{ U/Min.};$$

$$n_2 = n\,\frac{r_1}{r_2}\cdot\frac{r_2}{r_3} = 168 \quad ,, \quad ;$$

$$n_3 = n\,\frac{r_4}{r_5}\cdot\frac{r_5}{r_6} = 235 \quad ,, \quad ;$$

$$n_4 = n\,\frac{r_4}{r_5}\cdot\frac{r_2}{r_3} = 329 \quad ,, \quad .$$

Ferner:

$$\frac{r_5}{r_6} = \frac{r_2}{r_3} = \frac{1}{\varphi};\quad \frac{r_5}{r_6} = \frac{1}{\varphi}\cdot\frac{r_2}{r_3};\text{ Ergebnis aus } \frac{n_1}{n_2}.$$

$$\frac{r_1}{r_2} = \frac{r_4}{r_5} = \frac{1}{\varphi^2};\quad \frac{r_1}{r_2} = \frac{1}{\varphi^2}\cdot\frac{r_4}{r_5};\text{ Ergebnis aus } \frac{n_1}{n_3}.$$

$\frac{r_2}{r_3}$ und $\frac{r_4}{r_5}$ sind die Bezugsgrößen.

$$n = n_4 \text{ gesetzt, damit } \frac{r_4}{r_5} \cdot \frac{r_2}{r_3} = \frac{1}{1} \text{ und}$$

$$\frac{r_1}{r_2} = \frac{1}{\varphi^2}; \frac{r_5}{r_6} = \frac{1}{\varphi}.$$

b) Die Räderabmessungen:

$Z_1 = 30$ Zähne angenommen;
$Z_2 = 30 \cdot \varphi^2 = 58.$

$r_1 = 30$	$r_4 = 44$	$\Sigma Z = 88.$
$r_2 = 58$	$r_5 = 44$	
$r_3 = 58$	$r_6 = 72$	$\Sigma Z = 116.$

Die geometrische Reihe wird lediglich durch r_6 gestört.

Z_6 müßte $Z_5\,\varphi = 44 \cdot 1{,}4 = 62$ Zähne haben; das Rad erhält aber 72 Zähne, um der Bedingung zu genügen: $Z_2 + Z_3 = Z_5 + Z_6$.

Die wirkliche Drehzahlreihe ist:

$$n_1 = 329 \cdot \frac{30}{58} \cdot \frac{44}{72} = 104 \text{ U/Min.; Abweichung ca. } 13\,\%.$$

$n_2 = 165$ U/Min.;
$n_3 = 200$ „ ; Abweichung ca. 17,5 %.
$n_4 = 329$ „ .

2. Fig. 66 stellt schematisch den Antrieb einer Bohrmaschine dar. Die Drehzahlen der Bohrspindel sollen zwischen 35 und 360 liegen. Es ist ferner gegeben:

$$\frac{R_1}{R_2} = \frac{1}{2}; \frac{A}{B} = \frac{1}{1} \text{ und } n = n_8' = 720 \text{ U/Min.}$$

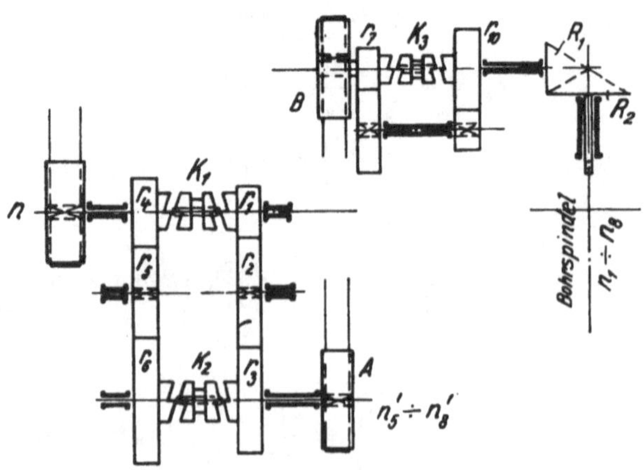

Fig. 66.

Die Enddrehzahl $n_8 = 360$ U/Min. soll erreicht werden; die Anfangsdrehzahl $n_1 = 35$ nach Möglichkeit.

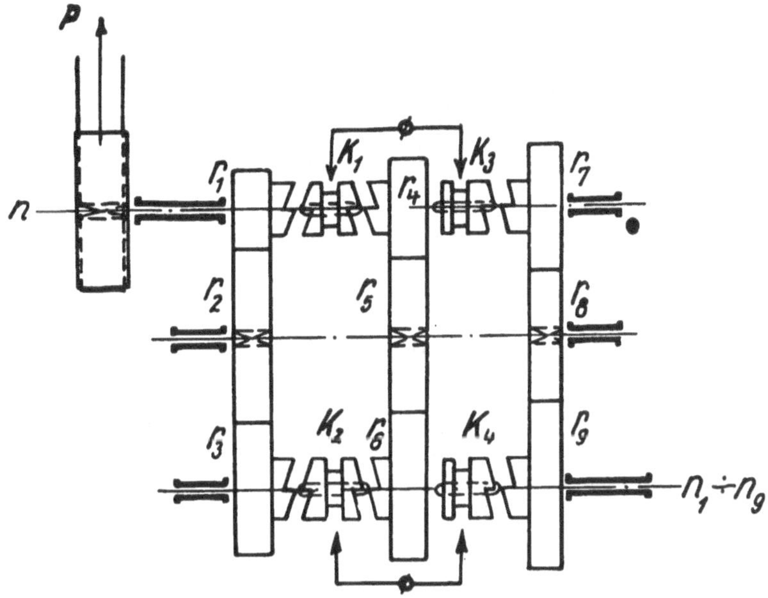

Fig. 67.

3. Drehzahlreihe und Bedienungsplan des Getriebes nach Fig. 67 sind an Hand der Skizze aufzustellen.

Neun verschiedene Drehzahlen in 3 Gruppen zu je 3:

Die erste Gruppe mit $\frac{r_1}{r_2}$ beginnend.

Die zweite Gruppe mit $\frac{r_4}{r_5}$ beginnend.

Die dritte Gruppe mit $\frac{r_7}{r_8}$ beginnend.

4. In Fig. 68 ist eins der besten Getriebe, das Ruppert-Getriebe, schematisch wiedergegeben.

Die Räder r_1 bis r_4 sind verschiebbar; r_1 und r_4 lose drehbar, r_2 und r_3 aufgefedert. r_5 und r_6 lose drehbar, aber nicht verschiebbar.

Die Kupplungen werden durch je einen Handhebel gemeinsam gesteuert, und zwar so, daß die eine immer geschlossen, während die andere geöffnet ist. a und b Hebeldrehpunkte für die Kupplungen.

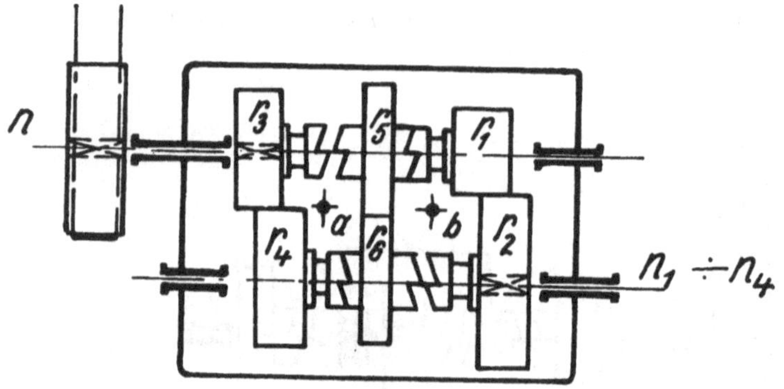

Fig. 68.

Drehzahlreihe und Bedienungsplan

n/Min.	Kraftweg	Hebelstellungen
$n\,\frac{r_3}{r_4}\cdot\frac{r_6}{r_5}\cdot\frac{r_1}{r_2}$	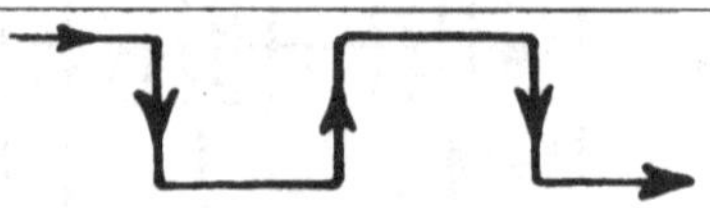	
$n\,\frac{r_1}{r_2}$	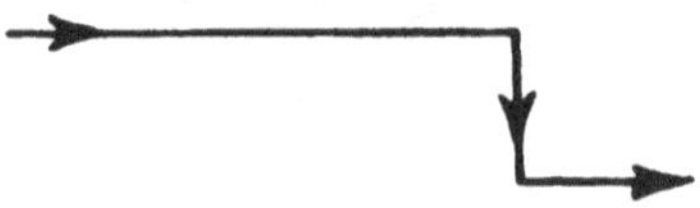	
$n\,\frac{r_3}{r_4}$		
$n\,\frac{r_5}{r_6}$.	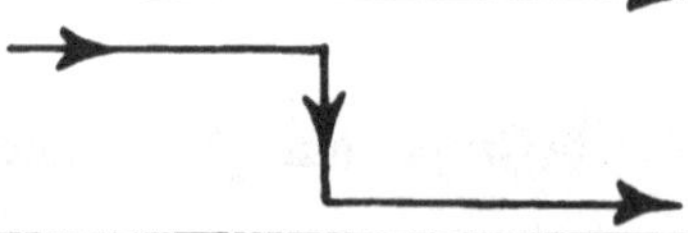	

Die geometrische Abstufung der Drehzahlen bereitet keine Schwierigkeiten.

Das Getriebe ist für $n_1 = 80$ und $n_4 = 220$ U/Min. zu berechnen.

Es sei $\frac{t}{\pi} = 4$ für alle Räderpaare; $n = 330$ U/Min.

5. Das Getriebe nach Fig. 69 ist zu berechnen:

Antriebsleistung $N_E = 8$; $v_R = 10$ m/Sek. (maximal).

$n_1 \div n_{12} = 60 \div 480$ U/Min. bei doppeltem Geschwindigkeitswechsel am Vorgelege.

Die Drehzahlreihe, Momente und PS an der Hauptspindel und die Räderabmessungen bestimmen.

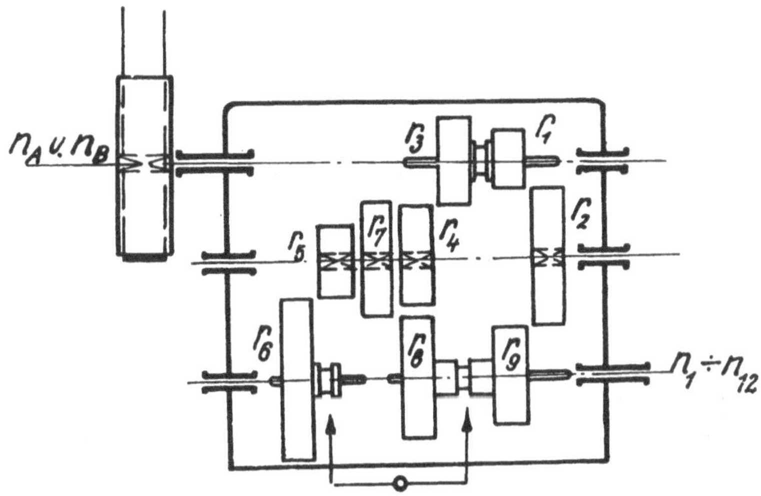

Fig. 69.

6. Die Hauptspindel des Antriebsgetriebes (Fig. 70) läuft mit 16 verschiedenen Drehzahlen: $n_1 = 15$; $n_{16} = 450$ U/Min. Das größte Drehmoment an der Hauptspindel soll $M_{max.} = 18\,000$ cm/kg betragen. v_R soll 8 m/Sek. nicht unterschreiten. Das Getriebe ist zu berechnen.

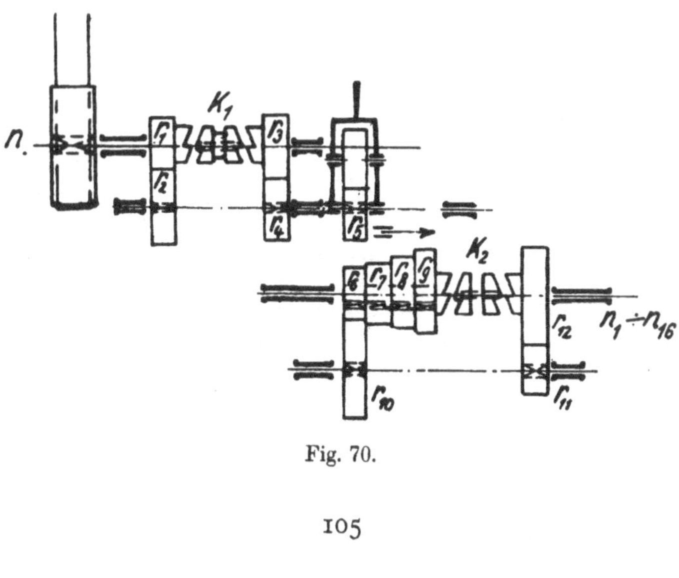

Fig. 70.

7. Fig. 71: Schalt- oder Nebenantrieb einer Zugspindelbank.
24 verschiedene Vorschübe längs wie plan, wenn A auf B geschaltet.

Längs: A auf B; Ziehkeil-, Nortongetriebe; $\frac{a}{b}$; $\frac{c}{d}$; $\frac{e}{f}$; R auf Zahnstange;

Plan: A auf B; Ziehkeil-, Nortongetriebe; $\frac{a}{b}$; $\frac{c}{d}$; $\frac{h}{k}$; l auf Planspindel;

$$2R = Z\frac{t}{\pi} = 4 \cdot 16 = 64 \text{ mm } \varnothing;$$

Planspindel: Steigung 6 mm.

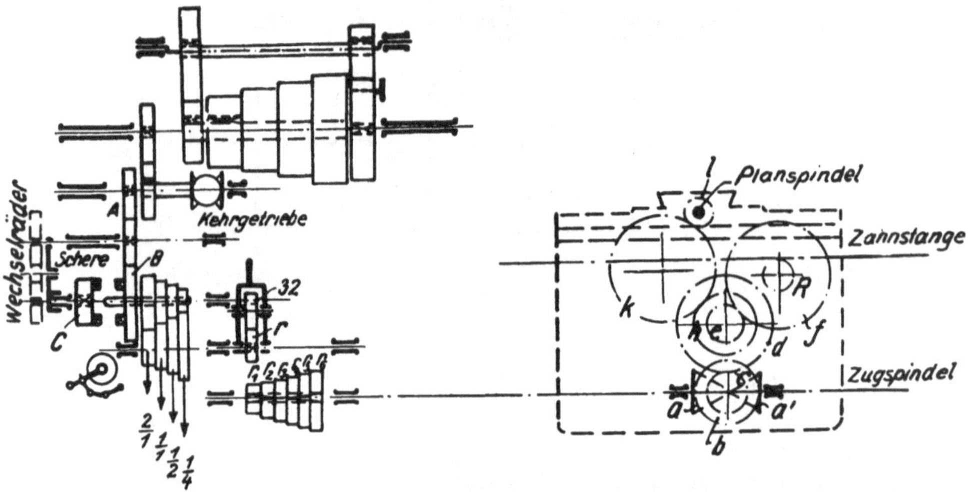

Fig. 71.

Rad d fest, e und h lose auf dem Bolzen, aber wechselweise mit ihm kuppelbar. Damit Sicherheit gegen gleichzeitiges Einschalten des Längs- und Planganges gegeben.

Gegebene Übersetzungen: $\frac{A}{B} = \frac{1}{4}$, im Norton: $\frac{32}{32}, \frac{32}{36}, \frac{32}{40}, \frac{32}{44}, \frac{32}{48}, \frac{32}{52}$,

$$\frac{a}{b} = \frac{1}{2}, \frac{c}{d} = \frac{e}{f} = \frac{1}{4}; \frac{h}{k} = \frac{1}{3}.$$

Die kleinsten und größten Vorschübe längs wie plan sind zu berechnen.
B eingeschoben auf C: Steigerung der Vorschübe durch Aufstecken von Wechselrädern.

C. Getriebe für geradlinige Hauptbewegung.

Die bisher behandelten Antriebsgetriebe sind auch für geradlinige Haupt- und Nebenbewegungen zu gebrauchen; es bedarf nur der Ein- oder Zwischenschaltung besonderer Organe, die die Drehbewegung in eine geradlinige umsetzen. Diese sind:

Rad und Zahnstange;
Schraubenspindel und Mutter;
Schnecke und Schneckenzahnstange.

Rad und Zahnstange.

Sie werden bei Hobel-, Shaping- und Langfräsmaschinen zum Tisch- und Stößelantrieb verwandt. Sie sind beliebte Antriebsmittel, da sie kein Kanten und Ecken auf die Tischführungen verursachen und mit einfachen Mitteln verhältnismäßig große Drehmomente übertragen können. Der hebend auf den Tisch wirkende Zahndruck spielt bei einem schweren, durch das Werkstück noch belasteten Tisch keine Rolle. Man muß von einem solchen Getriebe einen durchaus geräuschlosen Gang verlangen. Das ist auch erreichbar, wenn die Zähne sauber geschnitten sind und spielfrei laufen. Welle und Bohrung müssen nach Feinpassung hergestellt und gut geschmiert werden. Außerdem soll das Antriebsrad möglichst groß sein, damit mehrere Zähne gleichzeitig tragen.

Die Tischgeschwindigkeit kann nur begrenzt sein. Bei jedem Hubwechsel ist die Energie großer Massen (Tisch mit Zahnstange, Werkstück und Antriebsorgane) zu vernichten und dieselben Massen sind sofort in entgegengesetzter Richtung zu beschleunigen. Das verursacht Erschütterungen, denen man durch eine schwere Bauart zu begegnen sucht.

Nach Fig. 72 greift Rad R in die Tischzahnstange. Sie teilt ihre Umfangsgeschwindigkeit dem Tische mit. Also

$$v_{Rad} = v_{Tisch}.$$

Das Rad muß dauernd seine Drehrichtung wechseln, um den Tisch mit

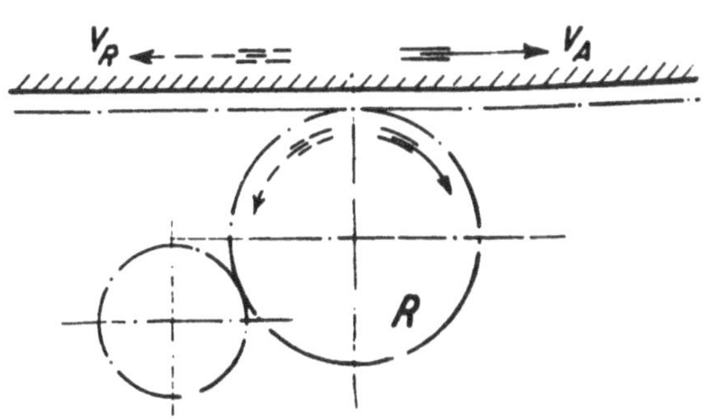

Fig. 72.

Werkstück dem Stahl zuzuführen und wieder in die Anfangslage zurückzubringen. Der Tisch vollführt einen Doppelhub, der aus Arbeits- und Rück- oder Leerhub besteht. Bezeichnet man die Tischgeschwindigkeit

für den Arbeitshub mit v_A und
für den Rückhub mit v_R, so muß

$$v_A = v = \frac{2\,R\,\pi \cdot n}{1000} \text{ in m/Min.}$$

und $v_R = v' = \frac{2\,R\,\pi \cdot n'}{1000}$ in m/Min. sein, wenn n und n'

die entsprechenden Drehzahlen des Rades R sind.

Das Verhältnis $\frac{v_R}{v_A} = x$, wobei $x = 1{,}5 \div 2 \div 3$ ist.

Die mittlere Tischgeschwindigkeit:

$$v_m = \frac{2\,h \cdot n}{1000} \text{ in m/Min.}$$

läßt sich durch die Arbeitsgeschwindigkeit v_A und die Rücklaufgeschwindigkeit v_R ausdrücken.

Die Zeit für einen Doppelhub:

$$t = \frac{h}{1000 \cdot v_A} + \frac{h}{1000\,v_R} \text{ in Minuten;}$$

$$v_R = x \cdot v_A;$$

$$t = \frac{h}{1000\,v_A}\left(1 + \frac{1}{x}\right) = \frac{h}{1000 \cdot v_A}\,\frac{1+x}{x}.$$

Das Getriebe macht n Doppelhübe/Min. Demnach ist die Zeit für einen Doppelhub auch:

$$t = \frac{1}{n};$$

$$\frac{1}{n} = \frac{h}{1000\,v_A} \cdot \frac{1+x}{x};$$

$$n = \frac{1000 \cdot v_A}{h} \cdot \frac{x}{1+x}.$$

Diesen Wert oben eingesetzt:

$$v_m = \frac{2\,h}{1000} \cdot \frac{1000 \cdot v_A}{h} \cdot \frac{x}{1+x} = v_A \cdot \frac{2\,x}{1+x}.$$

Zum Beispiel $v_A = 10$ m/Min.; $v_R = 30$ m/Min.; $x = 3$;

$$v_m = 10 \cdot \frac{2 \cdot 3}{4} = 15 \text{ m/Min.}$$

Beispiel.

Das Getriebe (Fig. 73) arbeitet mit zwei verschiedenen Tisch- oder Schnittgechwindigkeiten und mit konstanter Rücklaufgeschwindigkeit.

Ofener Riemen auf A: $v_I = 9$ m/Min.;
Ofener Riemen auf B: $v_{II} = 14$ m/Min.;
Gekreuzter Riemen auf C: $v_{III} = 26$ m/Min. (beschleunigter Rücklauf).

Das Rad R (640 mm ⌀) macht folgende Umdrehungen:

$$n_I = 4{,}5 \text{ U/Min.}; \quad n_I = \frac{1000 \cdot v_I}{2 R \pi} = \frac{1000 \cdot 9}{640 \pi} = 4{,}5;$$

$$n_{II} = 7{,}0 \text{ U/Min.};$$

$$n_{III} = 13 \text{ U/Min.}$$

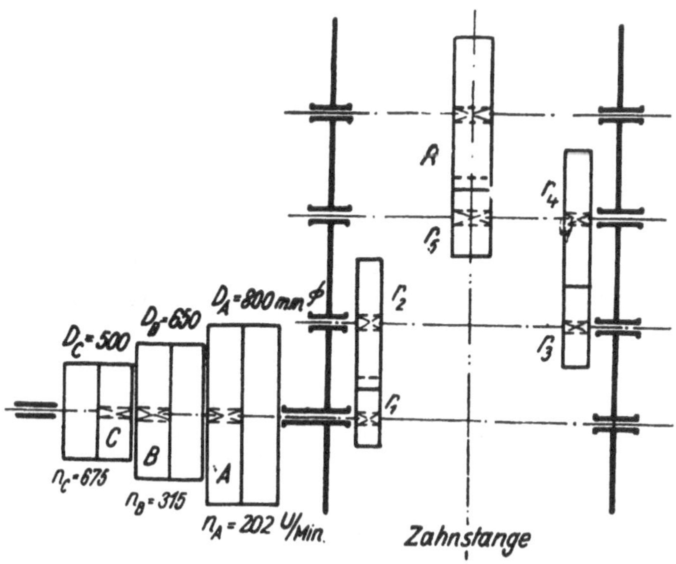

Fig. 73.

Die Antriebsscheiben:

$D_A = 800$ mm ⌀; $n_A = 202$ U/Min.; $v_A = 8{,}5$ m/Sek.
$D_B = 650$ „ ; $n_B = 315$ „ ; $v_B = 10{,}7$ „
$D_C = 500$ „ ; $n_C = 685$ „ ; $v_C = 15{,}3$ „

Die Übersetzung zwischen Antrieb und Rad R:

$$i = \frac{n_I}{n_A} = \frac{n_{II}}{n_B} = \frac{n_{III}}{n_C} = \sim \frac{1}{45};$$

$$\eta = \eta_1 \cdot \eta_2^4 \cdot \eta_3^4 = 0{,}98 \cdot 0{,}97^4 \cdot 0{,}96^4 = \sim 0{,}72.$$

Tischgewicht: $Q_1 = 6200$ kg;
größtes Werkstückgewicht: $Q_2 = 7000$ kg;
größter Schnittwiderstand: $W = 6500$ kg.

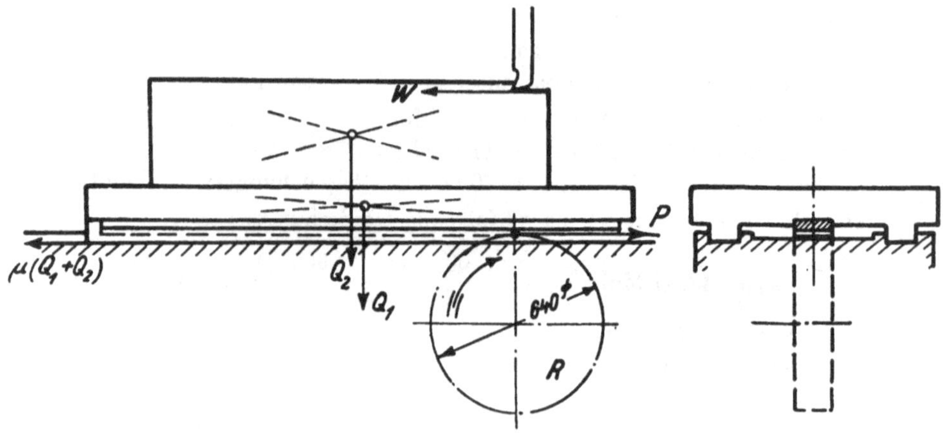

Fig. 74.

Der Kraftbedarf des Getriebes ist zu berechnen:

a) Kraftbedarf beim Arbeitsgang I: $v_I = 9$ m/Min.

Der Reibungswiderstand in den Tischführungen:

$$\mu (Q_1 + Q_2) = 0{,}05 \cdot 13200 = 660 \text{ kg}.$$

Nimmt man den größten Schnittwiderstand $W = 6500$ kg an, muß der Zahndruck am Antriebsrad R: $6500 + 660 = 7160$ kg werden $(= P)$. Fig. 74.

$$\eta = 0{,}72.$$

$$N_E = \frac{P \cdot v_I}{75 \cdot 60 \cdot \eta} = \frac{7160 \cdot 9}{75 \cdot 60 \cdot 0{,}72} = \sim 20 \text{ PS};$$

$$N_E = \frac{P_A \cdot v_A}{75} = 20; \; P_A = \frac{75 \cdot 20}{8{,}5} = 176 \text{ kg Riemenzug}$$

an der Antriebsscheibe A.

$$P_A = p \cdot b = 1{,}5 \cdot 120 = 180 \text{ kg};$$

Riemenbreite $b = 120$ mm;

Scheibenbreite $b' = 130$ mm.

b) Kraftbedarf beim Arbeitsgang II: $v_{II} = 14$ m/Min.

Die Antriebsleistung soll $N_E = 20$ PS nicht übersteigen. Es ist deshalb der Schnittwiderstand kleiner zu halten, weil die Schnittgeschwindigkeit beim Arbeitsgang II bedeutend größer ist.

$$N_E = \frac{P \cdot v_{II}}{75 \cdot 60 \cdot \eta}; \; P = \frac{75 \cdot 60 \cdot 0{,}72 \cdot 20}{14} = 4630 \text{ kg (Zahndruck)};$$

$$P = W + \mu (Q_1 + Q_2); \; W = \text{Schnittwiderstand};$$

$$W = P - \mu (Q_1 + Q_2); \; 4630 - 660 = 3970 \text{ kg}.$$

Der Arbeitsgang II ist für weichere Materialien bestimmt. Der Schnittwiderstand bzw. Stahldruck darf 3970 kg betragen.

Riemenzug an Scheibe B:

$$\frac{P \cdot v_B}{75} = 20;$$

$$P = \frac{20 \cdot 75}{10{,}5} = \sim 143 \text{ kg.}$$

Die Scheibe ist in derselben Breite ausgeführt.

c) Kraftbedarf beim Umsteuern: $v_{III} = 26$ m/Min. $= 0{,}44$ m/Sek.

Die Arbeitsleistung beim Umsteuern setzt sich zusammen:

1. Aus der Beschleunigungsarbeit der Antriebsscheibe C, der Festscheiben *B* und *A*, der Zahnräder und Wellen.
2. Aus der Beschleunigungsarbeit des Tisches mit dem Werkstück.
3. Aus der Reibungsarbeit beim Rücklauf.

Die Beschleunigungsperiode umfasse 1,5 Sekunden.

Zu 1. Kranzgewicht der gußeisernen Scheibe *C*:

$$G = \gamma V; \quad \gamma = 7{,}2;$$

$$V = \frac{\pi h (R^2 - r^2)}{1000} \text{ in cm}^3;$$

$$h = 130 \text{ mm}$$

$$R = 250 \text{ mm}$$

$$r = 242 \text{ mm (Wandstärke: 8 mm).}$$

$$V = \frac{\pi \cdot 130 (250^2 - 242^2)}{1000} = 1592 \text{ cm}^3 = 1{,}592 \text{ dcm}^3;$$

$$G = \gamma V = 1{,}592 \cdot 7{,}2 = 11{,}5 \text{ kg.}$$

Arbeitsvermögen des Scheibenkranzes *C*:

$$L = \frac{1}{2} \text{m } v^2{}_C = \frac{1}{2} \cdot \frac{11{,}5}{9{,}81} \cdot 15{,}3^2 = 134 \text{ mkg/sek.}$$

$+ 15\,\%$ Zuschlag für Arme u. Nabe: $= 20$,,

$= 154$,,

$$N = \frac{154}{75 \cdot 1{,}5} = 1{,}37 \text{ PS.}$$

Die Scheiben *A* und *B*:

Scheibe	Kranzgewicht	Arbeitsvermögen einschl. 15 %	N
B	15 kg	338 mkg/Sek.	∼ 3 PS
A	18,5 kg	638 mkg/Sek.	5,67 PS

Gegenüber den Scheiben ist die Beschleunigungsarbeit der Zahnräder und Wellen recht klein. Sie soll deshalb vernachlässigt werden.

$$N_{C_1} = 1{,}37 + 3 + 5{,}67 = \sim 10 \text{ PS.}$$

Zu 2. Gewicht des Tisches: $Q_1 = 6200$ kg,
Gewicht des Werkstückes: $Q_2 = 7000$ kg,
$v_{III} = 26$ m/Min. $= 0{,}44$ m/Sek.
Arbeitsvermögen des Tisches und des Werkstückes:

$$\frac{1}{2} m\, v^2{}_{III} = \frac{1}{2} \cdot \frac{13\,200}{9{,}81} \cdot 0{,}44^2 = 128 \text{ mkg/Sek.}$$

$$N_{C_2} = \frac{128}{75 \cdot 1{,}5 \cdot 0{,}72} = 1{,}58 \text{ PS.}$$

Zu 3. Die Reibungsarbeit: $\mu\,(Q_1 + Q_2)\, v_{III} = 660 \cdot 0{,}44 = 290$ mkg/Sek.

$$N_{C_3} = \frac{290}{75 \cdot 0{,}72} = 5{,}37 \text{ PS.}$$

Insgesamt hat die Antriebsscheibe C rechnungsmäßig zu leisten:

$$N_C = N_{C_1} + N_{C_2} + N_{C_3} = 10 + 1{,}58 + 5{,}37 = \sim 17 \text{ PS.}$$

Die große Beschleunigungsarbeit, die die Festscheiben gegenüber dem Tisch und Werkstück erfordern, verlangt, daß man die Scheiben so leicht wie möglich ausführt.

d) Die Räderabmessungen:

Größter Zahndruck: $P = 7160$ kg beim Arbeitsgang I.

Moment am Rade R: $M_R = 7160 \dfrac{64}{2} = 229\,120$ cm/kg

$$\frac{t}{\pi} = \sqrt[3]{\frac{0{,}2\, M_R}{c \cdot \frac{b}{t} \cdot Z_R}}$$

$$c = 84 \text{ für SM-Stahl}$$

$$\frac{b}{t} = 3{,}2$$

$$z_R = 40 \text{ Zähne gewählt.}$$

$$\frac{t}{\pi} = \sqrt[3]{\frac{0{,}2 \cdot 229120}{84 \cdot 3{,}2 \cdot 40}} = 1{,}62 \text{ cm}$$

$$\frac{t}{\pi} = 16$$

$$2\,R = Z_R \cdot \frac{t}{\pi} = 40 \cdot 16 = 640 \text{ mm } \varnothing.$$

Nachprüfung des Wertes c:

$v_{Rad} = v_I = 9$ m/Min. $= 0{,}15$ m/Sek.
c für SM-Stahl: $3 \cdot 28 = 84$ zulässig. (s. Tafel S. 50.)

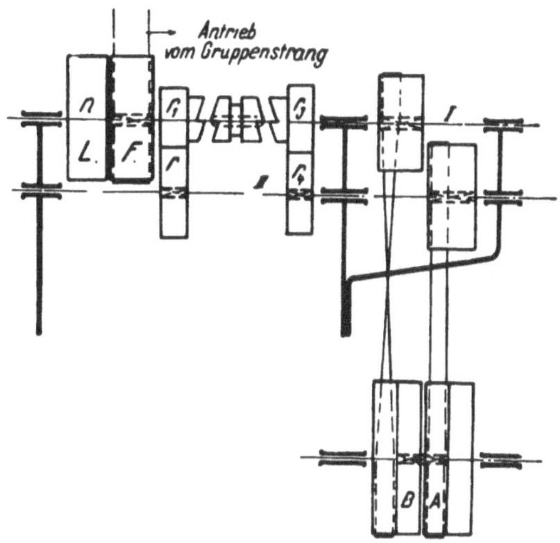

Fig. 75.

Ein anderes Getriebe, das ebenfalls mit nur zwei verschiedenen Arbeits- und konstanten Rücklaufgeschwindigkeiten arbeitet, gibt Fig. 74 schematisch wieder.

Der Rücklauf ist hier von der Antriebswelle I, der Arbeitsgang von der Vorgelegewelle II abgeleitet.

Schraubenspindel und Mutter.

Sie werden sowohl für Haupt- wie Nebenantriebe verwandt. Im letzteren Falle als Supportspindeln (Fig. 76), z. B. bei Drehbänken und Fräsmaschinen.

$$v_{Tisch} = \frac{h \cdot n}{1000} \text{ in m/Min.}$$

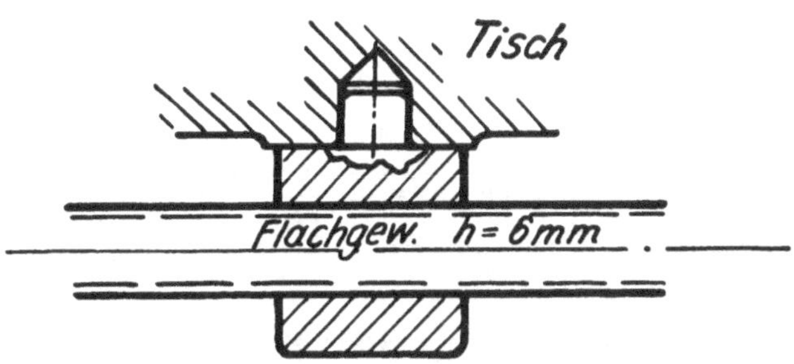

Fig. 76.

Soll der Tisch sich 72 mm/Min. vorschieben bei einer Spindelsteigung $h = 6$ mm, so muß die Spindel

$$n = \frac{1000 \cdot v}{h} = \frac{1000 \cdot 0{,}072}{6} = 12 \text{ U/Min. machen.}$$

Als Hauptantriebsorgan wird die Schraubenspindel mit Mutter bei Blechkantenhobelmaschinen gebraucht. Ähnlich dem Leitspindelantrieb bei einer Drehbank nur bei bedeutend größerer Spindellänge und Übertragung weit größerer Drehmomente. Hier kann die Mutter die Spindel nicht ganz umgreifen (Fig. 77), weil sie die Unterstützungslager, die bei der großen Spindellänge nötig sind, überfahren muß.

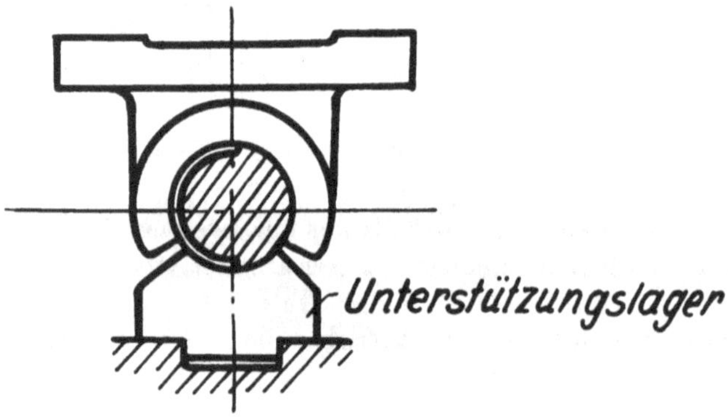

Fig. 77.

Soll ein solcher Antrieb zufriedenstellend arbeiten, muß das Gewinde von Mutter und Spindel sorgfältigst geschnitten sein, für gute Schmierung und eine gewisse Nachstellbarkeit der Mutter ist ferner Sorge zu tragen. Den unvermeidlichen Verschleiß, die Ursache des toten Ganges, versucht man so klein wie möglich zu halten: Genügende Mutterlänge — dadurch geringere Flächenpressung —, zweckmäßiges Material und Schutz vor Verunreinigung durch feine Späne dürften die geeigneten Maßnahmen sein.

Fig. 78.

Beispiel:

Die Schlittenspindel einer Blechkantenhobelmaschine soll einen maximalen Axialdruck von zirka 10000 kg ausüben. Der Antrieb der Spindel ist zu berechnen, wenn der Schlitten bzw. der Stahl mit einer Geschwindigkeit von 9 m/Min. und 15 m/Min. vorwärts bewegt werden soll. Hobellänge: 8800 mm (Fig. 78).

Die Abmessungen der Spindel: Trapezgewinde 3fach rechts mit $h = 72$ mm Steigung, $d_a = 150$ mm $\varnothing$; $d_i = 126$ mm.

1. Drehmoment an der Spindel und der Antriebswelle:

$$i = \eta \frac{M_I}{M_s}; \quad M_I = \text{Drehmoment an Welle I}; \quad M_S = \text{Drehmoment an der Spindel}.$$

$$\eta = \eta_2{}^2 \cdot \eta_3 = 0{,}97^2 \cdot 0{,}96 = 0{,}92.$$

In Fig. 79 ist R die Resultierende aus der Normalkraft N und dem Reibungswiderstand μN. Im $\triangle$ ABC:

$$tg\,(\alpha + \varrho) = \frac{P}{Q}.$$

$$P = Q\,tg\,(\alpha + \varrho)$$

$$P = \text{Umfangs-}, \; Q = \text{Axialkraft}.$$

$$Pr_m = M_S' = Qr_m\,tg\,(\alpha + \varrho).$$

$$Q = 10\,000; \; r_m = 6{,}9 \text{ cm}; \; d_m = \frac{d_a + d_i}{2} = \frac{150 + 126}{2} = 138 \text{ mm}.$$

$$tg\,\alpha = \frac{h}{d_m \pi} = \frac{72}{138\,\pi} = 0{,}166.$$

$$\alpha = 9^0\,30'$$

$$\varrho = 4^0\,20'$$

$$\alpha + \varrho = 13^0\,50'$$

$$tg\,(\alpha + \varrho) = 0{,}246.$$

$$M_S' = 10\,000 \cdot 6{,}9 \cdot 0{,}246 = 16\,974 \text{ cmkg}.$$

Zu diesem Spindeldrehmoment kommt noch das zu überwindende Reibungsmoment $Q\,r'\,\mu'$ im Kugelmittenkreis des Kugelstützlagers. Damit wird

$$M_S = M_S' + Qr'\,\mu' = 16\,974 + 10\,000 \cdot 9 \cdot 0{,}002 = 17\,154 \text{ cmkg}.$$

$$\mu' = 0{,}002; \; r' = 90 \text{ mm}.$$

$$M_I = \frac{i}{\eta}\,M_S = \frac{17\,154}{3 \cdot 0{,}91} = 6210 \text{ cmkg}.$$

$$\frac{t}{\pi} = \sqrt[3]{\frac{0{,}2 \cdot 6210}{c \cdot \frac{b}{t} \cdot Z_I}}.$$

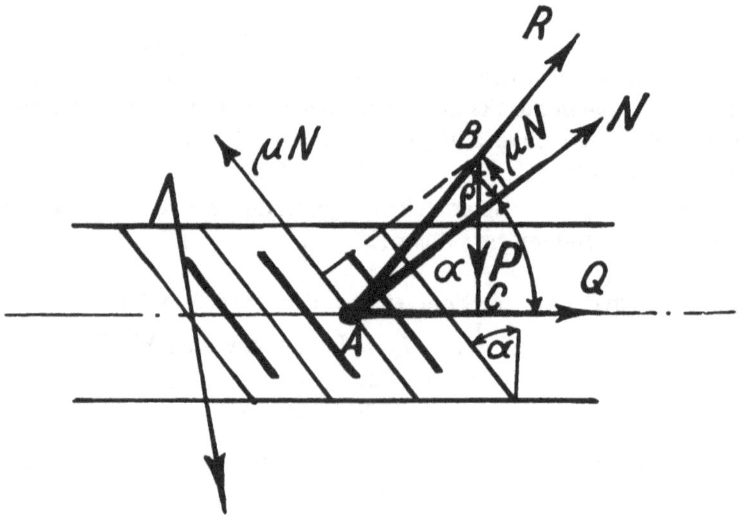

Fig. 79.

Um c richtig zu wählen, muß v_R bekannt sein. Die Drehzahlen der Spindel:

$$N_{min.} = \frac{1000 \cdot 9}{72} = 125 \text{ U/Min. bei } v = 9 \text{ m/Min.}$$

$$\text{und } N_{max.} = \frac{1000 \cdot 15}{72} = 208 \text{ U/Min. bei } v = 15 \text{ m/Min.}$$

Die Drehzahlen des Rades R_1:

$$n_{Rmin.} = 3 \cdot 125 = 375 \text{ U/Min.}$$
$$n_{Rmax.} = 3 \cdot 208 = 624 \text{ U/Min.}$$

Der größte Axialdruck soll bei kleinster Schnittgeschwindigkeit $v = 9$ m/Min. auftreten. Rad R_1 läuft dann mit 375 Umdrehungen und bei einem vorläufig geschätzten Durchmesser von 180 mm mit einer Umfangsgeschwindigkeit von $v_{R1} = \frac{180 \cdot \pi \cdot 375}{1000 \cdot 60} \sim 3{,}75$ m/Sek.

Nach Tabelle 1: SM-Stahl gewählt mit $c = 3 \cdot 19 = 57$.

$$\text{Demnach: } \frac{t}{\pi} = \sqrt[3]{\frac{0{,}2 \cdot 6210}{57 \cdot 3{,}2 \cdot 25}} = \sqrt[3]{0{,}27} = 0{,}646 \text{ cm.}$$

$$\frac{t}{\pi} = 7 \text{ gewählt.}$$

$$2\,R_1 = 7 \cdot 25 = 175 \text{ mm } \varnothing;$$

$$2\,R_2 = 7 \cdot 75 = 525 \text{ mm } \varnothing;\; b = 10\,\frac{t}{\pi} = 70 \text{ mm.}$$

2. Die Beanspruchungen in der Spindel:
Die Spindel ist auf Verdrehung und Zug beansprucht.

Auf Verdrehung: $M_S = \frac{\pi}{16} d_i^3 \cdot \tau.$

$$\tau = \frac{16\, M_S}{\pi\, d_i^3}\ ;\ d_i = 126\ \text{mm} = 12{,}6\ \text{cm (Kern-}\varnothing\ \text{der Spindel).}$$

$$\tau = \frac{16 \cdot 17\,154}{\pi \cdot 2000} = \sim 44\ \text{kg/cm}^2.$$

Auf Zug: $Q = d_i^2 \frac{\pi}{4} \sigma;\ Q = \text{Axiallast} = 10\,000\ \text{kg}.$

$$\sigma = \frac{4\,Q}{\pi \cdot d_1^2} = \frac{4 \cdot 10\,000}{\pi \cdot 159} = 80\ \text{kg}.$$

In der Spindel auftretende Hauptspannung:

$$\sigma_{max.} = 0{,}35\,\sigma + 0{,}65 \sqrt{\sigma^2 + 4\,\tau^2}$$
$$= 0{,}35 \cdot 80 + 0{,}65 \sqrt{80^2 + 4 \cdot 44^2} = \sim 105\ \text{kg/cm}^2.$$

Eine sehr geringe Beanspruchung. Die Gefahr zu starker elastischer Formänderungen in der Spindel, die auf den Gang des Schlittens ungünstig einwirken würden, ist damit beseitigt.

3. Bestimmung des verhältnismäßigen Verdrehungswinkels ϑ:

$$\vartheta = \frac{M_s \cdot l}{G \cdot J}$$

G = Gleitmaß = 850000 kg/cm² für SM-Stahl.

J = polares Trägheitsmoment $= \frac{\pi}{32} d_i^4.$

l = größte Verdrehungslänge = 10000 mm.

$$\vartheta = \frac{17\,154 \cdot 1000}{850\,000 \cdot 2425} = 0{,}0089\ \text{(Bogen am Radius 1 cm).}$$

In Winkelmaß umgerechnet:

$$\vartheta^0 = \frac{360^0}{2\,\pi} \cdot \vartheta = 0{,}0089 \cdot \frac{180^0}{\pi} = 0{,}507^0$$

bei 10 m Verdrehungslänge.

Bei 1 m Länge: $\frac{0{,}507}{10} = 0{,}0507^0.$

Eine sehr geringe Verdrehung bei größtem Drehmoment M_s.

4. Die Flächenpressung in den Gewindegängen:
Länge der Mutter = 425 mm;
Mutter umfaßt die Spindel auf 240° ($^2/_3$ Spindelumfang);
Gesamte tragende Fläche: $F = f \cdot Z$

$$f = \text{Fläche eines Gewindeganges} = \frac{2}{3} \cdot (15^2 - 12{,}6^2) \frac{\pi}{4} = 34{,}6\ \text{cm}^2.$$

$$Z = \text{Anzahl der Gänge} = \frac{425}{24} = 16.$$

$$F = 16 \cdot 34{,}6 = \sim 554 \text{ cm}^2.$$

$$\text{Flächenpressung } p = \frac{Q}{F} = \frac{10\,000}{554} \sim 18 \text{ kg/cm}^2.$$

Ebenfalls eine nur geringe Beanspruchung.

Schnecke und Schneckenzahnstange.

(Fig. 80)

Die Schneckenzahnstange ist unter dem Tisch befestigt. Die Schnecke wird recht groß und lang ausgeführt, um genügende Tragfähigkeit zu erhalten. Man läßt sie im Ölbade laufen und stützt sie beiderseits mit Kugelstützlagern ab.

Ein Nachteil dieses Antriebes ist der einseitig auf den Tisch wirkende Druck und der aus baulichen Gründen verhältnismäßig klein zu haltende Durchmesser des Antriebsrades R_2. Man gleicht diesen Nachteil durch eine Verbreiterung des Rades über das normale Maß hinaus aus.

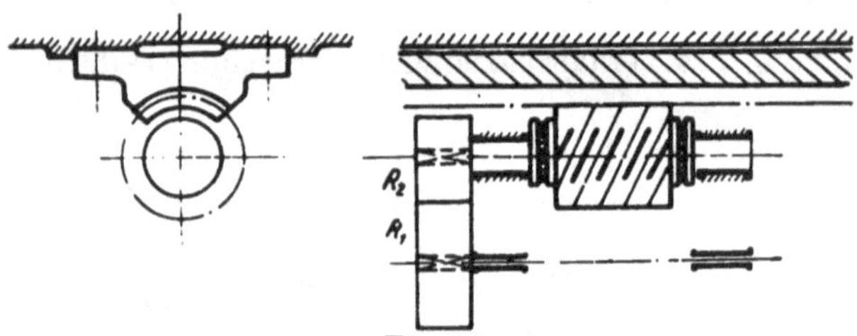

Fig. 80.

Diese wie die vorhergehende Antriebsart eignet sich für schwere und schwerste Maschinen, da in den Gewindegängen der Mutter und Schnecke große Drücke aufgenommen werden können.

Die Tischgeschwindigkeit läßt sich ausdrücken:

$$v = \frac{h \cdot n_S}{1000} \text{ in m/Min.};$$

$$\left.\begin{aligned} n_S &= \text{Drehzahl/Min.} \\ h &= \text{Steigung} \end{aligned}\right\} \text{der Schnecke.}$$

Sämtliche Getriebe für die geradlinige Hauptbewegung bedürfen besonderer Steuerorgane, die die Umkehr der Tischbewegung an bestimmter Stelle einleiten. Diese Organe werden vom Tisch selbst durch einstellbare Anschläge betätigt. Eine scharfe Hubbegrenzung läßt sich nicht erreichen.

Ferner gehören zu den Organen, die eine Drehbewegung in eine geradlinige umsetzen: die Schwingengetriebe. Im Gegensatz zu den vorhin erwähnten ermöglichen sie eine genaue Begrenzung des Hubes.

Schwingengetriebe.

Eine Kurbel vom Radius r bewegt sich mit gleichförmiger Geschwindigkeit um M (Fig. 81 und 83). Ein Kulissenstein mit Zapfen Z — von der Kurbel getrieben — gleitet in einem Schlitze der Schwinge S auf und ab und zwingt sie, um den Punkt C zu schwingen. Der Schwingenkopf A umfaßt einen Zapfen des Stößels und bewegt ihn geradlinig auf und ab. Während einer Kurbelumdrehung schwingt S von I nach II und zurück von II nach I. I und II sind Totpunktlagen. Dabei wird beim Hube von links nach rechts — dem Arbeitshube — der $\sphericalangle\,\alpha$ und von rechts nach links — dem Leer- oder Rückhube — der $\sphericalangle\,\beta$ von der Kurbel durcheilt. Eine Kurbelumdrehung entspricht mithin einem Doppelhube.

$$\sphericalangle\,\alpha > \sphericalangle\,\beta.$$

Die Zeit für einen Arbeitshub sei t_A, für einen Rückhub t_R und ihre Geschwindigkeiten — die Geschwindigkeiten des Stößels oder des Stahles — v_A und v_R.

Dann ist

$$t_A \cdot v_A = t_R \cdot v_R.$$

$$\frac{t_A}{t_R} = \frac{v_R}{v_A} = \frac{\sphericalangle\,\alpha}{\sphericalangle\,\beta}.$$

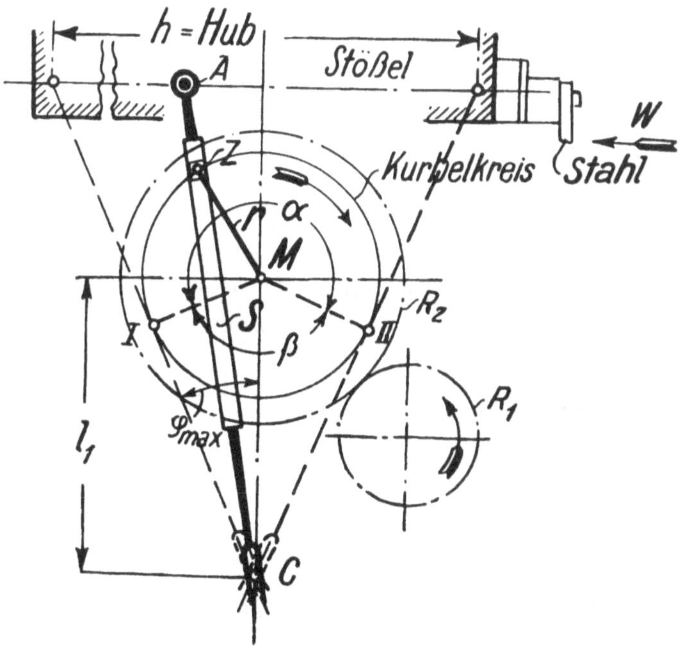

Fig. 81.

Die Gesamtzeit für eine Kurbelumdrehung bzw. einen Doppelhub ist

$$t = \frac{1}{n} \text{ in Min.} = \frac{60}{n} \text{ in Sek.,}$$

wenn n = Kurbelumdrehungen oder Doppelhübe/Min. bedeutet.

$$t = t_A + t_R \text{ und darin}$$

$$t_A = \frac{1}{n} \cdot \frac{\alpha^\circ}{360^\circ} \text{ und } t_R = \frac{1}{n} \cdot \frac{\beta^\circ}{360^\circ}.$$

Das Verhältnis $\frac{t_A}{t_R} = \frac{\sphericalangle \alpha}{\sphericalangle \beta}$ ist am günstigsten beim größten Hube — etwa 1,5 ÷ 2 ÷ 2,5 — und nimmt mit kleiner werdendem Hube ab, denn

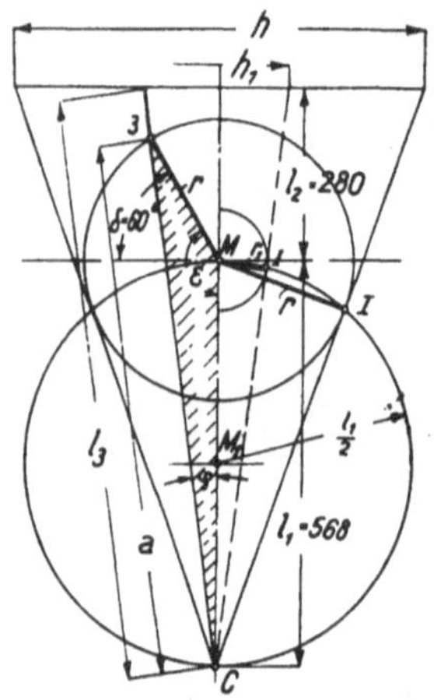

Fig. 82.

$$\cos\frac{\beta}{2} = \frac{r}{l_1} \text{ (Fig. 81)} : \triangle\, CMI.$$

Mit r nimmt der Hub ab und $\sphericalangle \beta$ zu. Besonders anschaulich stellt das Fig. 82 dar. Die Totpunkte I wandern bei Verkleinerung des Hubes bzw. des Kurbelradius auf einem Kreise, dessen Mittelpunkt auf MC liegt und dessen Radius $= \frac{l_1}{2}$ ist. Die Veränderung des Hubes geschieht durch radiale Verschiebung des Kulissensteines Z mittels einer Schraubenspindel (Fig. 83).

Bei der beweglichen Führung der Schwinge in C verändert sich die Schwingenlänge l während des Hubes.

Es besteht die Beziehung: $\sin \varphi = \frac{h}{2\,l}$ (Fig. 81). Ist $h = 600$ mm und $l = 900$ mm, wird $\sin \varphi = 0{,}333$ und $\varphi = 19^\circ\, 30'$. Beim Durchschwingen durch die Mittellage ($\varphi = 0$) verkürzt sich die Schwinge auf: $l_m = l_1 + l_2 = \frac{h}{2\, tg\, \varphi} = \frac{600}{2 \cdot 0{,}354} = 848$ mm. In der Stellung 3 — Dreh-$\sphericalangle \delta = 60^\circ$ — wird die Schwingenlänge: $l_3 = \frac{l_m}{\cos \varphi} = \frac{l_1 + l_2}{\cos \varphi}$. Es handelt sich nun darum, für diese Stellung φ zu bestimmen (Fig. 82):

$$a = \sqrt{r^2 + l_1^2 - 2r\, l_1 \cos \varepsilon}; \quad \varepsilon = 150^\circ;$$

$$\cos 150^\circ = -\cos 30^\circ = -0{,}866$$

für $r = 190$ mm und $l_1 = 568$ mm wird

$$a = \sqrt{19^2 + 56{,}8^2 + 2 \cdot 19 \cdot 56{,}8 \cdot 0{,}866} = 74 \text{ cm} \cdot (\triangle\, CM3)$$

und ferner: $\sin \varepsilon : \sin \varphi = a : r;$

$$\sin \varphi = \frac{r}{a} \cdot \sin \varepsilon = \frac{190}{740} \cdot 0{,}5 = 0{,}1284$$

$$(\sin 150^\circ = \sin 30^\circ = 0{,}5)$$

$$\varphi = 7^\circ 20'; \; \cos \varphi = 0{,}992.$$

Damit: $l_3 = \frac{848}{0{,}992} = 855 \text{ mm}.$

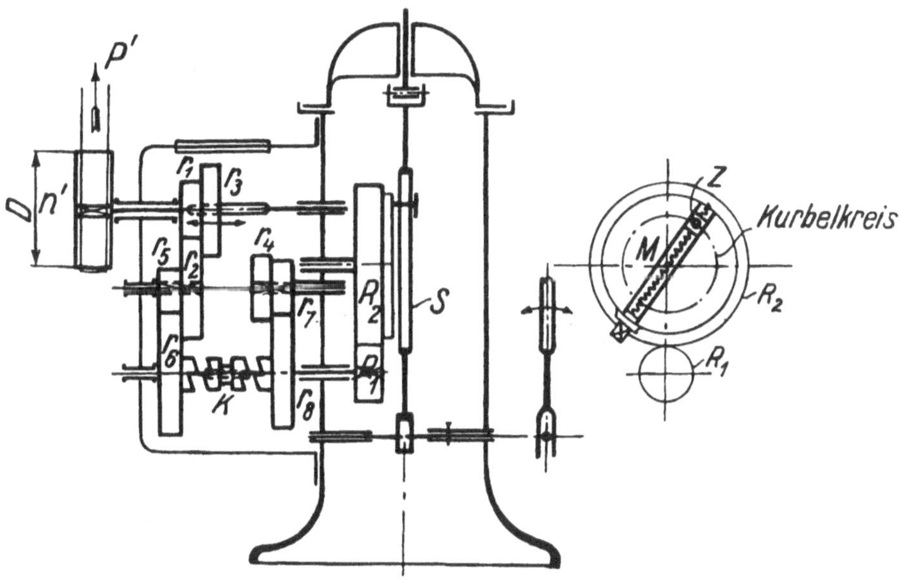

Fig. 83.

Es liegt in der Art des Kurbeltriebes begründet, daß die Geschwindigkeiten v_A und v_R stark ungleichförmig sind (Fig. 86). Sie wachsen von 0 bis zu ihrem Maximum in der Mittellage, um dann wieder bis auf 0 abzusinken in der anderen Totpunktlage. Hier erfolgt die Bewegungsumkehr. v_A und v_R sind, wie folgt, als mittlere Geschwindigkeiten zu errechnen:

$$v_A = \frac{h}{1000 \cdot t_A} \text{ und } v_R = \frac{h}{1000\, t_R}; \; h \text{ in mm},$$

$$\text{für } t_A = \frac{1}{n} \cdot \frac{\alpha^\circ}{360^\circ} \text{ und } t_R = \frac{1}{n} \cdot \frac{\beta^\circ}{360^\circ} \text{ eingesetzt:}$$

$$v_A = \frac{360^\circ}{1000} \cdot \frac{h}{\alpha^\circ} \cdot n \text{ und } v_R = \frac{360^\circ}{1000} \cdot \frac{h}{\beta^\circ} \cdot n.$$

In dem sog. Sägendiagramm (Fig. 84) sind die geometrisch abgestuften Drehzahlen der Kurbel bzw. die Doppelhübe der Schwinge in der Min. eingetragen.

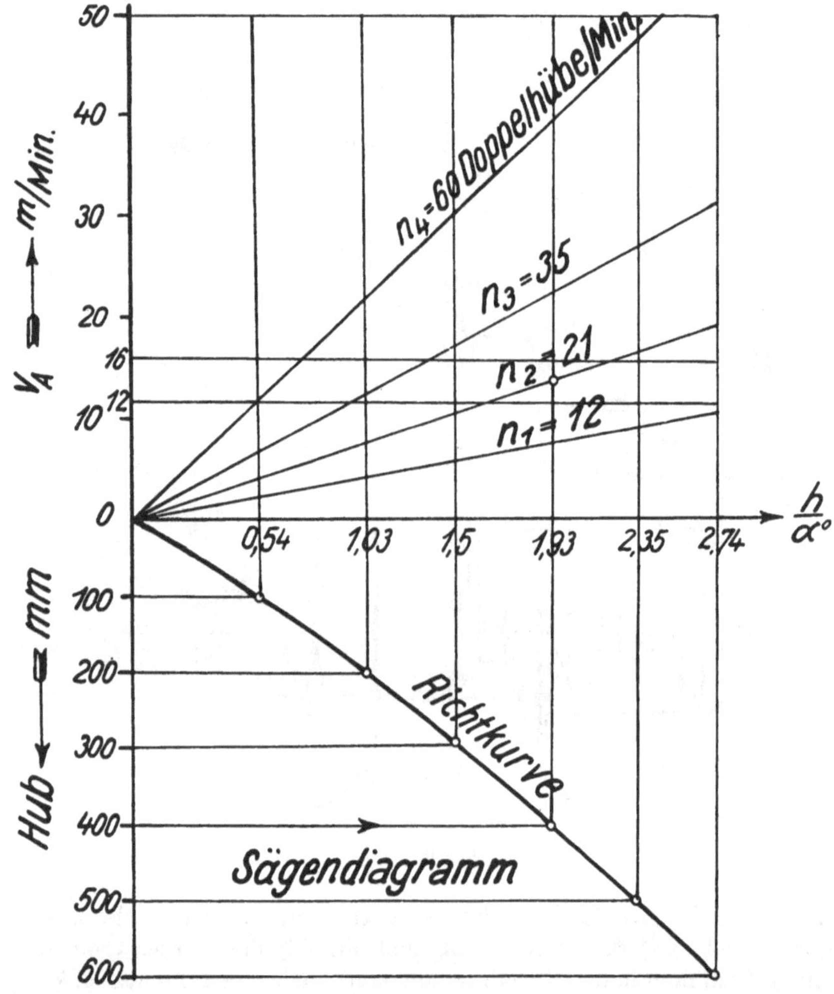

Fig. 84.

Da α mit dem Hube sich ändert, müssen die n-Strahlen Kurven werden. Statt dessen ist hier eine Kurve — die Richtkurve — verzeichnet und die n-Strahlen als Geraden eines gewöhnlichen Sägendiagrammes.

Für einen Hub von 400 mm wird:

$$tg\,\varphi = \frac{h}{2\,(l_1 + l_2)} = \frac{400}{2 \cdot 848} = 0{,}236 \text{ (Fig. 81 u. 82)}$$

$$\varphi = 13°\,20'; \frac{\beta}{2} = 90° - 13°\,20' = 76°\,40'; \beta = 153°\,20'$$

$$\alpha = 360° - 153°\,20' = 206°\,40'.$$

Damit: $\frac{h}{a} = \frac{400}{206°\,40'} = \frac{400}{206{,}67} = 1{,}93.$

So sind für alle Hübe die $\frac{h}{a}$ -Werte zu errechnen.

Die wirtschaftliche Bearbeitung eines Werkstückes, die bei einer Schnittgeschwindigkeit von 12 ÷ 16 m/Min. und bei einem Hube von 400 mm erfolgen soll, verlangt laut Diagramm 21 Doppelhübe/Min.

Fig. 83: Antrieb des Schwingengetriebes

$$n_1 = n' \frac{r_1}{r_2} \cdot \frac{r_5}{r_6} \cdot \frac{R_1}{R_2} = 12 \text{ Kurbel-U. oder Doppelhübe/Min.}$$

$$n_2 = n' \frac{r_1}{r_2} \cdot \frac{r_7}{r_8} \cdot \frac{R_1}{R_2} = 21 \quad ,, \quad ,, \quad ,,$$

$$n_3 = n' \frac{r_3}{r_4} \cdot \frac{r_5}{r_6} \cdot \frac{R_1}{R_2} = 35 \quad ,, \quad ,, \quad ,, \quad \text{und}$$

$$n_4 = n' \frac{r_3}{r_4} \cdot \frac{r_7}{r_8} \cdot \frac{R_1}{R_2} = 60 \quad ,, \quad ,, \quad ,,$$

$$M_E = \text{eingeleitetes Moment} = \frac{P'\,D}{2} \text{ in cmkg;}$$

$$\eta \text{ des Getriebes} = \eta_1 \cdot \eta^3_2 \cdot \eta^3_3 \cdot \eta_4 = \sim 0{,}77.$$

η_1 für Riemenschlupf $= 0{,}98$
η_2 für kurze Wellenlagerung $= 0{,}97$
η_3 für ein Zahnräderpaar $= 0{,}96$
η_4 für die Schwinge $= 0{,}98$.

Von besonderer Wichtigkeit für den Entwurf des Schwingenantriebes ist die Kenntnis von der absoluten Größe der Kurbelumfangskraft P und der Geschwindigkeit v_A und v_R während einer Kurbelumdrehung.

a) Rechnerische und zeichnerische Ermittelung der Kurbelumfangskraft P:

(Fig. 85 und 86)

In bezug auf den Drehpunkt C:

$$W \cos\varphi\, l = Q\,(a_1 + a_2)$$

$$a_1 = r \cdot \cos\gamma;$$

$$a_2 = l_1 \cdot \cos\varphi.$$

$$W \cos\varphi\, l = Q\,(l_1 \cos\varphi + r\cos\gamma)$$

$$Q = P \cdot \cos\gamma.$$

$$W \cos\varphi\, l = P \cdot \cos\gamma\,(l_1 \cos\varphi + r \cdot \cos\gamma)$$

$$\sin\gamma : \sin\varphi = l_1 : r\ (\triangle\ CMZ);\quad \sin\gamma = \frac{l_1}{r} \cdot \sin\varphi.$$

$$\cos \gamma = \sqrt{1 - \sin^2 \gamma} = \sqrt{1 - \left(\frac{l_1}{r}\right)^2 \cdot \sin^2 \varphi}.$$

$$W \cdot \cos \varphi\, l = P \sqrt{1 - \left(\frac{l_1}{r}\right)^2 \cdot \sin^2 \varphi}\, \left(l_1 \cdot \cos \varphi + r \sqrt{1 - \left(\frac{l_1}{r}\right)^2 \sin^2 \varphi}.\right)$$

$$\sqrt{1 - \left(\frac{l_1}{r}\right)^2 \cdot \sin^2 \varphi} = x = \cos \gamma.$$

$$W \cdot \cos \varphi\, l = P\, x\, (l_1 \cos \varphi + r\, x)$$

$$P = \frac{W \cos \varphi\, l}{x\,(l_1 \cos \varphi + r\, x)}.$$

Für die Totpunktlage — Schwingenstellung o — wird $x = o$ weil $\gamma = 90°$ und damit

$$P = \frac{W \cos \varphi\, l}{o} = \infty \text{ und}$$

für die Mittellage — Schwingenstellung 4 — $x = 1$, weil $\sin \varphi = o$, und damit

$$P = \frac{W \cos \varphi\, l}{l_1 + r}.$$

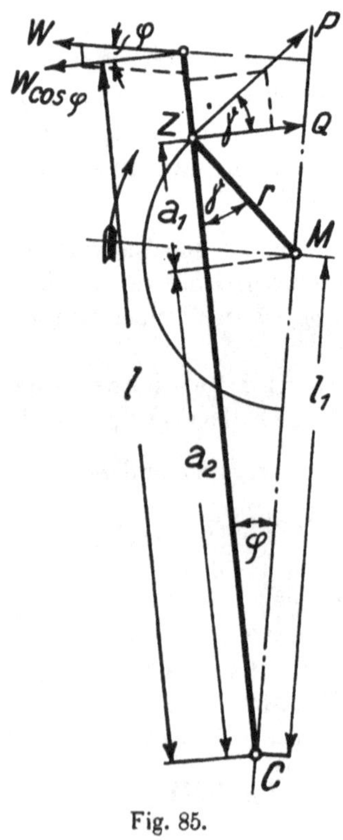

Fig. 85.

Für ein Getriebe mit folgenden Abmessungen:

$h_{max.}$ = größtem Hub = 600 mm;

$l_{max.}$ = größter Schwingenlänge = 900 mm; l_1 = 568 mm

und $2\,r_{max.}$ = größtem Kurbel-Durchmesser = 380 mm,

ergeben sich (Fig. 86) die in Tabelle 1 errechneten Werte für P, wenn der Schnittwiderstand W = 500 kg gesetzt wird.

Tabelle Nr. 1

Schwingen-stellung	φ	cos φ	l mm	$x = \sqrt{1 - \left(\frac{l_1}{r}\right)^2 \sin^2 \varphi}$	P kg	M_d cmkg.
0 Totpunktst.	19° 30′	0,943	900	0	∞	∞
1	18° 20′	0,948	894	0,327	2150	40 850
2	14°	0,970	874	0,665	942	17 898
3	7° 20′	0,992	855	0,925	621	11 799
4 Mittelst.	0°	1,0	848	1,0	560	10 640

Die zeichnerische Ermittelung — durchgeführt für Schwingenstellung 2 (Fig. 86) — führt zu denselben Resultaten. Man geht von dem bekannten Schnittwiderstand W aus, zerlegt ihn in seine Komponenten: $W \cos \varphi$ und $W \cdot \sin \varphi$ und verfährt nach der Proportion:

$$W \cos \varphi : Q = a_1 + a_2 : l.$$

Q ist, // $W \cos \varphi$, die zur Schwinge l senkrecht stehende Komponente von P.

Arbeitet das Getriebe mit einem Anlauf von 25 mm, dann stellt sich P auf 1800 kg und das Kurbel-Drehmoment auf $1800 \cdot 19 = 34\,200$ cmkg, das in dieser Höhe erforderlich ist, wenn der Stahl ansetzt und ein W = 500 kg zu überwinden hat.

Bei gleichem W und gleichem Anlauf ändern sich $P_{max.}$ und $M_{d\,max.}$ bei kleiner werdendem Hube (s. Tab. 3 und Fig. 87).

Tabelle Nr. 3

(Fig. 87)

h mm	r cm	$P_{max.}$ kg	$M_{d\,max.}$ cmkg
500	16	1600	25 000
400	13	1340	17 420
300	9,9	1160	12 474
200	6,75	1040	7 020

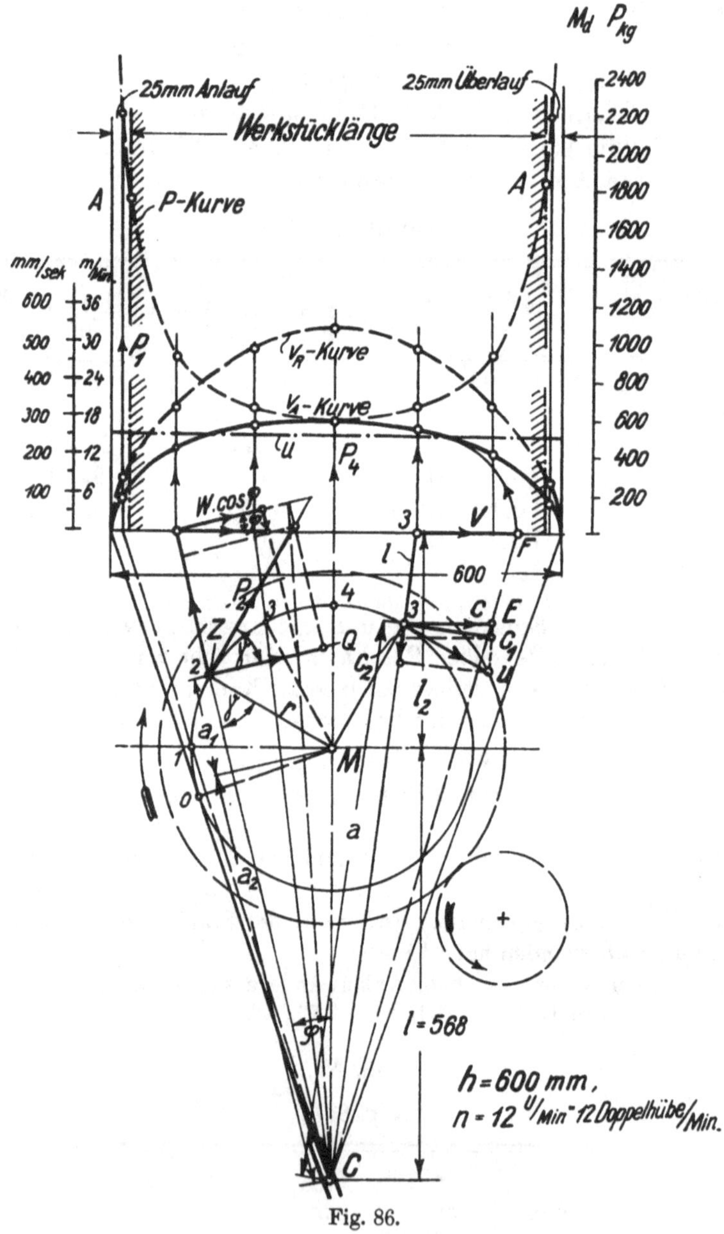

Fig. 86.

Wie der Verlauf der *P*-Kurve (Fig. 86) zeigt, wechselt die Kurbelumfangskraft während eines Arbeitshubes stark. Die Kurve stellt gleichzeitig auch das Kurbel-Drehmoment dar, weil *r* bei einem und demselben Hube konstant ist.

Der Konstrukteur hat den Punkt A besonders zu beachten. Nach dem hier auftretenden P bzw M_d ist für größten Hub und größtes W der Antrieb des Schwingengetriebes zu berechnen. Das Antriebsmoment $M_E = \frac{i}{\eta} \cdot M_A$.

b) Rechnerische und zeichnerische Bestimmung der Schnittgeschwindigkeit v_A: (Fig. 88 und 86)

$$\frac{v_A}{c} = \frac{l}{a} = \frac{l}{a_1 + a_2}.$$

$$a_1 = r \cdot \cos \gamma.$$

$$a_2 = l_1 \cdot \cos \varphi.$$

$$v_A = \frac{c\, l}{l_1 \cos \varphi + r \cdot \cos \gamma}.$$

c durch c_1 ersetzt: $c = c_1 \cos \varphi$.

$$v_A = \frac{c_1 \cos \varphi\, l}{l_1 \cos \varphi + r \cdot \cos \gamma}.$$

c_1 durch u ersetzt: $c_1 = u \cdot \cos \gamma$.

$$v_A = \frac{u \cdot \cos \gamma \cdot \cos \varphi\, l}{l_1 \cos \varphi + r \cdot \cos \gamma}.$$

$$\cos \gamma = \sqrt{1 - \sin^2 \gamma} = \sqrt{1 - \left(\frac{l_1}{r}\right)^2 \cdot \sin^2 \varphi}; \text{ wie vorhin.}$$

$$v_A = \frac{u \sqrt{1 - \left(\frac{l_1}{r}\right)^2 \sin^2 \varphi} \cdot l \cdot \cos \varphi}{l_1 \cos \varphi + r \sqrt{1 - \left(\frac{l_1}{r}\right)^2 \sin^2 \varphi}}; \quad \sqrt{1 - \left(\frac{l_1}{r}\right)^2 \cdot \sin^2 \varphi} = x.$$

$$v_A = \frac{u\, x \cdot l \cdot \cos \varphi}{l_1 \cos \varphi + r\, x}.$$

Das gilt für den Arbeitsgang; für v_A.

Darin bedeutet: u = Kurbelumfangsgeschwindigkeit in mm/Sek.;
c_1 = Schwinggeschwindigkeit des Kulissensteines um C in mm/Sek.;
c = Komponente von c_1.

Für den Rücklauf (v_R):

$$v_R = \frac{u\, x \cdot l \cdot \cos \varphi}{l_1 \cos \varphi - r\, x}. \text{ (Fig. 88; Punkt } Z_1.)$$

Hier ist $a = a_2 - a_1 = l_1 \cos \varphi - r \cos \gamma = l_1 \cos \varphi - r\, x$.

Für dasselbe Getriebe (Fig. 86) ergeben sich bei $u = 239$ mm/Sek. entsprechend 12 Doppelhübe/Min. folgende Werte (Tabelle 4):

Tabelle Nr. 4

Schwingenlage	φ	$\cos\varphi$	l mm	x	v in mm/Sek.	
					v_A	v_R
0 Totpunktlage (links)	19° 30′	0,943	900	0	0	0
1	18° 20′	0,948	894	0,327	110	140
2	14°	0,970	874	0,665	198	317
3	7° 20′	0,992	855	0,925	253	483
4	0°	1,0	848	1,0	268	536

Die zeichnerische Bestimmung der v-Werte (Fig. 86) ist für die Kurbelstellung 3 durchgeführt. Man muß von der konstanten und gleichförmigen Umfangsgeschwindigkeit u ausgehen, die ja bei gegebenem u und r bekannt ist. Man zerlegt u in ihre Komponenten c_1 und c_2; c_1 senkrecht zur Schwinge; c_2 in Schwingenrichtung. c_1 wird wiederum in eine horizontale (c) und eine vertikale Komponente zerlegt. Zieht man nun den Strahl CE über E hinaus bis zum Schnittpunkt F mit der horizontalen Hublinie, dann erhält man r. Aus der Ähnlichkeit der Dreiecke $CE\,3$ und $CF\,3'$ folgt:

$$v : c = l : a.$$

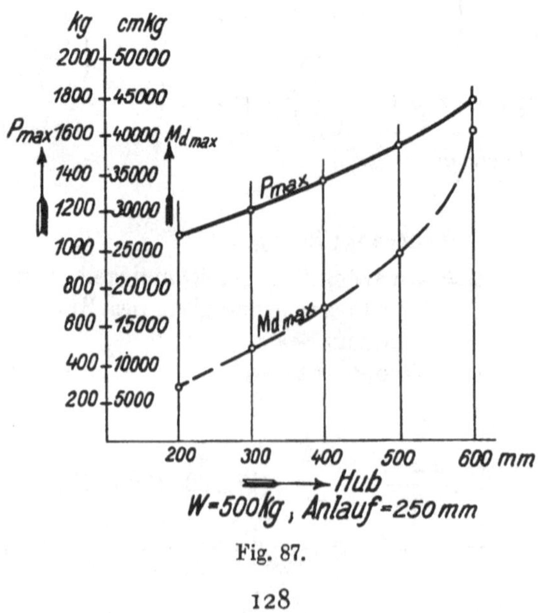

Fig. 87.

Die Ungleichförmigkeit in der Schnittgeschwindigkeit v bzw. v_A ist der wunde Punkt des Schwingenantriebes. Sie beeinflußt ungünstig die Schnittdauer des Stahles und die Sauberkeit der Schnittfläche. Ein Versuch, die Ungleichförmigkeit zu mildern, — und das mit Erfolg — hat zur beweglichen Führung der Schwinge in C geführt. Diese wird heute auf verschiedene Art bewerkstelligt:

1. durch Veränderung der Schwingenlänge bei festgelagertem C — wie im vorliegenden Falle,

oder

2. durch pendelnde Bewegung des Punktes C bei konstanter Schwingenlänge (Fig. 89).

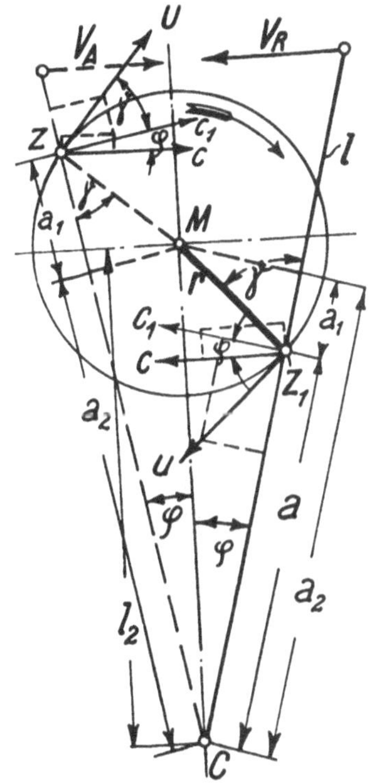

Fig. 88.

In letzterem Falle macht die zeichnerische Bestimmung von P und v keinerlei Schwierigkeit. Sie ist dieselbe wie im Fall 1.

Die Milderung des Ungleichförmigkeitsgrades wird dem gewöhnlichen Schwingengetriebe gegenüber erreicht, dessen Schwinge in C festgelagert wird und dessen Schwingenkopf eine kreisende Bewegung um C ausführt.

Fig. 90 stellt einen weiteren Versuch in dieser Richtung dar durch Kombination der sog. Umlaufschwinge mit der um C pendelnden Schwinge. Sie dreht sich um M_1 um e exzentrisch zur Kurbelmitte M. Dadurch wird der $\sphericalangle\ \alpha$ vergrößert, β verkleinert. Der Rücklauf geht also stark beschleunigt vor sich.

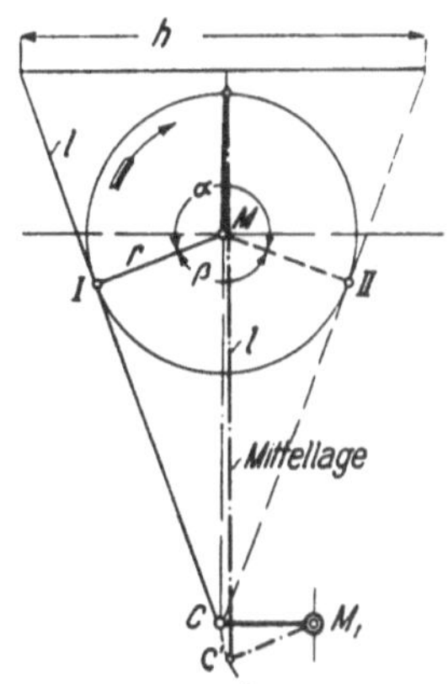

Fig. 89.

Die Berechnung muß die veränderliche Geschwindigkeit v durch die konstante und bekannte Umfangsgeschwindigkeit u auszudrücken suchen:

$$v = u_4 \cos \varphi; \text{ (v statt v_A gesetzt) (Fig. 91)}$$

$$\frac{u_4}{u_3} = \frac{l}{a}; \; u_4 = u_3 \frac{l}{a}$$

$$v = u_3 \frac{l}{a} \cdot \cos \varphi.$$

$$u_3 = u_2 \cdot \cos \varepsilon$$

$$v = u_2 \cdot \cos \varepsilon \frac{l}{a} \cdot \cos \varphi$$

$$\frac{u_2}{u_1} = \frac{r}{r_1}; \; u_2 = u_1 \frac{r}{r_1}.$$

$$v = u_1 \frac{r}{r_1} \cdot \cos \varepsilon \frac{l}{a} \cdot \cos \varphi.$$

$$u_1 = u \cdot \cos \alpha_1$$

$$v = u \cdot \cos \alpha_1 \frac{r}{r_1} \cdot \cos \varepsilon \frac{l}{a} \cdot \cos \varphi.$$

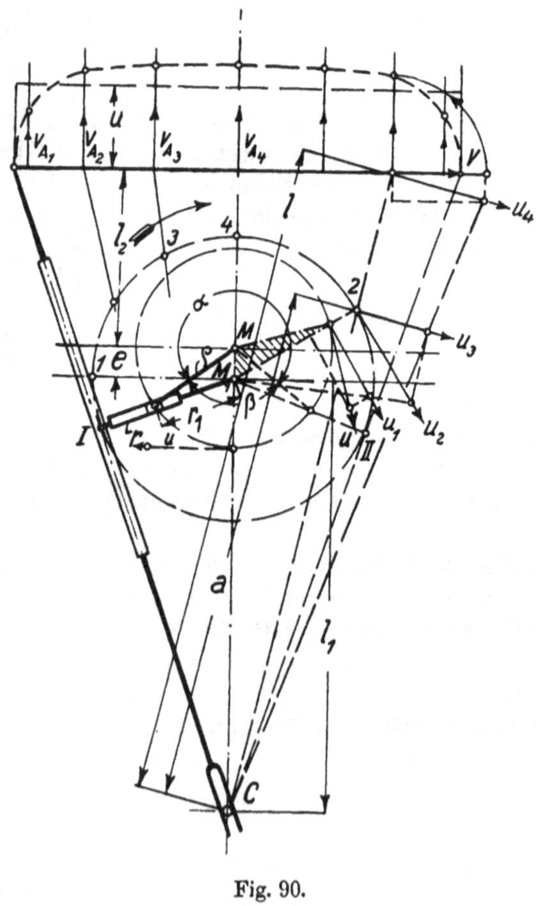

Fig. 90.

Nur u und r sind konstant.

$$\sin\alpha_1 : \sin\alpha_2 = e : \varrho \; (\triangle\, M\, M_1\, Z)$$

$$\sin\alpha_1 = \frac{e}{\varrho} \cdot \sin\alpha_2; \; \alpha_2 = 90° - \gamma.$$

$$\cos\alpha_1 = \sqrt{1 - \left(\frac{e}{\varrho}\right)^2 \cdot \sin^2\alpha_2}.$$

$$\sin\alpha_1 : \sin\alpha_3 = e : r_1 \; (\triangle\, M\, M_1\, Z)$$

$$r_1 = e \cdot \frac{\sin\alpha_3}{\sin\alpha_1}; \; \alpha_3 = 180° - (\alpha_1 + \alpha_2).$$

Die übrigen inkonstanten Größen: ε, l, a und φ sind bereits bekannt:

$$\cos\varepsilon = \sqrt{1 - \left(\frac{l_1}{r}\right)^2 \cdot \sin^2\varphi} = x.$$

und $$a = a_1 + a_2 = r\cos\varepsilon + l_1\cos\varphi \text{ usw.}$$

Setzt man diese beiden Werte ein, erhält man

$$v = \frac{u \cdot \cos\alpha_1 \cdot r \cdot x\, l \cdot \cos\varphi}{r_1\,(l_1\cos\varphi \pm r\,x)}$$

$+$: für Arbeitsgang: v_A.

$-$: für Leer- oder Rückgang: v_R.

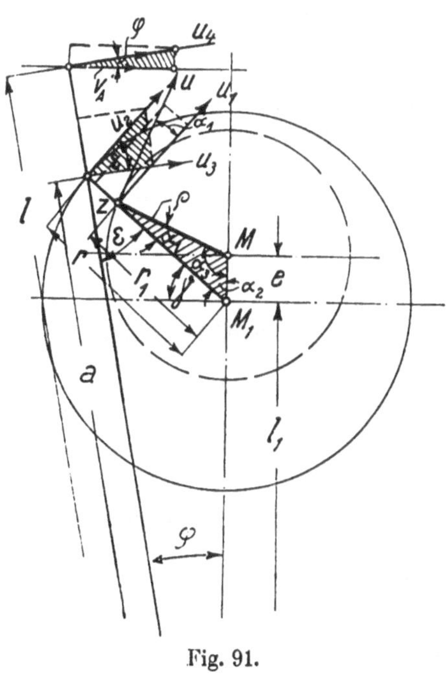

Fig. 91.

Für eine Getriebe mit

$$h_{max.} = 600\text{ mm};\ \varrho = 130\text{ mm};$$
$$l_{max.} = 900\text{ mm};\ e = 40\text{ mm und}$$
$$r_{max.} = 190\text{ mm};\ u = 180\text{ mm/Sek.}$$

ergeben sich für v die in der Tabelle aufgeführten Werte.

Schwingenstllg.	Dreh. $\sphericalangle$	a_1	$90° - \gamma$ $= a_2$	$180° - (a_1 + a_2)$ a_3	a mm	r_1 mm	v_A mm/Sek.
1	$\gamma = 0°$	17°50′	90°	72°10′	~600	124,5	122,4
2	$\gamma = 30°$	15°30′	60°	104°30′	~680	145	200
3	$\gamma = 60°$	8°50′	30°	141°10′	741	163	218,5
4	$\gamma = 90°$	0°	0°	180°	758	170	226

Die zeichnerische Bestimmung der v-Größen (Fig. 90, Punkt 2 rechts) bestätigt die errechneten Werte. Man geht von u aus, das nach Größe und Richtung bekannt ist und ermittelt die Komponente u_1. Damit hat man auch u_2: $\frac{u_2}{u_1} = \frac{r}{r_1}$.

u_3, die Komponente von u_2, muß senkrecht zur Schwinge stehen. (Punkt 2.)

Dann ist u_4 gefunden: $\frac{u_4}{u_3} = \frac{l}{a}$ und damit v.

Dieses Schwingengetriebe zeigt eine v-Kurve, die sich der Geraden sehr nähert. Von diesem Gesichtspunkte aus betrachtet, muß es als die beste Lösung gelten bei dem Bestreben, die Ungleichförmigkeit der Geschwindigkeit v zu mildern. In Wirklichkeit wird jedoch dieses Getriebe seltener benutzt wegen des starken Verschleißes in den Gelenkführungen und wegen der durch die hohe Rücklaufgeschwindigkeit $\left(\text{s. Verhältnis } \frac{\alpha}{\beta}\right)$ bedingten Beschleunigungen und Massendrücke beim Rücklauf.

D. Umlaufgetriebe.

Man verwendet sie, um mit verhältnismäßig einfachen Mitteln und bei geringem Platzbedarf große Übersetzungen ins Langsame, Bewegungsumkehr und Zusatzbewegungen zu erreichen.

I. Stirnräder-Umlaufgetriebe.

Bezeichnungen (Fig. 92):
w_1; w_2 und w_3 : Wellen.
n_1; n_2 und n_3 : ihre Drehzahlen.
a, b, c und d : R ä d e r und *Radien.*

a fest auf w_2 } Zentralräder.
d fest auf w_3 }
b und c : Umlaufräder (Planetenräder).
A : Umlaufarm, fest auf w_1.
s : Riegelstift.

Die Bewegung kann durch w_1 eingeleitet werden, wobei A die Räder b und c herumschwenkt. Dabei wälzt sich b auf dem stillstehenden Rade a ab, dreht sich um seine eigene Achse und überträgt die Drehbewegung über c auf d bzw. w_3.

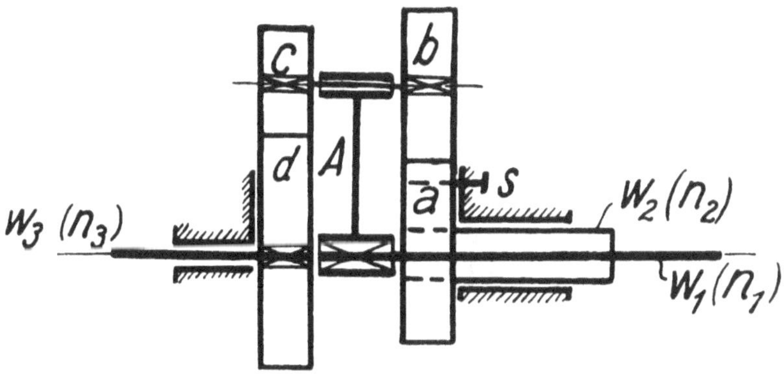

Fig. 92.

Fig. 92 ist ein sog. rückkehrendes Umlaufgetriebe, weil Antrieb und Abtrieb in einer Ebene liegen.

Theoretisch und praktisch bestehen folgende Möglichkeiten, das Getriebe als Umlaufgetriebe zu gebrauchen:

1. w_1 treibt; w_2 steht still; w_3 wird getrieben;
2. w_1 treibt; w_3 steht still; w_2 wird getrieben;
3. w_2 treibt; w_3 steht still; w_1 wird getrieben;
4. w_3 treibt; w_2 steht still; w_1 wird getrieben;
5. w_1 und w_2 treiben gemeinsam; w_3 wird getrieben;
6. w_1 und w_3 treiben gemeinsam; w_2 wird getrieben;

und 7. w_2 und w_3 treiben gemeinsam; w_1 wird getrieben.

Im Falle 5, 6. und 7. können die treibenden Räder a) im gleichen und b) im entgegengesetzten Sinne laufen. Damit wäre die Reihe der Möglichkeiten zu Ende.

Die Berechnung der Übersetzungen:

a) Mit Hilfe des Momentandrehpunktes.

Fall 1: w_1 treibt; w_2 steht still; w_3 wird getrieben.

$$i = \frac{n_3}{n_1} = \frac{\omega_d}{\omega_A} = \frac{\text{Winkelgeschw. des Rades } d}{\text{Winkelgeschw. des Armes } A}\,.$$

$$\left.\begin{array}{l} 1.\ \omega_A (d + c) = \omega_0 b. \\ 2.\ \omega_d \cdot d = \omega_0 (b - c). \end{array}\right\} \text{(Fig. 93).}$$

$$\frac{\omega_d}{\omega_A} = \frac{(b - c)(d + c)}{b d} = \frac{b d - c d + c b - c^2}{b d}$$

$$\frac{\omega_d}{\omega_A} = \frac{b d - c (d + c - b)}{b d}; \quad d + c - b = a.$$

$$\frac{\omega_d}{\omega_A} = \frac{b d - a c}{b d} = 1 - \frac{a c}{b d}.$$

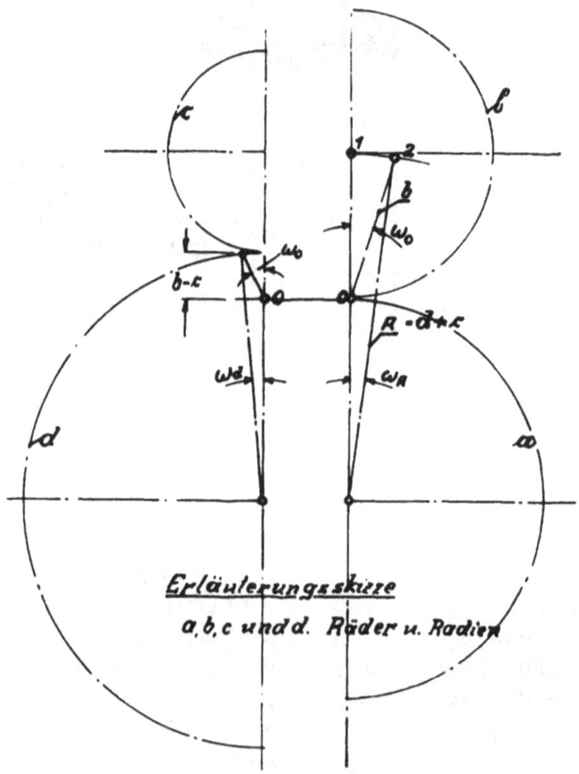

Fig. 93.

Damit $$n_3 = n_1 \left(1 - \frac{a c}{b d}\right).$$

$\frac{a c}{b d} < 1$: n_1 und n_3 laufen im gleichen,

$\frac{a c}{b d} > 1$: n_1 und n_3 laufen im entgegengesetzten Sinne.

Für Fall 2. gilt sinngemäß: $i = 1 - \frac{d}{c} \cdot \frac{b}{a}$ und Fall 3. und 4. ist die Umkehrung von 1. und 2.:

$$i = \frac{\omega_A}{\omega_d} = \frac{n_1}{n_3} = \frac{1}{1 - \frac{a\,c}{b\,d}} \text{ (Fall 4).}$$

ω_A und ω_d = Winkelgeschwindigkeit des Armes bzw. des Rades d, bezogen auf Wellenmitte.

ω_0 = Winkelgeschwindigkeit der Räder b und c, bezogen auf den Momentandrehpunkt O.

Fall 5.: w_1 und w_2 treiben gemeinsam und im gleichen Sinne. Wie groß ist nun n_3?

Stünde w_2 still, dann nach Fall 1.: $n_3 = n_1 \left(1 - \frac{a\,c}{b\,d}\right)$.

w_2 läuft aber, daher eine Zusatzbewegung: $+ n_2 \frac{a}{b} \cdot \frac{c}{d}$

$$n_3 = n_1 \left(1 - \frac{a\,c}{b\,d}\right) + n_2 \frac{a}{b} \cdot \frac{c}{d}.$$

$$n_3 = n_1 \left(1 - \frac{a\,c}{b\,d}\right) - n_2 \frac{a}{b} \cdot \frac{c}{d},$$

wenn w_1 und w_2 gegenläufig treiben.

Damit ist auch Fall 6. und 7. geklärt.

b) Mit Hilfe der Regel von Swamp.

Swamp zerlegt die Gesamtbewegung, die aus einer Schwenk- bzw. Abwälz- und aus Drehbewegungen besteht, die gleichzeitig vor sich gehen, in aufeinanderfolgende Teilbewegungen:

1. Teilbewegung. — Die Schwenkbewegung —:

Er verriegelt die Räder gegeneinander, so daß sie ein starres Ganze bilden und schwenkt sie einmal um die Achse $w_1 - w_3$ rechts herum.

	w_1 oder A	w_2 oder a	b u. c	w_3 oder d
1. Teilb.	+ 1	+ 1	+ 1	+ 1

2. Teilbewegung — die Drehbewegungen —:

Er entfernt den Riegelstift zwischen den Zähnen der Räder, hält den Arm fest, weil er schon seine Bewegung (+ 1) vollführt hat, und dreht das Rad, das still stehen mußte, in seine Lage zurück (— 1).

	w_1 oder A	w_2 oder a	b u. c	w_3 oder d
2. Teilb.	0	-1	$+\frac{a}{b}$	$-\frac{a}{b}\cdot\frac{c}{d}$

Die Summe beider Teilbewegungen ergibt die Übersetzung:

	w_1 oder A	w_2 oder a	b u. c	w_3 oder d
1. Teilb.	$+1$	$+1$	$+1$	$+1$
2. Teilb.	0	-1	$+\frac{a}{b}$	$-\frac{a}{b}\cdot\frac{c}{d}$
Ergebnis	$+1$	0	$1+\frac{a}{b}$	$1-\frac{a}{b}\cdot\frac{c}{d}$

Dreht sich A einmal rechts herum, dreht sich Rad d: $1-\frac{a}{b}\cdot\frac{c}{d}$. Dasselbe Resultat wie vorhin.

Treiben w_1 und w_2 gemeinsam und im gleichen Sinne mit n_1 und n_2 Umdrehungen, so ergibt sich nach Swamp für n_3:

	w_1 A	w_2 a	b u. c	w_3 d
1. Teilb.	$+n_1$	$+n_1$	$+n_1$	$+n_1$
2. Teilb.	0	$-n_1$	$+n_1\frac{a}{b}$	$-n_1\frac{a}{b}\frac{c}{d}$
Zusatz-beweg.		$+n_2$	$-n_2\frac{a}{b}$	$+n_2\frac{a}{b}\cdot\frac{c}{d}$
Ergebnis	$+n_1$	$+n_2$	—	$n_1\left(1-\frac{a}{b}\cdot\frac{c}{d}\right)+n_2\frac{a}{b}\cdot\frac{c}{d}$.

Also: $n_3 = n_1\left(1-\frac{a}{b}\cdot\frac{c}{d}\right)+n_2\frac{a}{b}\cdot\frac{c}{d}$.

Damit dürfte die Anwendung der Swampschen Regel genügend erklärt sein. Sie stellt jedenfalls das einfachste Verfahren dar, die Übersetzung in einem Umlaufgetriebe zu bestimmen.

Die Übersetzung läßt sich auch noch in folgender Weise bestimmen (Fig. 94):

$$i = \frac{n_3}{n_1} = \frac{\text{Dreh-}\sphericalangle\ \gamma \text{ des Rades } d}{\text{Dreh-}\sphericalangle\ \alpha \text{ des Armes } A}.$$

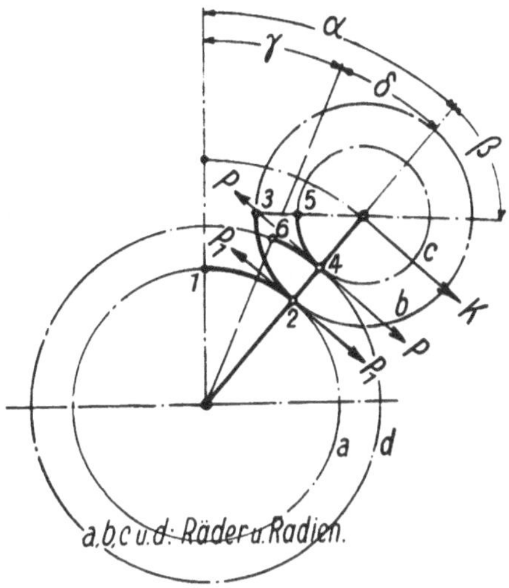

Fig. 94.

Man denke sich das System als starres Ganze um den $\sphericalangle\ \alpha$ rechts herum gedreht. Der Arm A hat somit seine Drehung vollzogen. Man hält ihn fest und dreht Rad a links herum um α zurück, weil es still stehen muß. Punkt 2 wandert nach 1.

$$\text{Bogen } \widehat{21} = a\,\alpha.$$

Rad b dreht sich um β. Bogen $\widehat{23} = b\,\beta$.

$$a\,\alpha = b\,\beta;\ \beta = \frac{a}{b} \cdot \alpha.$$

Um β dreht sich auch Rad c. Bogen $\widehat{45} = c\,\beta$.

Und Rad d bewegt sich links herum um den Winkel δ.

$$\text{Bogen } \widehat{46} = d\,\delta = c\,\beta.$$

Somit verbleibt für Rad d eine Restdrehung entsprechend dem $\sphericalangle\ \gamma$.

$$c\,\beta = d\,\delta;\ \beta = \frac{a}{b}\,\alpha \text{ und } \delta = \alpha - \gamma \text{ gesetzt,}$$

$$\frac{c\,a}{b} \cdot \alpha = d\,(\alpha - \gamma)$$

$$\frac{ac}{bd}\,\alpha = \alpha - \gamma$$

$$\gamma = \alpha\left(1 - \frac{a\,b}{c\,d}\right).$$

$$\frac{\gamma}{\alpha} = 1 - \frac{ab}{cd} = i.$$

Bei Verwendung von Rädern mit Innenverzahnung — bei Automaten, Mo-Zügen und Reduktionsgetrieben — ist (Fig. 95):

w_1 treibt, w_2 wird getrieben, w_3 bzw. c steht still.

$$i = \frac{n_2}{n_1} = \frac{\omega_a}{\omega_A}$$

$$1.\ \omega_A\,(a + b) = \omega_0\,b.$$

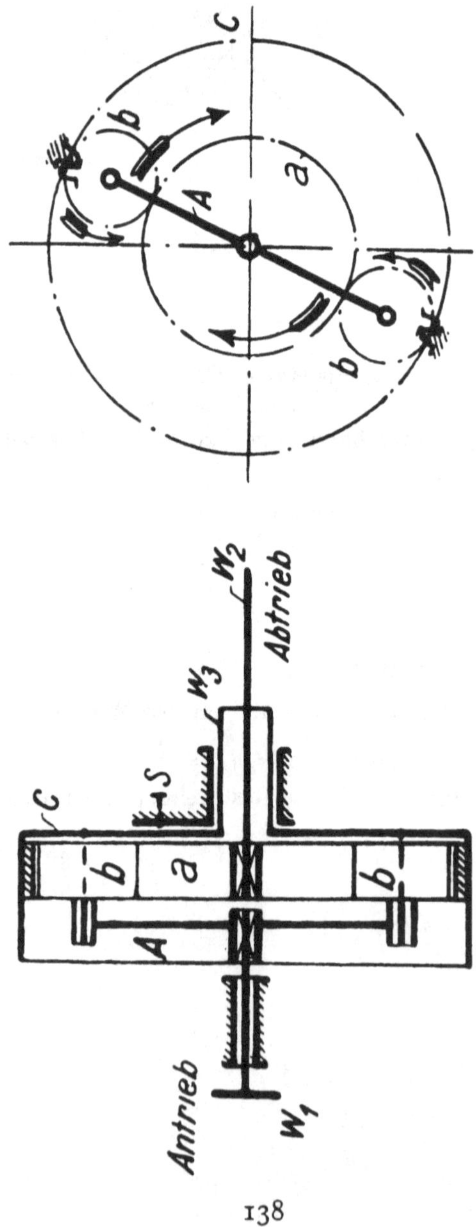

Fig. 95.

$$2.\ \omega_a \cdot a = \omega_0 (c - a) = \omega_0 \cdot 2b.$$

$$\frac{\omega_a}{\omega_A} = \frac{2(a+b)}{a} = \frac{a+2b+a}{a}.$$

$$a + 2b = c.$$

$$\frac{\omega_a}{\omega_A} = \frac{a+c}{a} = 1 + \frac{c}{a}.$$

Also: $i = \frac{n_3}{n_1} = \frac{\omega_a}{\omega_A} = 1 + \frac{c}{a}.$

Nach Swamp:

	w_1 A	w_3 c	b	w_2 a
1. Teilb.	$+1$	$+1$	$+1$	$+1$
2. Teilb.	0	-1	$-\frac{c}{b}$	$+\frac{c}{b}\cdot\frac{b}{a} = \frac{c}{a}$
Ergebnis	$+1$	0	$1 - \frac{c}{b}$	$1 + \frac{c}{a}$.

Bestimmung der Drehmomente und Arbeitsleistungen.

Der Antrieb erfolgt durch Welle w_1. Die Kraft greift an dem Umlaufarm A an und der Widerstand am Rade d (Fig. 92 und 96).

In bezug auf die Drehpunkte M und M_1 muß Gleichgewichtszustand herrschen (Fig. 96):

$$K(a+b) + P_1 a - Pd = 0 \text{ (bezogen auf } M\text{)}$$

und

$$Pc - P_1 b = 0 \text{ (bezogen auf } M_1\text{)}.$$

Daraus $K(a+b) = Pd - P_1 a.$

$$P_1 = P\frac{c}{b}.$$

$$K(a+b) = Pd - P\frac{ac}{b}.$$

$$\frac{K(a+b)}{Pd} = 1 - \frac{ac}{bd}$$

$$= \frac{\text{Eingeleitetes Moment}}{\text{Abgeleitetes Moment}} = i.$$

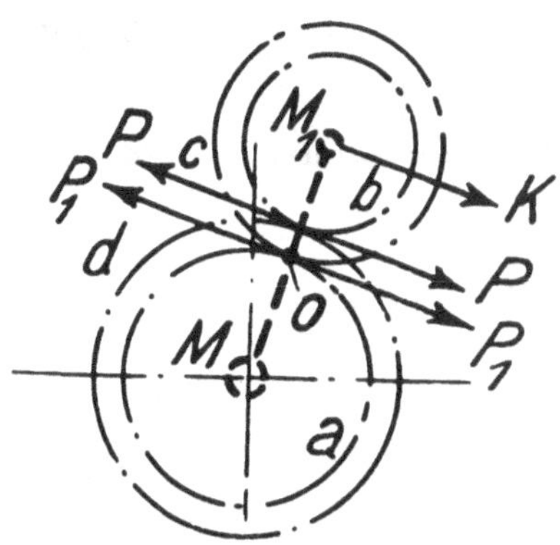

Fig. 96.

Die an das Rad d bzw. Welle w_3 abgegebene Leistung setzt sich zusammen aus (Fig. 94):

$A_1 = P\,d\,a$ = Arbeitsleistung beim Schwenken des Armes um den $\sphericalangle\, a$ und

$A_2 = P_1\,a\,a = P\,d\,(\alpha - \gamma)$ = Arbeitsleistung beim Zurückdrehen des Rades a — das stillstehen mußte — in die Anfangslage, wobei sich d um $\delta = \alpha - \gamma$ dreht. Demnach

$$A = A_1 - A_2 = P\,d\,\alpha - P\,d\,(\alpha - \gamma) = P\,d\,\gamma.$$

Der Wirkungsgrad η des Getriebes (Fig. 94) wird in erster Linie durch die Größe der Reibungsarbeit beeinflußt. Letztere besteht aus:

$R_1 = \mu\,P_1\,a\,\alpha$ = Reibungsarbeit verursacht beim Abwälzen des Rades b auf a (Dreh. $\sphericalangle\,\alpha$) und

$R_2 = \mu\,P\,d\,\delta = \mu\,P\,d\,(\alpha - \gamma)$ = Reibungsarbeit verursacht durch die Drehung von c und d (Dreh. $\sphericalangle\,\delta = \alpha - \gamma$).

Die gesamte Reibungsarbeit: $R = R_1 + R_2$.

$$R = \mu\,[P_1\,a\,\alpha + P\,d\,(\alpha - \gamma)].$$

$$P_1 = P\,\frac{c}{b}.$$

$$R = \mu\,P\left[\frac{a\,c}{b}\,\alpha + d\,(\alpha - \gamma)\right].$$

$$R = \mu\,P\,d\left[\frac{a\,c}{b\,d}\,\alpha + \alpha - \gamma\right].$$

$$R = \mu\,P\,d\,\gamma\left[\left(\frac{a\,c}{b\,d} + 1\right)\frac{\alpha}{\gamma} - 1\right].$$

$$\frac{\gamma}{\alpha} = 1 - \frac{a}{b}\cdot\frac{c}{d} \text{ und } \frac{\alpha}{\gamma} = \frac{1}{1 - \frac{a\,c}{b\,d}} = \frac{b\,d}{b\,d - a\,c}$$

$$R = \mu\,P\,d\,\gamma\left[\frac{b\,d}{b\,d - a\,c}\cdot\frac{a\,c + b\,d}{b\,d} - 1\right]$$

$$R = 2\,\mu\,P\,d\,\gamma\,\frac{a\,c}{b\,d - a\,c}.$$

Bei Verwendung eines Umlaufgetriebes mit einem innenverzahnten Rad (Fig. 97) sind:

Die Drehmomente: $K\,(d + c) - P_1\,a - P\,d = 0$

und $P\,c - P_1\,b = 0.$

$$P_1 = P\,\frac{c}{b}.$$

$$K\,(d + c) = P\,d + P\,\frac{a\,c}{b}$$

$$\frac{K\,(d + c)}{P\,d} = 1 + \frac{a\,c}{b\,d} = \frac{\text{eingeleitetes}}{\text{abgeleitetes}}\text{ Moment.}$$

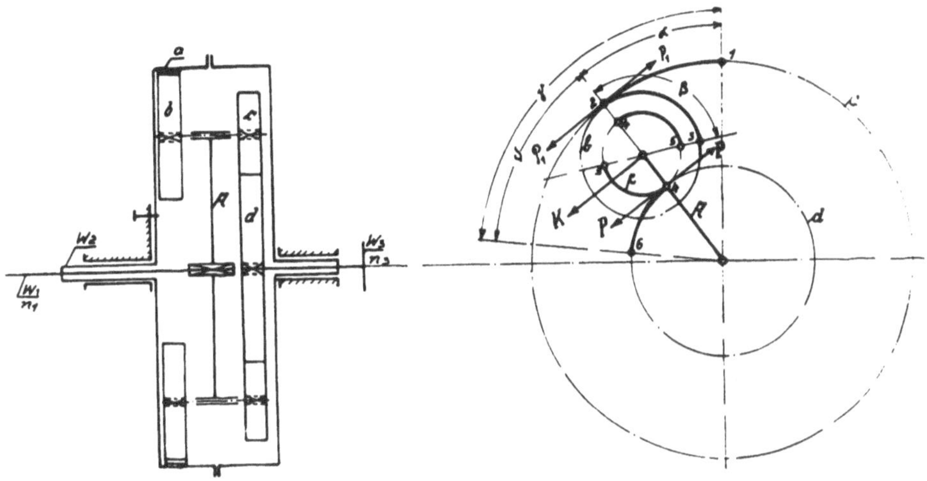

Fig. 97.

Die Arbeitsleistungen: $A = A_1 + A_2$.

$$A_1 = P\,d\,\alpha;\; A_2 = P_1\,b\,\beta = P\,d\,(\gamma - \alpha).$$
$$A = P\,d\,\alpha + P\,d\,(\gamma - \alpha) = P\,d\,\gamma.$$

Die Reibungsarbeit: $R = R_1 + R_2$.

$$R_1 = \mu\,P_1\,a\,\alpha = \mu\,P\,\frac{a\,c}{b}\cdot\alpha$$

$$R_2 = \mu\,P\,d\,(\gamma - \alpha)$$

$$R = \mu\,P\left[\frac{a\,c}{b}\,\alpha + d\,(\gamma - \alpha)\right]$$

$$R = \mu\,P\,d\left[\frac{a\,c}{b\,d}\,\alpha + \gamma - \alpha\right]$$

$$R = \mu\,P\,d\,\gamma\left[\frac{a\,c}{b\,d}\cdot\frac{\alpha}{\gamma} + 1 - \frac{\alpha}{\gamma}\right]$$

Aus $a\,\alpha = b\,\beta$; $\beta = \frac{a}{b}\cdot\alpha$ und $d\,\gamma = d\,\alpha + c\,\beta$ erhält man:

$$d\,\gamma = d\,\alpha + \frac{c\,a}{b}\,\alpha$$

$$\gamma = \alpha + \frac{c\,a}{b\,d}\,\alpha = \left(1 + \frac{a\,c}{b\,d}\right)\alpha$$

$$\frac{\gamma}{\alpha} = 1 + \frac{a\,c}{b\,d} \text{ und } \frac{\alpha}{\gamma} = \frac{b\,d}{b\,d + a\,c}.$$

Dieser Wert oben eingesetzt:

$$R = \mu P d \gamma \left[\frac{b d}{b d + a c} \cdot \frac{a c - b d}{b d} + 1 \right].$$

$$R = 2 \mu P d \gamma \frac{a c}{a c + b d}.$$

II. Kegelräder-Umlaufgetriebe (Differentialgetriebe).

Sie haben eine vielseitige Verwendung im Werkzeugmaschinenbau bei Automaten, Zahnräder-Abwälzfräsmaschinen usw. gefunden.

Die Berechnung der Übersetzung (Fig. 98)

w_1 oder A treibt; w_2 steht still; w_3 oder c wird getrieben.

$$i = \frac{n_3}{n_1} = \frac{\omega_C}{\omega_A} \text{ (Fig. 99).}$$

$$1. \quad \omega_A \cdot c = \omega_0 b. \quad (\text{Bogen } \overset{\frown}{1\,2}).$$

$$2. \quad \omega_C \cdot c = \omega_0 2 b. \quad (\text{Bogen } \overset{\frown}{\text{I II}}).$$

$$\frac{\omega_C}{\omega_A} = 2.$$

Damit: $n_3 = 2 n_1$. Wird der Arm A getrieben: $i = \frac{\omega_A}{\omega_C} = \frac{1}{2} = \frac{n_1}{n_3}$.

Treiben zwei Wellen gemeinsam — w_1 und w_2 mit n_1 und n_2 U/Min. —, ist n_3 nach Swamp leicht zu ermitteln.

	w_1 oder A	w_2 oder a	b	w_3 oder c
1. Teilbew.	$+ n_1$	$+ n_1$	$+ n_1$	$+ n_1$
2. Teilbew.	0	$- n_1$	$+ n_1 \frac{a}{b}$	$+ n_1 \frac{a}{c}$
Zusatzbew.		$+ n_2$	$- n_2 \frac{a}{b}$	$- n_2 \frac{a}{c}$
Ergebnis	$+ n_1$	$+ n_2$		$n_1 \left(1 + \frac{a}{c}\right) - n_2 \frac{a}{c} = 2 n_1 - n_2$

Damit $n_3 = 2 n_1 - n_2$ bei gleichem Drehsinn der treibenden Wellen.

n_3 ist positiv (rechts drehend), wenn $n_1 > \frac{n_2}{2}$ ist; $n_3 = 0$, wenn $n_1 = \frac{n_2}{2}$.

$n_3 = 2 n_1 + n_2$ bei ungleichem Drehsinn der treibenden Wellen.

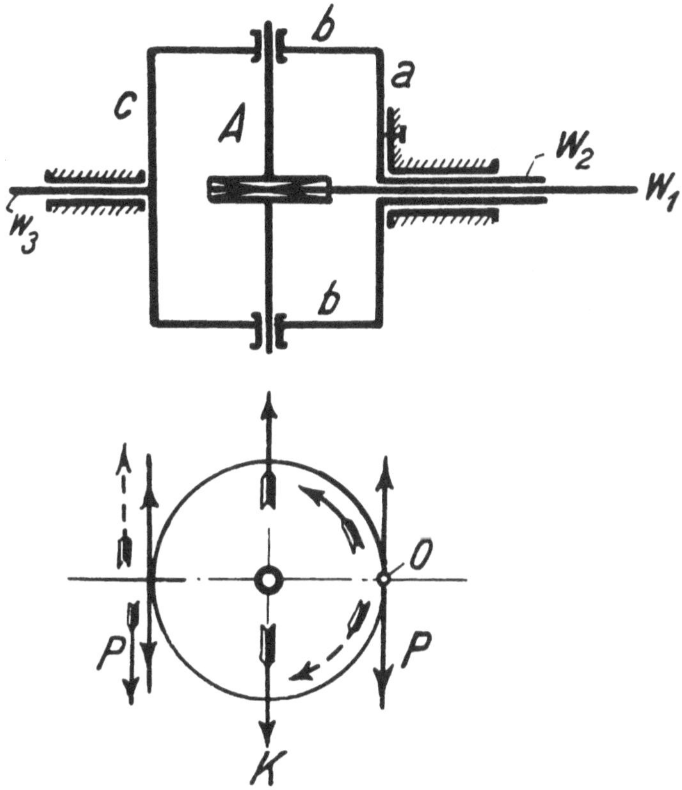

Fig. 98.

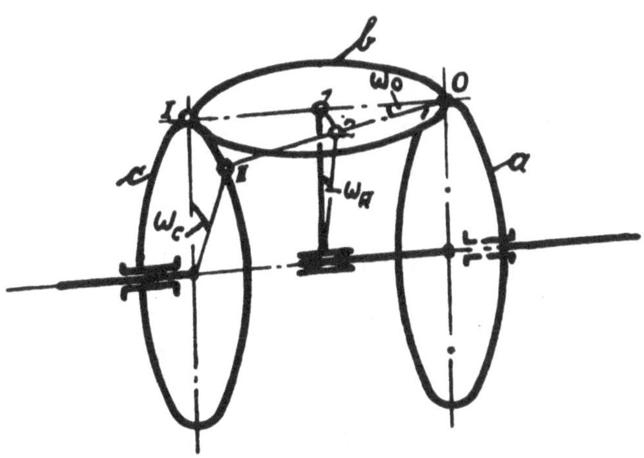

Erläuterungsskizze.

Fig. 99.

Die Drehmomente:

$$K = 2\,P;\; P = \frac{K}{2} \text{ (Fig. 98)}$$

$$\begin{aligned} K\,c &= \text{eingeleitetes Moment}; \\ P\,c &= \text{abgeleitetes} \quad \text{,,} \quad ; \end{aligned} \quad \frac{Kc}{Pc} = \frac{2\,Pc}{Pc} = 2.$$

Bei gemeinsamem Antrieb durch w_1 und w_2:

$$M_1\,n_1 + M_2\,n_2 = M_3\,n_3$$

$$M_3 = \frac{M_1\,n_1 + M_2\,n_2}{n_3} = \frac{M_1\,n_1 + M_2\,n_2}{2\,n_1 - n_2}$$

und $M_1\,n_1 - M_2\,n_2 = M_3\,n_3$

$$M_3 = \frac{M_1\,n_1 - M_2\,n_2}{n_3} = \frac{M_1\,n_1 - M_2\,n_2}{2\,n_1 + n_2}.$$

In ersterem Falle bei gleichem, in letzterem bei ungleichem Drehsinn.

Beispiele

1. Die Stufenscheibe läuft mit 240 U/Min. rechts herum. Welle w_3 soll 10 Umdrehungen ebenfalls rechts herum machen. Übersetzungen und Zähnezahlen im Umlaufgetriebe?

Wie Fig. 100 zeigt, kommt Fall 1. in Frage.

$$i = \frac{n_3}{n_1} = 1 - \frac{a}{b} \cdot \frac{c}{d} = \frac{10}{240} = \frac{1}{24} = \frac{24 - 23}{24}.$$

$$\frac{a}{b} \cdot \frac{c}{d} = \frac{23}{24} = \frac{23 \cdot 25}{25 \cdot 24}.$$

$a = 23$ Zähne;
$b = 25$ Zähne; $a + b = c + d$ ist hier nicht
$c = 25$ Zähne; erfüllt. Differenz: 1 Zahn.
$d = 24$ Zähne.

Soll die Welle w_3 links herum laufen, änderten sich die Zähnezahlen:

$$1 - \frac{a}{b} \cdot \frac{c}{d} = -\frac{1}{20} \cdot = \frac{20 - 21}{20}.$$

$$\frac{a}{b} \cdot \frac{c}{d} = \frac{21}{20} = \frac{21 \cdot 25}{25 \cdot 20}.$$

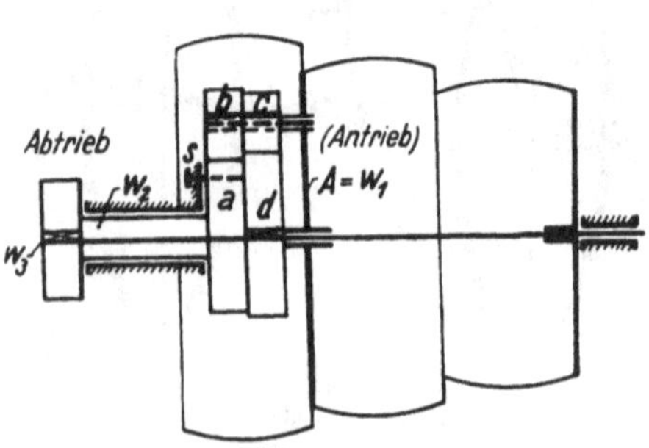

Fig. 100.

2.

Fig. 101: Der Schaltantrieb einer Zylinder-Ausbohrmaschine (schematisch).

Die Spindeln verschieben den Bohrkopf um den Vorschub z. B. = 0,5 mm axial bei einer Umdrehung der Antriebswelle w_1. w_2 hilft treiben von r_1 aus über einRädervorgelege. b wird getrieben und muß sich $\frac{1}{20}$ mal drehen, wenn es einen Vorschub von 0,5 mm bei einer Spindelsteigung von 10 mm erzeugen will. (Fall 5.)

Also:
$$n_1 = 1$$
$$n_3 = n_b = \frac{1}{20}$$
$$n_2 = ?\ \text{oder}\ \frac{r_1}{r_2} \cdot \frac{r_3}{r_4} = ?$$

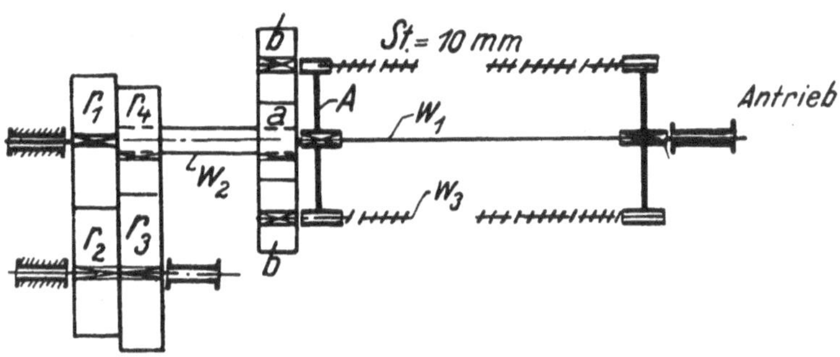

Fig. 101.

Nach Swamp

	w_1 oder A	w_2 oder a	w_3 oder b
1. Teilbew.	$+n_1$	$+n_1$	$+n_1$
2. Teilbew.	0	$-n_1$	$+n_1\frac{a}{b}$
Zusatzbew.		$+n_2$	$-n_2\frac{a}{b}$
Ergebnis	$+n_1$	$+n_2$	$+n_1\left(1+\frac{a}{b}\right)-n_2\frac{a}{b}$.

$$n_3 = n_b = n_1\left(1+\frac{a}{b}\right) - n_2\frac{a}{b} = \frac{1}{20}$$

$a = b = 19$ Zähne gewählt.

$n_b = 2\,n_1 - n_2;\; n_1 = 1.$

$$n_b = 2 - n_2 = \frac{1}{20}.$$

$$n_2 = 2 - \frac{1}{20} = \frac{39}{20}.$$

Im Rädervorgelege $\frac{r_1}{r_2}\cdot\frac{r_3}{r_4}$ muß eine Übersetzung von $\frac{39}{20}$ stecken.

$$\frac{r_1}{r_2}\cdot\frac{r_3}{r_4} = \frac{30}{30}\cdot\frac{39}{20}.$$

3.

w_1 und w_2 treiben in gleicher Richtung: $n_1 = 12$ und $n_2 = 141$; $n_3 = 100$ U/Min. der getriebenen Welle w_3. Wie groß sind die Räder eines Stirnräder-Umlaufgetriebes? (Fall 5.)

$$n_3 = n_1\left(1 - \frac{a}{b}\cdot\frac{c}{d}\right) + n_2\frac{a}{b}\cdot\frac{c}{d}.$$

$$n_3 = n_1 + \frac{a}{b}\cdot\frac{c}{d}\,(n_2 - n_1)$$

$$\frac{n_3 - n_1}{n_2 - n_1} = \frac{a}{b}\cdot\frac{c}{d} = \frac{100-12}{141-12} = \frac{88}{129} = \frac{880}{1290}$$

$$\frac{a}{b}\cdot\frac{c}{d} = \frac{40\cdot 22}{28\cdot 46} = \frac{880}{1288}.$$

$$\left.\begin{array}{ll} a = 40 \text{ Zähne}; & c = 22 \text{ Zähne}; \\ b = 28 \text{ Zähne}; & d = 46 \text{ Zähne}; \end{array}\right\}\; a + b = c + d = 68.$$

4.

Fig. 102: Umlaufgetriebe mit 3 Kraftstufen als Reduktionsgetriebe in Verbindung mit rasch laufendem Motor.

Nach Fig. 95 ist $i = 1 + \frac{c}{a}$, wenn A treibt. Wird, wie in diesem Falle, A getrieben, dann $i = \frac{1}{1+\frac{c}{a}} = \frac{a}{a+c}$.

1. Kraftstufe: i_1 sei $= \frac{1}{4}$.

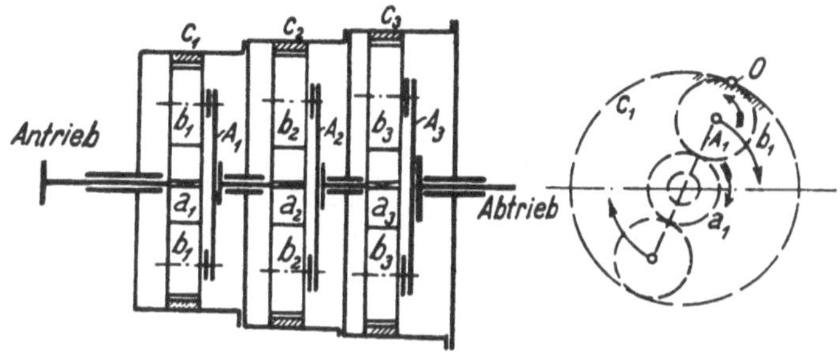

Fig. 102.

$$\frac{a_1}{a_1 + c_1} = \frac{1}{4}$$

$$a_1 = \frac{1}{4}(a_1 + c_1);\; c_1 = 2\,b_1 + a_1.$$

$$a_1 = \frac{1}{2}(a_1 + b_1)$$

$$a_1 = b_1.$$

$a_1 = b_1 = 32$ Zähne;
$c_1 = 2\,b_1 + a_1 = 96$ Zähne.

2. Kraftstufe: i_2 sei $= \frac{1}{5}$

Dann wird $a_2 = 28$ Zähne;
$b_2 = 42$ Zähne;
$c_2 = 112$ Zähne;

3. Kraftstufe: i_3 sei $= \frac{1}{6{,}25}$

Dann wird $a_3 = 24$ Zähne;
$b_3 = 51$ Zähne;
$c_3 = 126$ Zähne;

Gesamtübersetzung: $i = i_1 \cdot i_2 \cdot i_3 = \frac{1}{125}$.

5. (Fig. 103).

	w_2 oder a	w_3 oder c	b	w_1 oder A
1. Teilb.	$+\frac{1}{60} = \frac{61}{3660}$	$+\frac{61}{3660}$	$+\frac{61}{3660}$	$+\frac{61}{3660}$
2. Teilb.	0	$-\frac{61}{3660}$	$+\frac{61}{3660}$	$-\frac{61}{2 \cdot 3660}$
Zusatz-beweg.		$-\frac{1}{61} = \frac{60}{3660}$	$+\frac{60}{3660}$	$-\frac{60}{2 \cdot 3660}$
Ergebnis	$+\frac{1}{60}$	$-\frac{1}{61}$		$\frac{122 - 121}{7320} = +\frac{1}{7320}$

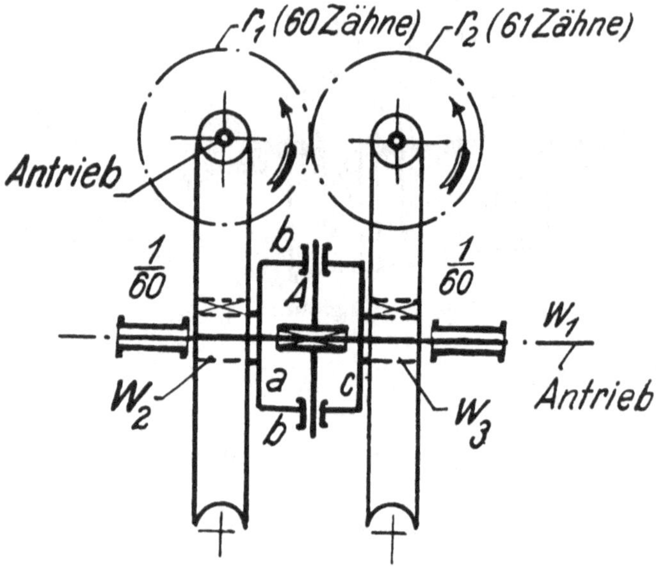

Fig. 103.

Man hätte auch aus: $n_3 = 2\,n_1 + n_2$

$$n_1 = \frac{n_3 - n_2}{2} = \frac{61 - 60}{3660 \cdot 2} = \frac{1}{7320}$$

bestimmen können.

Zu 5: Zwei Schneckentriebe — beide rechts- oder linksgängig — mit der Übersetzung $\frac{1}{60}$ werden von r_1 aus getrieben. Die Schneckenräder sind auf den Naben von a und c befestigt und treiben diese in entgegengesetzter Richtung, r_1 und r_2 — gegenläufigtreibend — haben 60 und 61 Zähne. Wenn sich das Schneckenrad links $\frac{1}{60}$ mal dreht, dreht sich das Schneckenrad rechts $\frac{r_1}{r_2} \cdot \frac{1}{60} = \frac{60}{61} \cdot \frac{1}{60} = \frac{1}{61}$ mal in entgegengesetzter Richtung. Welle w_1 wird getrieben (Fall 7).

E. Der elektromotorische Antrieb.

Man bezeichnet ihn als Einzelantrieb gegenüber den Stufen- und Einscheiben, die über Vorgelege von einem gemeinsamen Gruppenstrang getrieben werden.

Der Motor kann ein Gleich- oder Drehstrommotor mit konstanter Drehzahl sein. Zwischen ihm und dem Getriebe der Maschine wird als Übertragungsorgan ein kurzer Riemen mit Spannrolle oder ein Rädertrieb eingeschaltet. Eine Vereinfachung des Maschinengetriebes ist mit diesem Antrieb nicht verbunden.

Der Vorzug des Einzelantriebes beruht in der Unabhängigkeit der Maschine von dem Gruppenstrang oder mit anderen Worten in der Beweglichkeit der Maschine und in der Verbesserung des Gesamtwirkungsgrades. Der Kraftweg erfährt eine wesentliche Verkürzung. (Fig. 104 u. 105.)

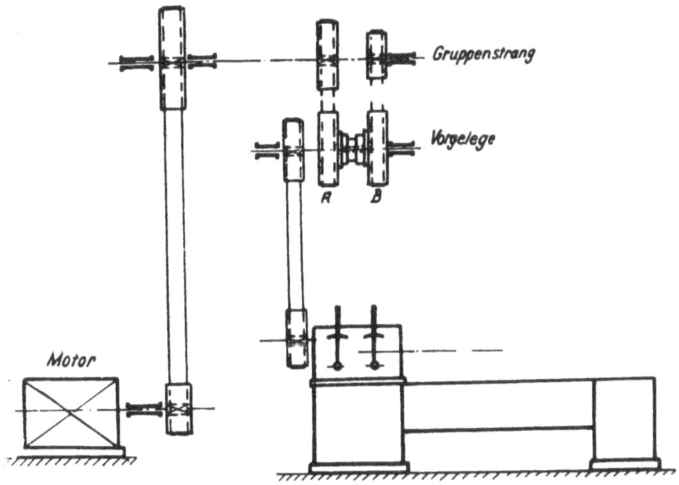

Fig. 104.

Als weiteres Organ für den Einzelantrieb kommt der polumschaltbare Drehstrom-Asynchronmotor in Frage. In seiner einfachsten Ausführung hat er zwei im Verhältnis 1 : 2 einstellbare Drehzahlen. Er ersetzt damit gleichsam ein Deckenvorgelege mit doppeltem Geschwindigkeitswechsel. Hierdurch wird bei gleichem Z (Z = Gesamt-Drehzahlstufen) eine Vereinfachung des Maschinengetriebes gegenüber dem eindrehzahligen Motor erreicht.

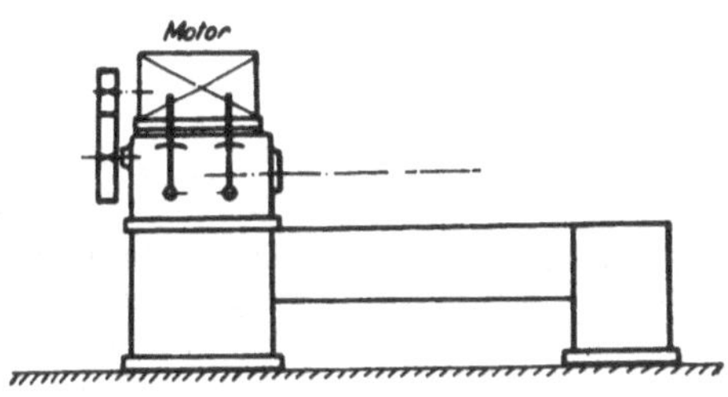

Fig. 105.

Seine Drehzahlen hängen von der Polpaarzahl ab:

$$n = \frac{50 \cdot 60}{\mathfrak{p}}; \; 50 = \text{Periodenzahl/Sek.}$$

$$\mathfrak{p} = \text{Polpaarzahl.}$$

$$\text{z. B. bei } p = 3 - 6 \text{ Polen} - n = \frac{3000}{3} = 1000 \text{ U/Min.},$$

$$\text{bei } p = 6 - 12 \text{ Polen} - n = \frac{3000}{6} = 500 \text{ U/Min.}$$

Man hat je nach der Polzahl 500 und 1000; 750 und 1500; 1500 und 3000 U/Min. bei diesen Motoren. Infolge des Schlupfes ist die wirkliche Drehzahl immer etwas kleiner. Die Leistung ist bei beiden Drehzahlen dieselbe.

Die Motore können für Rechts- oder Linkslauf oder auch für beide Drehrichtungen oder auch die kleinere für Rechts- (Arbeitsgang), die größere für Linkslauf (Rückgang) ausgeführt werden.

Die Maschinen, die von polumschaltbaren Motoren getrieben werden, können mit ununterbrochener, nach φ durchgestufter Drehzahlreihe laufen. φ ist hier allerdings nicht eine beliebige Größe, sondern eine Wurzel aus 2.

a) Die Größe φ:

Es bezeichnen n_{01} und n_{02} die Drehzahlen des Motors.

$$n_{02} = 2\, n_{01}$$

$$p = \text{Drehzahlgruppen der Maschine.}$$

Bei vier verschiedenen Maschinendrehzahlen ergibt sich:

Grundreihe mit n_{01}	Verdoppelungsreihe mit n_{02}	Gruppenzahl p
n_1 n_2	$n_3 = 2\, n_1$ $n_4 = 2\, n_2 = n_1\, \varphi^3$	1

$$n_1\, \varphi^3 = 2\, n_2 = 2\, n_1\, \varphi$$

$$\varphi^2 = \frac{2\, n_1}{n_1} = 2$$

$$\varphi = \sqrt{2} = 1{,}41$$

Bei sechs verschiedenen Maschinendrehzahlen:

Grundreihe mit n_{01}	Verdoppelungsreihe mit n_{02}	Gruppenzahl p
n_1 n_2 n_3	$n_4 = 2\, n_1$ $n_5 = 2\, n_2$ $n_6 = 2\, n_3 = n_1\, \varphi^5$	1

$$n_1\, \varphi^5 = 2\, n_3 = 2\, n_1\, \varphi^2$$

$$\varphi^3 = \frac{2\, n_1}{n_1} = 2$$

$$\varphi = \sqrt[3]{2} = 1{,}26.$$

φ ist also tatsächlich eine Wurzel aus 2. Bei 8, 10 und 12 verschiedenen Maschinendrehzahlen würde $\varphi = \sqrt[4]{2}$, $\sqrt[5]{2}$ und $\sqrt[6]{2}$ sein $=$ 1,19, 1,15 und 1,123. $\varphi = \sqrt[7]{2} = 1{,}105$ berührt bereits die Schlupfgrenze des Motors.

Der Wurzelexponent gibt die Anzahl der Drehzahlen in der Grundreihe bei $p = 1$ an.

$Z_{min.}$ der Maschine ist immer $=$ 2. Wurzelexponent. Man kann nun die Maschinendrehzahlreihe beliebig verlängern, wobei $p = 2, 3, 4$ usw. werden müßte.

Z. B. für $\varphi = \sqrt[3]{2}$

Grundreihen	Verdoppelungsreihen	Gruppenzahl p
n_1	$n_4 = 2\,n_1$	
n_2	$n_5 = 2\,n_2$	1
n_3	$n_6 = 2\,n_3$	
n_7	$n_{10} = 2\,n_7$	
n_8	$n_{11} = 2\,n_8$	2
n_9	$n_{12} = 2\,n_9$	

Daraus: $Z = Z_{min.} \cdot p$.

$\varphi =$	$\sqrt[2]{2}$	$\sqrt[3]{2}$	$\sqrt[4]{2}$	$\sqrt[5]{2}$	$\sqrt[6]{2}$
$Z_{min.} =$	$2 \cdot 2 = 4$	$2 \cdot 3 = 6$	8	10	12
$Z_{max.} =$	$4 \cdot p$	$6\,p$	$8\,p$	10 p	$12\,p$

Die Grundreihe der Gruppe 2 z. B. n_7 muß sein:

$$n_7 = n_1\,\varphi_6 = n_1\,\varphi^3 \cdot \varphi^3 = n_4\,\sqrt[3]{2}^{\,3} = 2\,n_4.$$
$$n_8 = 2\,n_5.$$
$$n_9 = 2\,n_6.$$

b) Der Regelbereich R der Maschine:

$$R = \frac{n_{max.}}{n_{min.}} = \frac{n_z}{n_1} = \frac{n_1\,\varphi^{z-}}{n_1} = \varphi^{z-1}.\ \text{(Allgemein gültig.)}$$

Bei $\varphi = \sqrt{2}$: $R = (\sqrt[2]{2})^{z-1}$;
Bei $\varphi = \sqrt[3]{2}$: $R = (\sqrt[3]{2})^{z-1}$ usw.

Man kann den Regelbereich auch noch einfacher ausdrücken: s. Tabelle.

$\varphi =$	$\sqrt[2]{2} = 1{,}41$	$\sqrt[3]{2} = 1{,}26$	$\sqrt[4]{2} = 1{,}19$	$\sqrt[5]{2} = 1{,}15$	$\sqrt[6]{2} = 1{,}123$	Gruppenzahl p
$Z_{min.} =$ $R =$	4 $2\,\varphi = 2{,}82$	6 $2\,\varphi^2 = 3{,}18$	8 $2\,\varphi^3 = 3{,}38$	10 $2\,\varphi^4 = 3{,}48$	12 $2\,\varphi^5 = 3{,}58$	1
$Z =$ $R =$	8 $8\,\varphi = 11{,}28$	12 $8\varphi^2 = 12{,}72$	16 $8\varphi^3 = 13{,}52$	20 $8\varphi^4 = 13{,}92$	24 $8\,\varphi^5 = 14{,}32$	2
$Z =$ $R =$	12 $32\varphi = 45{,}12$	18 $32\varphi^2 = 50{,}88$	24 $32\varphi^3 = \sim 54$	30 $32\varphi^4 = 55{,}68$	36 $32\varphi^5 = 57{,}28$	3

Wie die Tabelle zeigt, läuft z. B. bei $\varphi = \sqrt[4]{2}$ und $p = 2$ die Maschine mit 16 verschiedenen Drehzahlen: $Z = Z_{min.}\, p = 8 \cdot 2$.

Der Regelbereich wird dann:

Grundreihen	Verdoppelungsreihen	Gruppenzahl
n_1 n_2 n_3 n_4	$n_5 = 2\,n_1$ ⋮ $n_8 = 2\,n_4$	1
$n_9 = 2\,n_5$ ⋮ $n_{12} = 2\,n_8$	$n_{13} = 2\,n_9$ ⋮ $n_{16} = 2\,n_{12}$	2

$$R = \frac{n_{16}}{n_1};\; n_{16} = 2\,n_{12} = 4 \cdot n_8 = 8\,n_4 = 8\,n_1\,\varphi^3$$

$$R = \frac{8 \cdot n_1\,\varphi^3}{n_1} = 8\,\varphi^3 = 13{,}52 \cdot \text{oder auch}$$

$$R = \varphi^{z-1} = (\sqrt[4]{2})^{z-1} = 1{,}19^{15} = 13{,}52.$$

Beispiel: Eine Arbeitsmaschine soll mit

$n_1 = 6$ U/Min. und
$n_{max.} = n_z = 300$ U/Min. arbeiten.
$R = 50$, Motor polumschaltbar: 500/1000.
$N_0 = 10$ PS. an der Motorwelle.

Soll der Regelbereich der Maschine nach Möglichkeit eingehalten werden, muß nach der Tabelle $\varphi = \sqrt[3]{2}$ gewählt werden mit $Z = 18$; $R = 50{,}88$.

Die Drehzahlreihe der Maschine:

Grundreihen mit $n_{01} = 500$	Verdoppelungsreihen mit $n_{02} = 1000$ U/Min.	$p =$
$n_1 =$ 6	12	
7,56	15,12	1
9,5	19	
24	48	
30,24	60,5	2
38	76	
96	192	
121	242	3
152	$n_{18} = 304$	

Die Räderübersetzungen und das Rädergetriebe:

Es ist ein Getriebe mit neun verschiedenen Drehzahlen erforderlich (Fig. 106).

Aus der Drehzahlreihe kann man ohne weiteres die Größe der Räderübersetzungen ableiten:

$$n_1 = n_{01} \frac{r_1}{r_2} \cdot \frac{r_3}{r_4} \cdot \frac{r_9}{r_{10}} \cdot \frac{r_{13}}{r_{14}} = 6 \text{ U/Min.}$$

$$n_2 = n_{01} \frac{r_1}{r_2} \cdot \frac{r_5}{r_6} \cdot \frac{r_9}{r_{10}} \cdot \frac{r_{13}}{r_{14}},$$

$$n_3 = n_{01} \frac{r_1}{r_2} \cdot \frac{r_7}{r_8} \cdot \frac{r_9}{r_{10}} \cdot \frac{r_{13}}{r_{14}}.$$

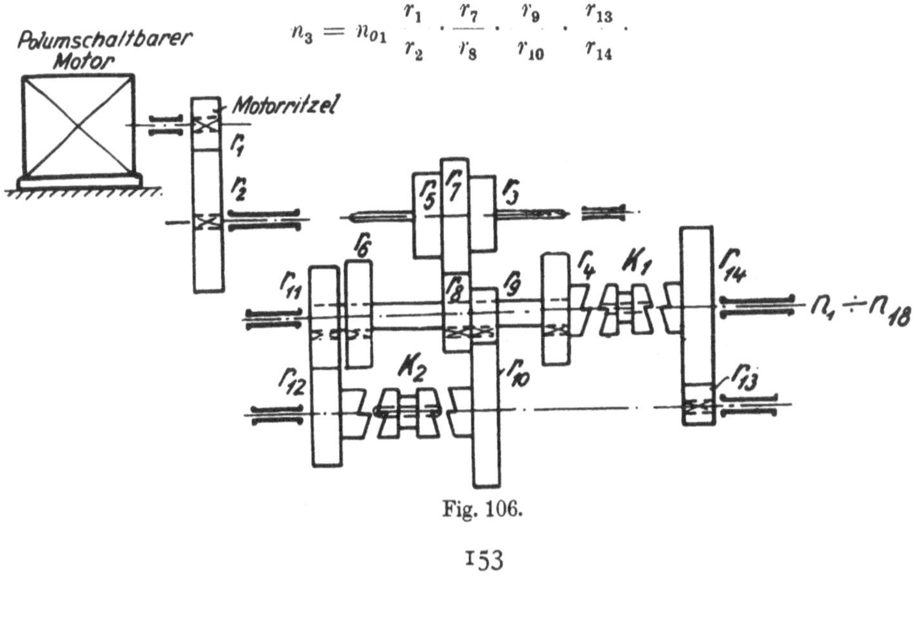

Fig. 106.

$$n_4 = n_{01}\frac{r_1}{r_2}\cdot\frac{r_3}{r_4}\cdot\frac{r_{11}}{r_{12}}\cdot\frac{r_{13}}{r_{14}} = 24 \text{ U/Min.}$$

$$n_5 = n_{01}\frac{r_1}{r_2}\cdot\frac{r_5}{r_6}\cdot\frac{r_{11}}{r_{12}}\cdot\frac{r_{13}}{r_{14}},$$

$$n_6 = n_{01}\frac{r_1}{r_2}\cdot\frac{r_7}{r_8}\cdot\frac{r_{11}}{r_{12}}\cdot\frac{r_{13}}{r_{14}}.$$

$$n_7 = n_{01}\frac{r_1}{r_2}\cdot\frac{r_3}{r_4} = 96 \text{ U/Min.}$$

$$n_8 = n_{01}\frac{r_1}{r_2}\cdot\frac{r_5}{r_6},$$

$$n_9 = n_{01}\frac{r_1}{r_2}\cdot\frac{r_7}{r_8} = 152 \text{ U/Min.}$$

---

1. $\frac{r_9}{r_{10}}\cdot\frac{r_{13}}{r_{14}} = \frac{n_1}{n_7} = \frac{6}{96} = \frac{1}{16} = \frac{1}{4}\cdot\frac{1}{4}.$

2. $\frac{r_{11}}{r_{12}}\cdot\frac{r_{13}}{r_{14}} = \frac{n_4}{n_7} = \frac{24}{96} = \frac{1}{4} = \frac{1}{1}\cdot\frac{1}{4}.$

3. $\frac{r_1}{r_2}\cdot\frac{r_3}{r_4} = \frac{n_7}{n_{01}} = \frac{96}{500} = \frac{1}{5,2} = \frac{1}{4}\cdot\frac{1}{1,3}.$

$$\frac{r_1}{r_2}\cdot\frac{r_5}{r_6} = \frac{1}{5,2}\cdot\varphi = \frac{1,26}{5,2} = \frac{1}{4,12} = \frac{1}{4}\cdot\frac{1}{1,03}.$$

$$\frac{r_1}{r_2}\cdot\frac{r_7}{r_8} = \frac{1}{5,2}\,\varphi^2 = \frac{1,59}{5,2} = \frac{1}{3,28} = \frac{1}{4}\cdot\frac{1,22}{1}.$$

Drehmomente und Leistungen an der Hauptspindel:

$$\text{Ankerdrehmomente: } M_{01} = \frac{71620\,N_0}{n_{01}} = \frac{71620\cdot 10}{500} = 1432 \text{ cm/kg;}$$

$$M_{02} = \frac{71620\,N_0}{n_{02}} = \frac{71620\cdot 10}{1000} = 716 \text{ cm/kg.}$$

In den Grundreihen ist das größte und kleinste Drehmoment an der Hauptspindel: $M_{max.}$ bei n_1 und $M_{min.}$ bei n_9.

$$M_{max.} = \frac{\eta}{i_1}\cdot M_{01} = 0,73\cdot 83,2\cdot 1432 = 86974 \text{ cm/kg.}$$

$$M_{min.} = \frac{\eta'}{i_9}\cdot M_{01} = 0,82\cdot 3,28\cdot 1432 = 3852 \text{ cm/kg.}$$

η für die 1. und 2. Grundreihe $= \eta_2^4\cdot\eta_3^4\cdot\eta_4 = 0,97^4\cdot 0,96^4\cdot 0,99 = 0,74.$
η' für die 3. Grundreihe $= \eta_2^3\cdot\eta_3^2\cdot\eta_4^2 = 0,97^3\cdot 0,96^2\cdot 0,99^2 = 0,82.$

$$i_1 = \frac{r_1}{r_2} \cdot \frac{r_3}{r_4} \cdot \frac{r_9}{r_{10}} \cdot \frac{r_{13}}{r_{14}} = \frac{1}{16} \cdot \frac{1}{5,2} = \frac{1}{83,2}.$$

$$i_9 = \frac{r_1}{r_2} \cdot \frac{r_7}{r_8} = \frac{1}{3,28}.$$

Die Leistungen sind in den beiden ersten Gruppen jeder Reihe, ob Grund- oder Verdoppelungsreihe, konstant

$$N = \eta\, N_0 = 0,73 \cdot 10 = 7,3 \text{ PS}.$$

In der dritten Gruppe: $N' = \eta'\, N_0 = 0,82 \cdot 10 = 8,2$ PS.

Als drittes Organ für den elektrischen Einzelantrieb einer Arbeitsmaschine findet der Regel- oder Stufenmotor vielfach Verwendung. Er ist ein Gleichstrom-Nebenschlußmotor und bietet folgende Vorzüge:

1. Innerhalb seines Regelbereiches, der aus wirtschaftlichen Gründen meistens nicht größer als 1 : 3, allenfalls 1 : 4 ausgeführt wird, können beliebig viele Drehzahlstufen eingelegt werden. Sie bestimmen die Anzahl der Kontakte im Nebenschlußregler.

Durch diesen Umstand erreicht man eine starke Vereinfachung des Maschinengetriebes und man kann ferner selbst bei recht großem Maschinen-Regelbereich eine feinstufige Drehzahlabstufung erzielen.

2. Seine Drehzahlregelung geht fast verlustlos vor sich. Seine Leistung bleibt also konstant.

Er wird auch als Flanschmotor und als Spindelstockmotor ausgeführt, so daß er gleichsam organisch mit der Maschine verwächst.

Als Umkehrmotor hat er besondere Bedeutung für Maschinen mit geradliniger Arbeitsbewegung.

Es bezeichnen: R_0 den Regelbereich des Motors;
Z_0 die Drehzahlstufen des Motors.

Je größer Z_0, desto feiner die Drehzahl-Abstufung der Maschine, desto kleiner φ.

Motor und Maschine haben dasselbe φ. $\varphi < 1,1$ zu wählen, ist zwecklos, da die Motore meistens mit einem gewissen Schlupf laufen, der bis zu 10 % beträgt.

Ist $R_0 = 3$, $Z_0 = 6$, $n_1' = 350$ U/Min. und $n_6' = 350 \cdot 3 = 1050$, dann wird die Drehzahlreihe des Motors:

$$n'_1 = 350 \text{ U/Min.};$$
$$n'_2 = n'_1\, \varphi$$
$$n'_6 = n'_1\, \varphi^5 = n'_1\, R_0.$$
$$\varphi = \sqrt[5]{R_0} = \sqrt[5]{3} = 1,246.$$

Damit wird:

$$n_1' = 350 \text{ U/Min.};$$
$$n_2' = 350 \sqrt[5]{3} = 436 \text{ U/Min.};$$
$$n_3' = 350 \sqrt[5]{3^2} = 543 \text{ U/Min.};$$
$$n_4' = 350 \sqrt[5]{3^3} = 677 \text{ U/Min.};$$

$$n_5' = 350\,\sqrt[5]{3^4} = 842 \text{ U/Min.};$$
$$n_6' = 350\,\sqrt[5]{3^5} = 350 \cdot 3 = 1050 \text{ U/Min.}$$

Die Regelmotore pflegen meistens einen Regelbereich $R_0 = 3$ zu haben. Die Zahl Z_0 ist ganz beliebig. Sie richtet sich nach den Drehzahlen der Maschine.

Soll eine Arbeitsmaschine mit 24 verschiedenen Drehzahlen arbeiten, so bestehen theoretisch folgende Möglichkeiten:

Maschine Drehzahlstufen $= Z$	Motor Drehzahlstufen $= Z_0$	Motor Drehzahlgruppen $= p$
24	24	1
	12	2
	8	3
	6	4

$Z = Z_0\, p.$ usw.

Die Zahl p wird durch Rechnung gefunden.

$p = 1.$

Motor	350	436	543	677	842	1050	
Maschine z. B.	35	43,6	54,3	67,7	84,2	105	$R = R_0.$
Rädervorgelege			1/10				

$p = 2.$

a) Die Maschine arbeitet mit unterbrochener Drehzahlreihe. Die Unterbrechung findet an den Gruppenübergängen statt.

	1. Gruppe	2. Gruppe	
Motor	350 436 543 ... 1050	350 436 543 ... 1050	$R_0 = 3$
Maschine	35 43,6 54,3 ... 105	105 131 161 ... 315	$R = 9$
Vorgelege	$\frac{1}{10} = \frac{1}{3} \cdot \frac{1}{3{,}34}$	$\frac{1}{3{,}34}$	Fig. 107 s. unten

b) Die Maschine arbeitet mit ununterbrochener Drehzahlreihe.

Motor	350 436 543 ... 1050	350 436 543 ... 1050	$R_0 = 3$
Maschine	35 43,6 54,3 ... 105	105 φ $= 131$ 161 203 ... 393	$R = 11{,}165$
Vorgelege	$\frac{1}{10} = \frac{1}{3{,}9} \cdot \frac{1}{2{,}71}$	$\frac{1}{2{,}71}$	

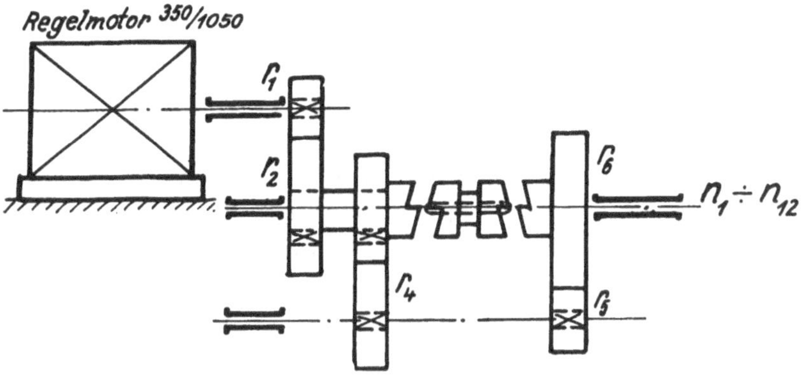

Fig. 107.

Die Ermittelung von p:

Zu a) Die Drehzahlreihe der Maschine:

1. Gruppe : n_1 bis $n_1\,R_0$ (35 bis $35 \cdot 3 = 105$)
2. Gruppe : $n_1\,R_0$ bis $n_1\,R_0^2$ (105 bis $105 \cdot 3 = 315$)
3. Gruppe : $n_1\,R_0^2$ bis $n_1\,R_0^3$.

p. Gruppe : $n_1\,R_0^{p-1}$ bis $n_1\,R_0^p = n_{max.}$

$$n_1\,R_0^p = n_{max.}$$

$$R_0^p = \frac{n_{max.}}{n_1} = \frac{n_{max.}}{n_{min.}} = R$$

$$p \log R_0 = \log R.$$

$$p = \frac{\log R}{\log R_0}.$$

Zu b) Die Drehzahlreihe der Maschine:

1. Gruppe : n_1 bis $n_1\,R_0$. ($35 \div 105$)
2. Gruppe : $n_1\,\varphi\,R_0$ bis $n_1\,\varphi\,R_0^2$ ($105\,\varphi \div 105\,\varphi \cdot 3$)
3. Gruppe : $n_1\,\varphi^2\,R_0^2$ bis $n_1\,\varphi^2\,R_0^3$

p. Gruppe : $n_1\,\varphi^{p-1}\,R_0^{p-1}$ bis $n_1\,\varphi^{p-1}\,R_0^p = n_{max.}$

$$n_1\,\varphi^{p-1}\,R_0^p = n_{max.}$$

$$\varphi^{p-1}\,R_0^p = \frac{n_{max.}}{n_1} = \frac{n_{max.}}{n_{min.}} = R$$

$$(p-1)\log\varphi + p\log R_0 = \log R$$

$$p\log\varphi - \log\varphi + p\log R_0 = \log R$$

$$p\,(\log R_0 + \log\varphi) = \log R + \log\varphi$$

$$p = \frac{\log R + \log\varphi}{\log R_0 + \log\varphi}.$$

p muß stets eine ganze Zahl sein. Ist das nicht der Fall, muß entweder der Regelbereich der Maschine oder der des Motors geändert werden.

Beispiele:

Zu a) Motor : $R_0 = 3$ (400 ÷ 1200 U/Min.)
Maschine : $R = 32$ (10 ÷ 320 U/Min.).

$$p = \frac{\log R}{\log R_0} = \frac{\log 32}{\log 3} = \frac{1{,}5052}{0{,}477} = 3{,}16.$$

p = 3 (gewählt).

1. R_0 geändert: $\log R = \log R_0\, p = 3 \cdot 0{,}477 = 1{,}431.$
$R = 26{,}98 \sim 27.$

2. R geändert: $\log R_0 = \frac{\log R}{p} = \frac{1{,}5052}{3} = 0{,}50173$
$R_0 = 3{,}18.$

Änderung unter 2. gewählt, weil bei $R = 27$ die Enddrehzahl der Maschine um 320 = 270 = 50 U/Min. absinken würde.

Wird nun eine feinstufige Regulierung gewünscht, wählt man danach die Drehzahlstufen der Maschine z. B. $Z = 18$. Dann muß der Motor, da $Z = Z_0\, p$ ist, mit $Z_0 = 6$ verschiedenen Drehzahlen laufen, und es wird

$$\varphi = \sqrt[Z_0 - 1]{R_0} = \sqrt[5]{3{,}18} = 1{,}265.$$

Bei $Z = 24$, wird $Z_0 = 8$ und $\varphi = \sqrt[7]{3{,}18} = 1{,}18.$

Im letzteren Fall ergeben sich als Motordrehzahlen:
400; 472; 556; 656; 774; 913; 1077 und 1272 U/Min.

Motor	400 1272	400 1272	400 ÷ 1272
Maschine	10 31,8	31,8 100	100 . . . . 318.
Vorgelege	$\frac{1}{40} = \frac{1}{12{,}72} \cdot \frac{1}{3{,}15}$	$\frac{1}{12{,}72} = \frac{1}{4} \cdot \frac{1}{3{,}18}$	$\frac{1}{4}$

Es sind drei verschiedene Rädervorgelege nötig:

$$\frac{1}{4};\ \frac{1}{3{,}18} \text{ und } \frac{1}{3{,}15}.$$

Die beiden letzteren werden wegen des geringen Unterschiedes gleich gemacht und in $\frac{1}{3{,}25}$ abgeändert. Dann wird die Übersetzung in der

$$\text{2. Gruppe: } \frac{1}{4} \cdot \frac{1}{3{,}25} = \frac{1}{13} \text{ und}$$

die Übersetzung in der 1. Gruppe:

$$\frac{1}{13} \cdot \frac{1}{3{,}25} = \frac{1}{42{,}25}.$$

Damit ändern sich die Drehzahlen der Maschinen:

in Gruppe 1 in : 9,5 bis 9,5 · 3,18 = 30,2,
in Gruppe 2 in : 30,8 bis 98.

Zu b) Motor: $R_0 = 3$ (400 bis 1200)
Maschine: $R = 40$ (15 ÷ 600) } $\varphi = 1{,}2$ · gewählt.

$$p = \frac{\log \cdot R + \log \varphi}{\log R_0 + \log \varphi} = \frac{1{,}602 + 0{,}0792}{0{,}477 + 0{,}0792} = 3{,}02.$$

$$p = 3.$$

$$\varphi = \sqrt[Z_0 -]{R_0} = 1{,}2$$

$$\frac{1}{Z_0 - 1} \log R_0 = \log 1{,}2$$

$$Z_0 = \frac{\log R_0}{\log \varphi} + 1 = \frac{0{,}477}{0{,}0792} + 1 = 6{,}02 + 1 = 7{,}02$$

$$Z = 7.$$

Die Maschine muß mit $Z = Z_0\, p = 7 \cdot 3 = 21$ verschiedenen Umläufen arbeiten. $\varphi = \sqrt[20]{R} = \sqrt[20]{40} = \sim 1{,}2$.

Die weitere Durchführung der Aufgabe dürfte keine Schwierigkeiten machen.

Bezüglich Fig. 107 sei noch bemerkt:

$$\frac{r_1}{r_2} = \frac{1}{3{,}34}; \quad \frac{r_3}{r_4} = \frac{1}{1}; \quad \frac{r_5}{r_6} = \frac{1}{3}.$$

Zweiter Teil.

Getriebe mit stufenloser Drehzahl-Regelung.

a) Reibrädergetriebe.

Sie bieten die Möglichkeit, durch Verschiebung der Antriebsscheibe *A* (Fig. 108) eine ununterbrochene Drehzahlreihe innerhalb bestimmter Grenzen, $n_{min.}$ und $n_{max.}$, und außerdem eine Änderung der Drehrichtung — *A* über *m* — *m* hinaus verschoben — zu erreichen. Diesen Vorzügen steht aber die Unsicherheit der Kraftübertragung gegenüber, weswegen sie meistens nur in Verbindung mit starken Räderübersetzungen als Antriebsgetriebe mit veränderlichen Drehzahlen verwendet werden. (Abstechmaschine.)

Die Unsicherheit der Kraftübertragung ist bedingt einmal durch den einseitig wirkenden Druck *K*, der meistens durch Federn erzeugt wird. Mit der Federspannung wechselt aber die Größe des Anpressungsdruckes. Außerdem werden die Lagerbuchsen der Antriebswelle durch *K* einseitig belastet, frühzeitig verschleißt und dadurch ungeeignet in der Führung der Welle. Sodann arbeitet das Getriebe mit gleicher Umfangsgeschwindigkeit zwischen treibender und getriebener Scheibe nur in der Mittelebene *a* — *a*, wodurch eine ungleichmäßige Abnutzung längs der Breite der Antriebsscheibe gegeben ist.

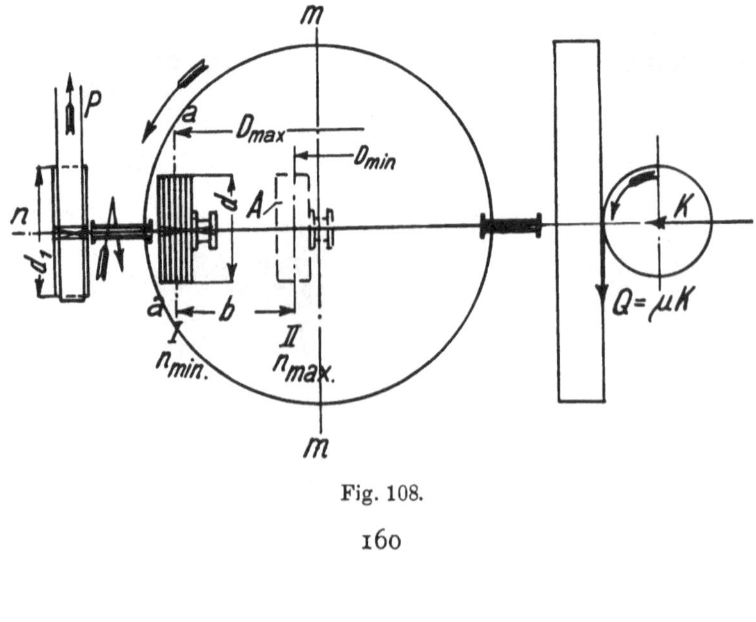

Fig. 108.

Ist K der Anpressungsdruck in kg, wird der Umfangsdruck $Q = \mu K$. Für ein bestimmtes Q kann man K dadurch genügend klein halten, daß man μ zu vergrößern sucht. Das erreicht man durch Bekleidung der Antriebsscheibe mit Lederringen.

$\mu = 0{,}2 \div 0{,}32$ (bei Leder/Gußeisen).
$K = p\, b$.
b = Breite der Antriebsscheibe in cm.
$p = 15 \div 25$ kg/cm Breite.
η bewegt sich zwischen $0{,}68 \div 0{,}72$ bei längerer Betriebsdauer.

Die Antriebsscheibe arbeitet mit konstantem v, denn n und d sind konstant. Demnach

$$d\, n = D_{max.}\, n_{min.} = D_{min.} \cdot n_{max.} \quad \text{(Fig. 109)}$$

$$\text{und } i_1 = \frac{d}{D_{max.}} = \frac{n_{min.}}{n} \quad \text{(Stellung I)}$$

$$i_2 = \frac{d}{D_{min.}} = \frac{n_{max.}}{n} \quad \text{(Stellung II)}.$$

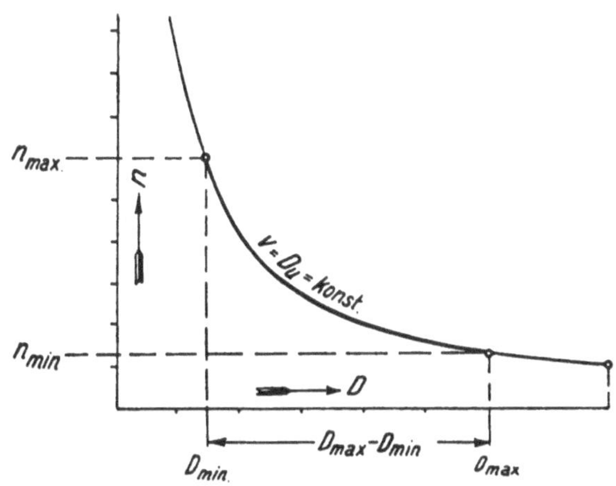

Fig. 109.

Das Drehmoment an der Antriebsscheibe A ist

$$Q\,\frac{d}{2} = \mu K\,\frac{d}{2} < P\,\frac{d_1}{2};$$

an der getriebenen wechselt es zwischen $Q\,\frac{D_{max.}}{2}$ und $Q\,\frac{D_{min.}}{2}$.

Wenn das Getriebe voll ausgenutzt wird, muß Q seinen Höchstwert — ohne daß ein Schlupf eintritt — erreichen. Dann ist in allen Stellungen der

Scheibe A zwischen I und II die an die getriebene Scheibe abgegebene Leistung konstant: $\frac{Q\,v}{75}$.

$$\eta = \frac{N_A}{N_E} = \frac{\text{egebene}}{\text{eingeleitete}}\ \text{Leistung} = \frac{Q\,v}{P \cdot v_R}.$$

P = Riemenzug in kg; v_R = Riemengeschwindigkeit in m/Sek.

Dasselbe Getriebe in Verbindung mit Räderübersetzungen: Fig. 110. (Antrieb einer Abstechmaschine.)

Hier ist ein derartiges Getriebe ganz besonders am Platze, weil mit vordringendem Stahle — mit kleiner werdendem Schnittkreis — Fig. 111 die Umfangsgeschwindigkeit des Werkstückes stark absinken würde, wenn n_A konstant bliebe. Aus wirtschaftlichen Gründen muß schon n_A mit dem fortschreitenden Stahl

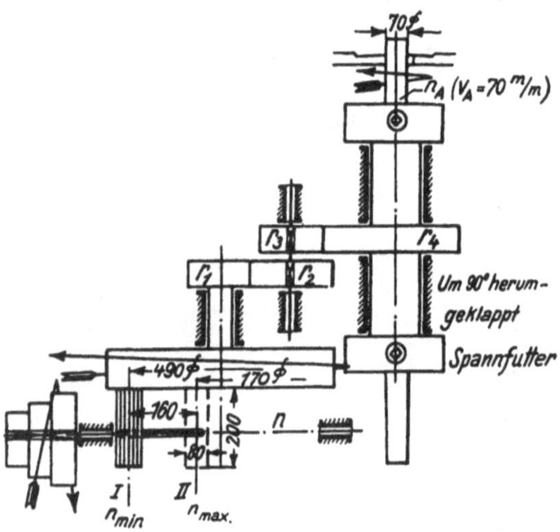

Fig. 110.

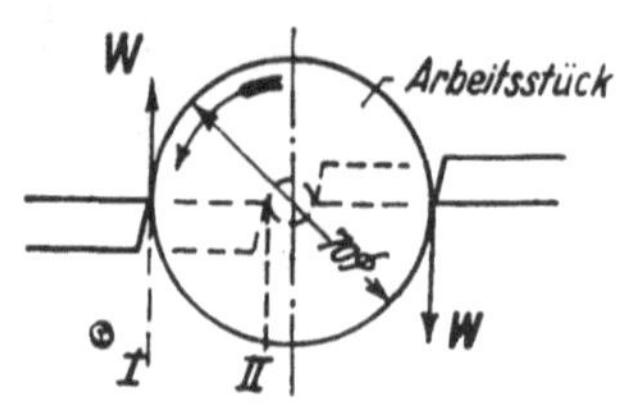

Fig. 111.

größer werden, was durch eine gleichzeitige Verschiebung der Antriebsrolle A erreicht wird.

a) Beziehung zwischen d_A und D, dem Durchmesser des Arbeitsstückes und der großen Reibscheibe:

1. $d\,n = D_{max.}\,n_{min.} = D_{min.} \cdot n_{max.}$ = allgemein $D\,n'$.

$$n' = \frac{d\,n}{D}.$$

2. $$v_A = \frac{d_A \cdot \pi \cdot n_A}{1000}.$$

n_A ausgedrückt durch n': $$i = \frac{r_1}{r_2} \cdot \frac{r_3}{r_4} = \frac{n_A}{n'}.$$

$$n_A = i \cdot n' = i\,\frac{d}{D} \cdot n.$$

In 2. eingesetzt:

$$v_A = \frac{d_A \cdot \pi \cdot i \cdot n\, d}{1000\, D} = \frac{d\, n \cdot \pi \cdot i}{1000} \cdot \frac{d_A}{D} = K' \cdot \frac{d_A}{D};$$

K' = Konstante;

und damit n = erforderliche Drehzahl der Antriebsscheibe:

$$n = \frac{1000 \cdot v_A}{d \cdot \pi \cdot i} \cdot \frac{D}{d_A} = K'' \frac{D}{d_A}.$$

b) Beziehung zwischen Rollen-Verschiebeweg und Stahlweg:

Rollen-Verschiebeweg $b = \frac{D_{max.} - D_{min.}}{2}$ (Fig.112).

Stahlweg $b' = \frac{d_A}{2}$ = Halber Werkstück - ⌀.

$$i' = \frac{b}{b'} = \frac{D_{max.} - D_{min.}}{d_A}$$

Der Stahlweg bei beliebiger Stahlstellung: $\frac{d_A - d_x}{2}$. Dieser Stahlweg von der Stahl-Zustellungs- auf die Rollen-Verschiebungsspindel übertragen, wird: $i' \cdot \frac{d_A - dx}{2}$. Mithin der bei der Stahlstellung x erforderliche Reibscheiben-⌀:

$$D = D_{max.} - i' \frac{d_A - d\,x}{2} \cdot 2.$$

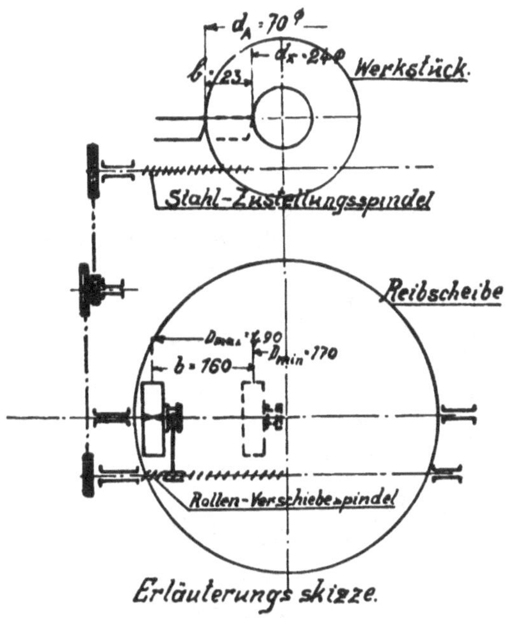

Fig. 112.

Beispiel:

Arbeitsstück: $d_A = 70$ mm ⌀ ; $v_A = 10$ m/Min.
Antrieb: $d = 200$ mm ⌀
$D_{max.} = 490$ mm ⌀; $D_{min.} = 170$ mm ⌀

$$i = \frac{r_1}{r_2} \cdot \frac{r_3}{r_4} = \frac{1}{5}.$$

Die Schnittgeschwindigkeit v_A soll solange wie irgend möglich konstant gehalten werden.

1. n; n_{max} und $n_{min.}$:

$$n = \frac{1000 \cdot v_A}{d \cdot \pi \cdot i} \cdot \frac{D}{d_A} = \sim 80 \frac{D}{d_A}.$$

$$\left.\begin{array}{l} D = D_{max.} = 490 \text{ mm } ⌀; \\ d_A = 70 \text{ mm } ⌀ \end{array}\right\} \text{ bei Beginn des Abestechens.}$$

$$n = 80 \cdot \frac{490}{70} = 560 \text{ U/Min.}$$

$$D_{max.}\, n_{min.} = d\, n$$

$$n_{min.} = \frac{d \cdot n}{D_{max.}} = \frac{200 \cdot 560}{490} = 228{,}5 \text{ U/Min.}$$

$$D_{min.}\, n_{max.} = d \cdot n$$

$$n_{max.} = \frac{d \cdot n}{D_{min.}} = \frac{200 \cdot 560}{170} = \sim 660 \text{ U/Min.}$$

2. Die Übersetzung $i' = \frac{b}{b'}$.

Die Rolle verschiebt sich um $b = \frac{D_{max.} - D_{min.}}{2} = \frac{490 - 170}{2}$

$$b = 160 \text{ mm.}$$

Hat die Rolle diesen Punkt erreicht, soll das Vorschubgetriebe ausgeschaltet werden; die Rolle wird nicht weiter verschoben.

Welchen Weg b' hat in derselben Zeit der Stahl zurückgelegt?

$$v_A = K' \cdot \frac{d_A}{D}; \; K' = \frac{d\, n \cdot \pi \cdot i}{1000} = \frac{200 \cdot 560 \cdot \pi}{1000 \cdot 5} = 70{,}3.$$

$$d_A = \frac{v_A \cdot D}{K'}: \; v_A = 10 \text{ m/Min.}; \; D = D_{min.} = 170 \text{ mm } ⌀.$$

$$d_A = \frac{10 \cdot 170}{70{,}3} = \sim 24 \text{ mm } ⌀ = d_x.$$

Demnach: $b' = \frac{70 - 24}{2} = 23 \text{ mm} = \frac{d_A - d_x}{2}$ und

$$i' = \frac{b}{b'} = \frac{160}{23} = \sim \frac{7}{1} \text{ (im Vorschubgetriebe).}$$

Bis 24 mm Arbeitsstück-⌀ bleibt die Schnittgeschwindigkeit konstant. Dann fällt sie bis auf 0 ab. Die Drehzahl n_A steigt von 43 auf ca. 133 U/Min. in derselben Zeit (Fig. 113).

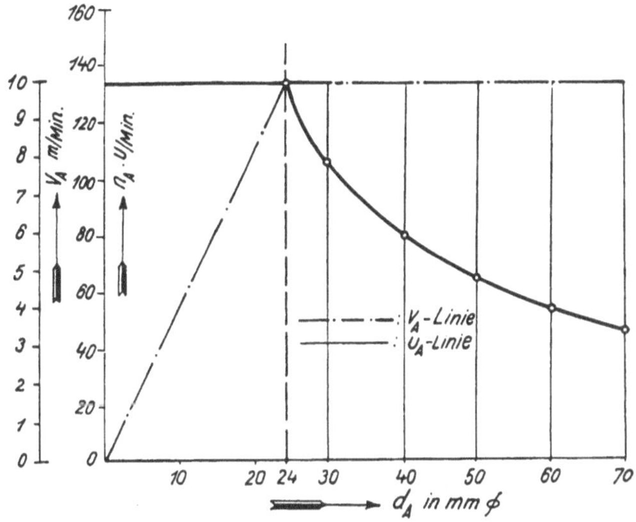

Fig. 113.

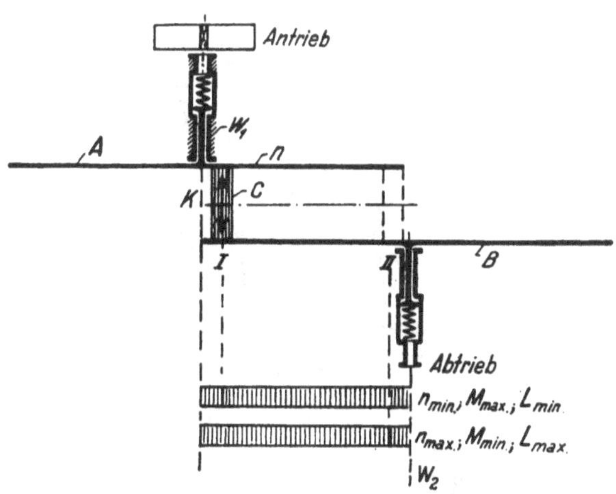

Fig. 114.

Im Gegensatz zu Fig. 108 arbeitet das Reibrädergetriebe Fig. 114 mit veränderlicher Leistung.

In den Punkten I und II der Antriebsscheibe A sind die Umfangsgeschwindigkeiten v_I und v_{II} verschieden: $v_{II} > v_I$. Da nun K — von den Federspannungen abhängig — auch in den Grenzlagen I und II als konstant zu betrachten ist, muß die auf B übertragene Leistung veränderlich sein.

$$\text{In I: } \frac{\mu K v_I}{75}; \text{ in II: } \frac{\mu K \cdot v_{II}}{75}.$$

$$\frac{\mu K \cdot v_{II}}{75} > \frac{\mu K v_I}{75} \leqq \frac{P v_R}{75} \text{ (der Antriebsriemenscheibe).}$$

Von der Welle w_2 wird somit bei der Stellung II der Zwischenwelle C die höchste Leistung abgegeben:

$$L_{max.} = M_{min.}\, n_{max.} \text{ in cmkg/Min.}$$

Im übrigen ist wie in Fig. 108 bei Verschiebung von C feinste Drehzahlabstufung an w_2 zu erreichen.

Das Getriebe ist zur Bewegungsübertragung gut geeignet in Sonderheit für Schaltgetriebe.

Fig. 115: Ein Reibrädergetriebe zum Antrieb von Spindelpressen, das sich aufs beste bewährt hat.

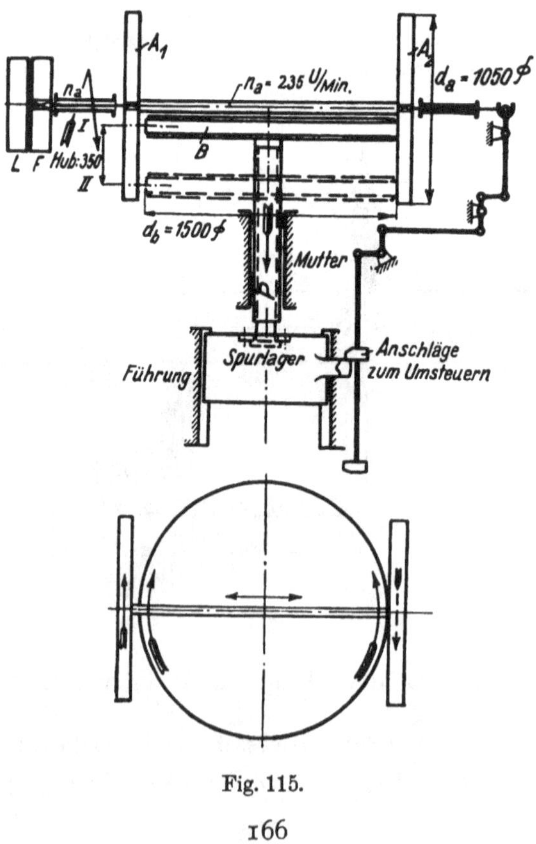

Fig. 115.

Zwei Scheiben A_1 und A_2 kommen wechselweise zum Antrieb und geben der Scheibe B einen Rechts- und Linksdrehsinn. Diese, als Schwungscheibe ausgebildet und am Kopfe einer Schraubenspindel befestigt, wird durch die ihr erteilte drehende Bewegung gehoben und gesenkt. Das Reibrädergetriebe hat hier die Aufgabe, nicht eine fein abgestufte Drehzahlreihe zu erzeugen, sondern der Scheibe B eine solche Beschleunigung zu erteilen, daß sie beim Senken genügende Energie zur Ausführung von Preßarbeiten in sich aufspeichert. Das geschieht auch, denn

$$v = r_a \omega_a = r_b \omega_b$$

$$\omega_b = \frac{\omega_a}{r_b} \cdot r_a.$$

Die Winkelgeschwindigkeit des Rades B wächst mit dem Radius der Antriebsscheibe A. ω_a und r_b sind konstant; r_a dauernd veränderlich beim Senken der Scheibe B.

Bestimmung des Trägheitsmomentes und des Gewichts der Schwungscheibe B:

Größter Preßdruck: $P = 100\,000$ kg
Größter Preßweg: $s = 20$ mm (beim Kaltpressen)
$n_a = 235$ U/Min.
Hub: 350 mm
$d_a = 1050$ mm ⌀;
$d_b = 1500$ mm ⌀.

Die Gesamtarbeit, die die Schwungscheibe B zu leisten hat, besteht in

$\mathfrak{A}_1$ = reiner Preßarbeit;
$\mathfrak{A}_2$ = Reibungsarbeit in der Mutter;
$\mathfrak{A}_3$ = Reibungsarbeit in dem Spurlager
und $\mathfrak{A}_4$ = Reibungsarbeit in den Schlittenführungen.

$$\mathfrak{A} = \mathfrak{A}_1 + \mathfrak{A}_2 + \mathfrak{A}_3 + \mathfrak{A}_4.$$

Die reine Preßarbeit: $\mathfrak{A}_1$.

$$\mathfrak{A}_1 = P' s = \frac{100\,000}{2} \cdot 2 = 100\,000 \text{ cmkg}.$$

Der Preßdruck steigt beim Aufsetzen des Bärs auf das Material bis zur Zerstörung des molekularen Zusammenhanges von 0 bis zu seinem Maximum an und fällt dann wieder rasch ab. Er hat somit seinen vollen Wert nur während eines Bruchteiles des ganzen Preßweges erreicht. Es dürfte deshalb gerechtfertigt sein, statt P den halben Wert, P', zu setzen. Auch für die Reibungsarbeiten soll nur der halbe Wert in Ansatz gebracht werden.

Die Reibungsarbeit in der Mutter: $\mathfrak{A}_2$.

Die Spindel: $d_1 = 150$ mm (Außen-⌀)
$d_2 = 100$ mm (Kern-⌀)
$h = 75$ mm (Steigung). Spindel: 3-gängig.

$$tg\,\alpha = \frac{h}{d_m\,\pi} = \frac{7{,}5}{12{,}5\,\pi} = 0{,}1909;\ d_m = \frac{d_1 + d_2}{2}.$$

$\alpha = 10^\circ\,50'$.

$tg\,\varrho = \mu = 0{,}1;\ \varrho = 5^\circ\,40'$.

$\alpha + \varrho = 16^\circ\,30';\ tg\,(\alpha + \varrho) = 0{,}298$.

$\mathfrak{A}_2 = M \cdot 2\,\pi \cdot n';\ M = P' r_m\,tg\,(\alpha + \varrho) =$ Drehmoment an der Spindel.

$\mathfrak{A}_2 = P'\,r_m\,tg\,(\alpha + \varrho)\,2\,\pi\,n'$.

$n' =$ Bruchteil einer Umdrehung der Scheibe B, während der die Arbeit vollzogen wird.

$$n' = \frac{\text{Preßweg}}{\text{Steigung}} = \frac{20}{75} = 0{,}266.$$

$$\mathfrak{A}_2 = \frac{100\,000}{2} \cdot 6{,}25 \cdot 0{,}298 \cdot 2\,\pi \cdot 0{,}266 = 156\,000\ \text{cmkg}.$$

Reibungsarbeit im Spurlager: $\mathfrak{A}_3$ (Fig. 116).

$$\mathfrak{A}_3 = M \cdot 2\,\pi\,n';\ M = \frac{2}{3}\,\mu\,P'\,R = \text{Zapfenreibungsmoment.}$$

$2\,R = 200$ mm; $\mu = 0{,}025$.

$$\mathfrak{A}_3 = \frac{2}{3}\,\mu\,P'\,R\,2\,\pi\,n' = \frac{2}{3} \cdot 0{,}025 \cdot \frac{100\,000}{2} \cdot 10 \cdot 2\,\pi \cdot 0{,}266$$

$\mathfrak{A}_3 = 13928$ cmkg.

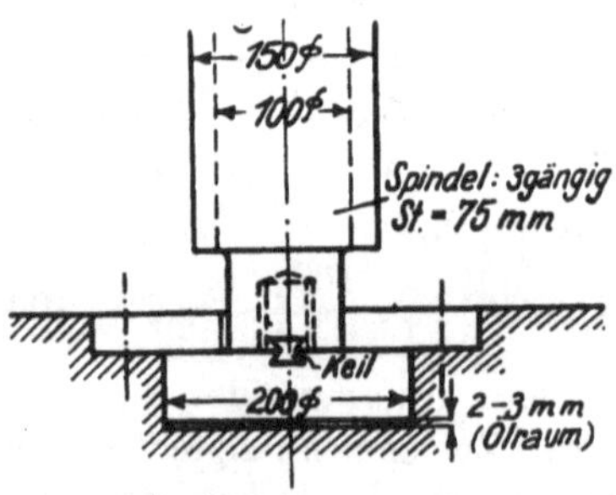

Fig. 116.

$\mathfrak{A}_4$ fällt $\mathfrak{A}_1$ bis $\mathfrak{A}_3$ gegenüber nicht ins Gewicht; es kann vernachlässigt werden. Demnach

$$\mathfrak{A} = 100\,000 + 156\,000 + 13\,928 = 269\,928\ \text{cmkg}.$$

$$\text{Nun muß sein: } A = \frac{1}{2} J \cdot \omega_b^2.$$

$\omega_a\,r_a = \omega_b \cdot r_b$.

$$\omega_A = \frac{\pi}{30} \cdot n_a = \frac{\pi}{30} \cdot 235 = 24{,}6.$$

$$\omega_b = \frac{\omega_a}{r_b} \cdot r_a = \frac{24{,}6}{75} \cdot 47 = 15{,}4.$$

Die Winkelgeschwindigkeit ω_b hat vor Beginn des Pressens bei $r_a = 47$ cm ihr Maximum erreicht.

$$J = \frac{2\,\mathfrak{A}}{\omega_b^2} = \frac{2 \cdot 269\,928}{15{,}4^2} = 2277 \text{ cmkg/Sek.}^2$$

$$J_{Kranz} = \frac{2277}{1{,}1} = 2070 \text{ cmkg/Sek.}^2$$

Das Trägheitsmoment eines Rotationskörpers ist:

$$J = \frac{\gamma}{g} 2\,\pi\,R\,(R^2 f + 3\,J_m).$$

γ = spec. Gewicht in kg/dcm.
g = Erdbeschleunigung in cm/Sek.^{2}
R = mittlerer Radius = Schwerpunktsabstand von der Drehachse in cm.
f = Fläche des Kranzquerschnittes in cm^2.
J_m = Trghtsm. des Kranzquerschnittes bezogen auf die S-Achse.
h_1 und b_1 = Höhe und Breite des Kranzes in cm (Fig. 117).

$$J = \frac{0{,}00\,725}{981} \cdot 2\,\pi \cdot 67{,}5 \left(67{,}5^2 \cdot 10 \cdot 15 + \frac{3 \cdot 10 \cdot 15^3}{12}\right)$$
$$= 2102 \text{ cmkg/Sek.}^2$$

Dieser Wert genügt.

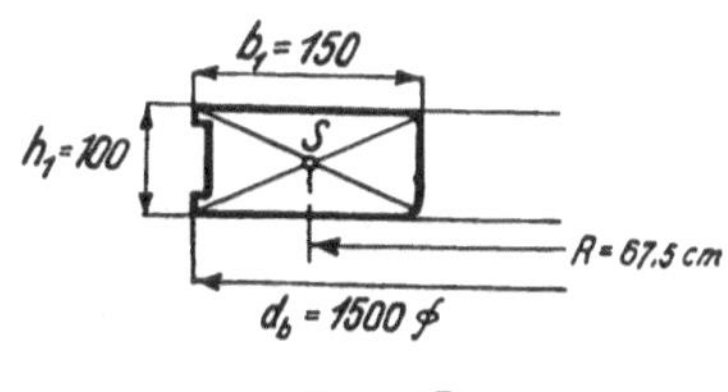

Fig. 117.

Das Gewicht ist: $G = V\,\gamma$; $V = f \cdot 2\,R\,\pi = b_1\,h_1\,2\,R\,\pi.$
$V = 10 \cdot 15 \cdot 2 \cdot 67{,}5 \cdot \pi = 63\,600 \text{ cm}^3.$
$V = 63{,}6 \text{ dcm}^3.$
$G = 63{,}6 \cdot 7{,}25 = 461 \text{ kg}.$

Die Senkzeit T bis zum Beginn des Pressens:

$$t = \frac{1}{n_b} \text{ in Min.} = \frac{60}{n_b} \text{ in Sek.} = \text{Zeit für eine Umdrehung der Scheibe } B.$$

Bei einer Umdrehung senkt sich die Scheibe um die Spindelsteigung h.

Für 1 cm Senken: $n_1 = \frac{1}{h}$ und

$$t_1 = tn_1 = \frac{60}{n_b} \cdot n_1 \text{ in Sek.}$$

für $n_b = \frac{n_a}{r_b} \cdot r_a$ eingesetzt, wird

$$t_1 = \frac{60 \cdot r_b}{n_a \cdot h} \cdot \frac{1}{r_a} \text{ in Sek.}$$

t_1 = Zeit, in der sich die Spindel um 1 cm senkt, wenn n_b während des Senkens um 1 cm konstant bliebe.

Für $\frac{60\, r_b}{n_a \cdot h} = k$ gesetzt, gibt

$t_1 = k \cdot \frac{1}{r_a}$. graphisch dargestellt: eine Hyperbel. (Fig. 118).

Die Gesamtzeit des Senkens T ist dann die Summe sämtlicher Ordinaten = Fläche unter der Kurve.

$$T = \int_{r_{a\,min.}}^{r_{a\,max.}} k \cdot \frac{1}{r_a} \cdot d\, r_a.$$

$$T = k \Big[ln\, r_a \Big]_{r_{a\,min.}}^{r_{a\,max.}}$$

$$T = k\, [ln\, r_{a\,max.} - ln\, r_{a\,min.}].$$

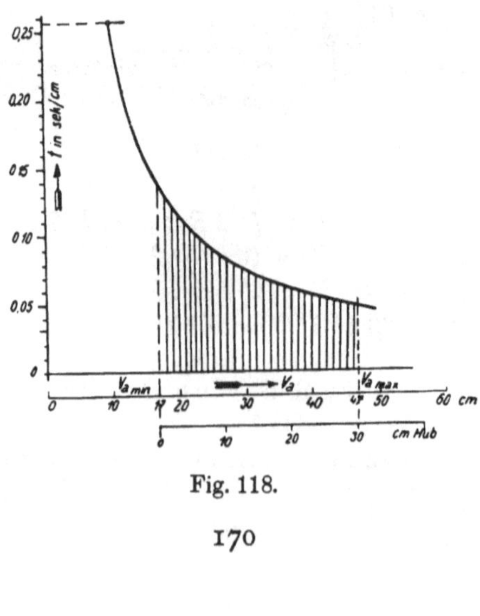

Fig. 118.

Im gegebenen Falle: $r_b = 75$ cm; $n_a = 235$ U/Min.; $h = 7{,}5$ cm Steigung $\Big|\; k = \frac{60 \cdot 75}{235 \cdot 7{,}5} = 2{,}56$

$$T = 2{,}56\,[ln\,47 - ln\,17].$$

Damit wäre die Gesamtsenkzeit hinlänglich genau bestimmt.

b) Flüssigkeitsgetriebe.

Die Flüssigkeitsgetriebe ermöglichen eine stufenlose Drehzahlregelung, wie sie mit keinem anderen Getriebe, auch dem Regelmotor nicht, zu erreichen ist. Sie arbeiten ferner mit ruhigem, stoßfreien Lauf und gestatten mit einem einzigen Handgriff den Übergang von einer Drehzahl zur anderen während des Ganges, also unter Druck. Durch eine entsprechende konstruktive Ausbildung des Getriebes kann eine Änderung der Drehrichtung ebenfalls rasch und bequem herbeigeführt werden. Alles in allem Getriebe von höchster Anpassungs- und Steuerfähigkeit.

Als Betriebsmittel ist sowohl Öl wie Wasser verwendbar. Meistens wird Öl wegen seiner Schmierfähigkeit und Zähigkeit bevorzugt.

Die Flüssigkeitsgetriebe finden vielfach Verwendung als Antriebsorgane für Papier-, Web- und Werkzeugmaschinen und auch für Fließbänder. Sie werden entweder als Kapsel- oder Kolbengetriebe ausgeführt.

Die Hauptvertreter der Kapselgetriebe sind der Enortrieb, hergestellt von den Fortuna-Werken, Stuttgart-Cannstatt, nach den Patenten von Dr. e. h. Kühn. Das Schwartzkopff-Huwiler-Getriebe, hergestellt von der Berliner Maschinenbau A.-G., vormals L. Schwartzkopff, nach den Patenten von Dipl.-Ing. Huwiler und das Sturm-Getriebe, hergestellt von der Werkzeugmaschinenfabrik A. Roller, Waiblingen, nach den Patenten von Erwin Sturm, Stuttgart.

Der Hauptvertreter der Kolbengetriebe ist das Lauf-Thoma-Getriebe, hergestellt von der Magdeburger Werkzeugmaschinenfabrik A.-G.

Der Enortrieb
(Fig. 119 bis 125)

Der Enortrieb besteht aus zwei im Aufbau gleichen Energatoren, der Pumpe und dem Motor. Man pflegt wohl auch von einem Primär- und einem Sekundärteil zu sprechen. Jeder Energator kann sowohl als Pumpe wie als Motor arbeiten. Seine Hauptbestandteile sind die rotierende Kolbentrommel und der feststehende Zylinder bzw. das Zylindergehäuse. Letzteres kann durch eine mechanische Vorrichtung (Handrad mit Spindel usw.) exzentrisch zur Kolbentrommel eingestellt werden. Der gesamte Arbeitsraum eines Energators wird durch die Vertikale (Fig. 119 und 120) in zwei durch die Abdichtung bei m_1 und m_2 von einander getrennte Räume bzw.

Zonen, in eine Saug- und Druckzone, geschieden. Durch die exzentrische Verstellung wird eine Vergrößerung oder Verkleinerung der beiden Räume erreicht.

In der Kolbentrommel sind radiale Schlitze zur Führung der Flügelkolben. Sie tragen beiderseits Rollen, die bei der Drehung der Trommel in einer Kreisringführung umlaufen. Diese sitzt lose auf den Zylinderdeckeln und wird mit dem Gehäuse radial verschoben, so daß die Flügelkolben außer der drehenden mit der Kolbentrommel noch eine Bewegung in radialer Richtung ausführen. Die Führungsringe nehmen infolge ihres losen Sitzes an der Drehung der Zylindertrommel teil. Jedoch bleibt ihre Drehzahl um zirka $10 \div 30\,\%$ (bei den normalen Höchstdrehzahlen der Trommel) hinter der der Trommel zurück, so daß auch ein Abrollen der Laufrollen in den

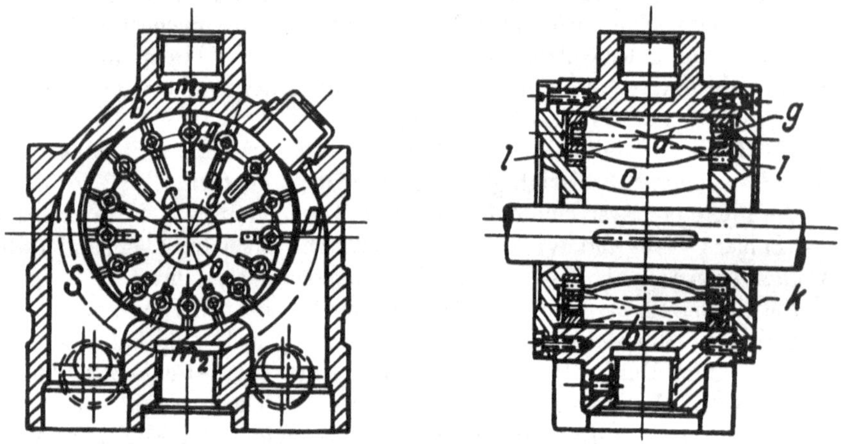

b = Zylinder- oder Trommelgehäuse; *c* = Kolbentrommel; *d* = Flügelkolben oder Schaufeln; *o* = Schlitze; *g* = Rollen; *k* = Kreisringführung: *l* = Zylinderdeckel; *S* = Saugraum *D* = Druckraum.

Fig. 119.

Ringen stattfindet. Die Führungsringe, die, nebenbei bemerkt, auch die seitliche Abdichtung gegen die Gehäuse übernehmen, haben den weiteren Zweck, die Flügelkolben so zu führen, daß diese den Arbeitsraum einer jeden Zelle am Zylinder abdichten. Damit alle Räume mit Öl gefüllt werden, sind die Führringe mit Bohrungen versehen, so daß das Öl sowohl auf der Druck-, wie auf der Saugseite in die Schlitze der Trommel eindringen, wie auch aus ihnen zurückfließen kann. Durch die zwangsläufige Drehbewegung der Führungsringe wird eine einseitige Abnutzung durch den Flüssigkeitsdruck und die zusätzliche Zentrifugalkraft in der Druckzone verhindert. Die Druckbeanspruchung wird durch die Rollen auf die Führungsringe übertragen, und diese würden, wenn sie still stünden, einseitig belastet werden.

Die Trommelachse wird auf Verdrehung und Biegung beansprucht. Ersteres ist ohne weiteres erklärlich. Die Beanspruchung auf Biegung erfolgt durch die Querkraft, die radial von der Druck- auf die Saugzone gerichtet ist.

Die Arbeitsweise des Enortriebes.

(Fig. 120)

Die Trommel der Pumpe wird von einem Elektromotor mit konstanter Drehzahl oder einer Einscheibe angetrieben. Mit der Trommel drehen sich die Flügelkolben, saugen das Öl auf der Saugseite an und treiben es auf der Druckseite dem Motor zu. Auf der Saugseite bewegen sich die Flügelkolben nach außen, die Zellen erweitern sich; auf der Druckseite bewegen sie sich nach innen, die Zellen verengen sich und setzen das Öl unter Druck. Die dem Öl in der Pumpe erteilte kinetische Energie gibt es an die Trommel des Motors ab und sodann fließt es von hier durch die Saugleitung wieder der Pumpe zu. Dieses Spiel wiederholt sich bei jeder Umdrehung.

Das Ansaugen und Hinüberdrücken des Öles ist aber nur möglich, wenn die Pumpe eine exzentrische Lage zum Zylindergehäuse hat. Ist die Exzentrizität — e — gleich null, d. h. fallen die Mitten von Pumpe und Zylinder zusammen, kann die Pumpe weder saugen noch drücken; ein Ölstrom kommt nicht zustande. Der Motor steht still. Je größer die Exzentrizität, desto größer das Fördervolumen je Umdrehung und umgekehrt.

Die Drehzahl des Motors wird bestimmt durch das Verhältnis

$$\frac{\text{Fördervolumen der Pumpe}}{\text{Ölfassungsvermögen des Motors}} \text{ je Umdrehung.}$$

Damit ist die Möglichkeit gegeben, die Drehzahl des Motors zu verändern, und zwar:

a) durch Veränderung der Exzentrizität bzw. des Fördervolumens der Pumpe bei gleichem e am Motor.

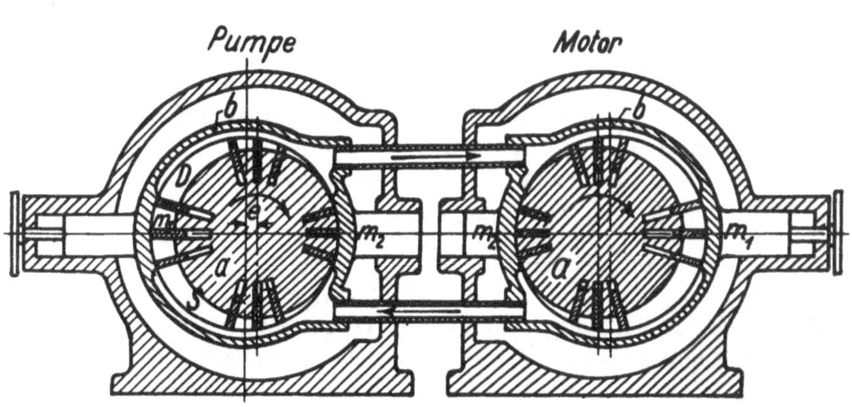

Fig. 120. Erläuterungsskizze.

Je kleiner bzw. größer e an der Pumpe, desto kleiner bzw. größer die Drehzahl des Motors.

b) Durch Veränderung der Exzentrizität bzw. des Ölfassungsvermögens des Motors bei konstantem e an der Pumpe.

Je kleiner bzw. größer e am Motor, desto größer oder kleiner die Drehzahl des Motors, um das konstante Fördervolumen der Pumpe zu bewältigen.

c) Durch Veränderung der Exzentrizitäten beider gleichzeitig.

Die Umkehr der Drehrichtung des Motors kann auf verschiedene Weise erfolgen: Man stellt entweder das Pumpengehäuse auf entgegengesetzte Exzentrizität bei gleicher Motorstellung oder umgekehrt.

Bestimmung der geförderten Ölmenge und der Abmessungen des Arbeitsraums eines Energators.

Die theoretische Fördermenge der Pumpe oder das theoretische Ölfassungsvermögen des Motors je Umdrehung ist gleich dem Volumen einer Arbeitszelle mal der Anzahl der Zellen.

Alle Zellen kommen je Umdrehung einmal zur Beaufschlagung und damit zur Arbeitsleistung. Also ist das Volumen bei einer Umdrehung:

$$V_1 = c \cdot 2\,R\,\pi \cdot h.$$

Darin c = Breite der Trommel,
$2\,R\,\pi$ = Umfang des Zylinders,
h = Höhe einer Zelle.

Die beiden ersteren sind konstant, h ist veränderlich, und zwar verändert es sich direkt proportional der jeweiligen Exzentrizität:

$$h = 2\,e.$$

Demnach

$$V_1 = c \cdot D\,\pi \cdot 2\,e.$$

Herr Dr.-Ing. W. Kühn berücksichtigt in seiner Abhandlung über „Regelbare Flüssigkeitsgetriebe" in der Zeitschrift „Maschinenbau", Band. 1927. noch den Förderraum in den Kreisringführungen mit

$$V_2 = 8\,e\,b \cdot d \cdot \pi.$$

d und b bedeuten Durchmesser und Breite der Rollen. Damit beträgt die gesamte theoretische Fördermenge:

$$V = V_1 + V_2 = 2\,e\,c \cdot D\,\pi + 8\,e\,\pi \cdot b \cdot d.$$
$$V = 2\,e\,(c \cdot D + 4\,b\,d)\,\pi \text{ in cm}^3.$$

Je nach der Wahl von e — was bereits gesagt wurde — wächst oder fällt die Fördermenge der Pumpe bzw. das Ölfassungsvermögen des Motors.

Aus dieser Fördermenge je Umdrehung lassen sich, wenn die Anzahl der Zellen angenommen wird, die Zellenabmessungen bestimmen.

$$\text{Zellenraum:} \;—\; v = \frac{V}{z} = \frac{y + x}{2} \cdot h \cdot c \text{ in cm}^3. \text{ (Fig. 121.)}$$

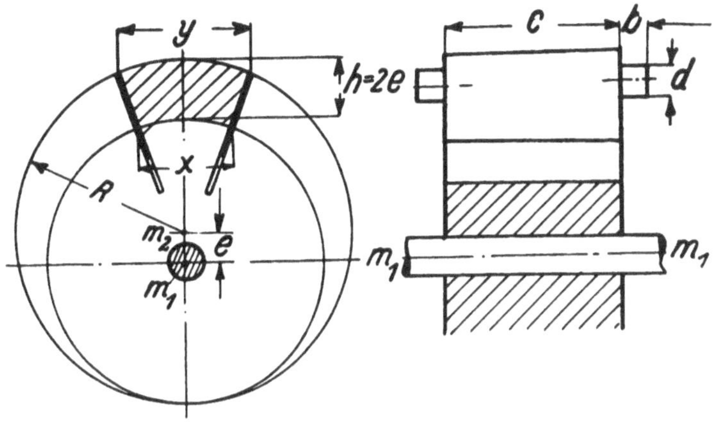

Fig. 121.

Den Querschnitt einer Zelle kann man angenähert als ein Trapez betrachten: $\frac{y+x}{2} \cdot h$.

Die Größen h und c sind bekannt, man kann somit den Wert $\frac{y+x}{2}$ berechnen.

Für $e = o$ wird $y = x$ und das Arbeitsvolumen $= o$, denn $h = 2\,e = o$. Wird x mit einem bestimmten Wert angenommen, kann y für jede Exzentrizität berechnet werden:

$$v = \frac{y+x}{2} \cdot h \cdot c.$$

$$y + x = \frac{2\,v}{h \cdot c} = \frac{2\,v}{2\,e \cdot c} = \frac{v}{e\,c}.$$

$$y = \frac{v}{e\,c} - x \text{ in cm.}$$

Die theoretische Fördermenge der Pumpe in der Sekunde muß nun gleich sein dem theoretischen Ölfassungsvermögen bzw. dem Ölverbrauch des Motors in der Sekunde.

$$F = \frac{V_p \cdot n_p}{60} = \frac{V_m \cdot n_m}{60} \text{ in cm}^3\text{/Sek.}$$

Gleiches V bei beiden ($V_p = V_m$) bedingt gleiche Drehzahl beider.

Hierbei sind die Verluste durch Schlupf unberücksichtigt geblieben. Setzt man sie als Leistungsverluste an und gleichzeitig die durch Reibung ver-

ursachten, dann wird die wirkliche, an die Trommelwelle des Motors abgegebene Leistung:

$N_o = N_p - (N_S + N_R)$.
N_p = benötigte Förderleistung der Pumpe,
N_S = Leistungsverluste durch Schlupf des Öles in Pumpe und Motor in PS,
N_R = Leistungsverluste durch Reibung in Pumpe und Motor einschl. Rohrleitungen in PS.

N_p: Die Pumpenleistung N_p läßt sich aus dem sekundlichen Fördervolumen und dem jeweiligen spez. Flüssigkeitsdruck bestimmen:

$$N_p = \frac{V_p \cdot n_p \cdot p}{60 \cdot 75 \cdot 100} \text{ in PS.}$$

N_S: Die Unmöglichkeit, zwischen den rotierenden und stillstehenden Teilen des Triebes vollkommen abzudichten, bedingt den Schlupf. (Volumenverluste an Treiböl). Die geförderte, dem Motor zugeführte Ölmenge muß um den Schlupf kleiner sein als die theoretische Fördermenge der Pumpe in der Zeiteinheit und um den Schlupf größer als der Ölverbrauch des Motors. Schlupfverluste haben eine Verminderung der arbeitleistenden Ölmenge im Motor zur Folge und einen Drehzahlabfall an der Motorwelle.

Letzterer soll vorweggenommen werden.

Die theoretische Fördermenge/Sek. $F = \frac{V_p \cdot n_p}{60} = \frac{V_m \cdot n_m}{60}$.

Daraus die theoretische Drehzahl der Motorwelle:

$$n_m = \frac{60 \cdot F}{V_m}.$$

Dieses F verringert sich nun um den Schlupf S und damit wird die wirkliche Drehzahl der Motorwelle:

$$n'_m = \frac{(F - S)\,60}{V_m}.$$

Für $F = \frac{V_p \cdot n_p}{60}$ gesetzt,

$$n'_m = \frac{V_p \cdot n_p - 60\,S}{V_m} \text{ U/Min.}$$

Der Schlupf S hängt sehr von der Art der Bearbeitung der Triebwerksteile und der Öltemperatur ab. Je höher die Öltemperatur, desto dünnflüssiger das Öl, desto leichter ein Entweichen an den Dichtungsstellen. Man ist deshalb bestrebt, die während der Arbeit durch Reibung entstehende Wärme durch eine entsprechende konstruktive Gestaltung des Gehäuses abzuleiten, damit die Öltemperatur auch bei Dauerbetrieb eine gleichmäßige bleibt.

Die Fortuna-Werke, Stuttgart-Cannstatt, haben auf Grund vorgenommener Versuche eine Formel zur Berechnung des Schlupfes aufgestellt:

$S = (p + 0{,}5)\, s$ in cm³/Sek.

p = spez. Flüssigkeitsdruck

s = Schlupfzahl bei einer bestimmten Öltemperatur.

s ist in der Tabelle der Firma für die verschiedenen Energatorgrößen bei einer Öltemperatur von 70° angegeben.

Größe des Triebes	00	0	1	2	3	4	5	6
Schlupfzahl s	16	19	23	28	33	40	50	60

Die s-Zahlen können auf jede Temperatur umgerechnet werden:

$$s' = s\,\frac{x}{70} \quad \text{bei } x^\circ \text{ Öltemperatur.}$$

Nun ist immer noch nicht N_S bestimmt.

Den Schlupf als Leistungsverlust hat Prof. Dr.-Ing. Pauer, Dresden, durch Versuche an einem Schwartzkopff-Huwiler-Getriebe ermittelt.

Theoretisch muß die im Getriebe umlaufende Ölmenge (F) gleich der Fördermenge der Pumpe (F_p) und gleich dem Ölverbrauch des Motors (F_m) in der Zeiteinheit sein.

$$F = F_p = F_m.$$

Infolge des Schlupfes ist aber

$$F = F_p - S = F_m + S.$$

Mithin der Schlupf:

$$S = F_p - F = F - F_m.$$

Diese Ausdrücke geben die Ölverluste durch Schlupf von Pumpe und Motor wieder. Multipliziert man sie mit dem spez. Druck (p) und dividiert sie durch 75, dann erhält man den Leistungsverlust durch Schlupf in PS:

$$N_S = \underbrace{(p_D - p_S)\,\frac{F_p - F}{75}}_{\text{in der Pumpe}} + \underbrace{(p_D - p_S)\,\frac{F - F_m}{75}}_{\text{in dem Motor}}$$

$p_D - p_S$ = Druckunterschied in der Druck- und Saugleitung. Der Druck in der Saugleitung wirkt dem Schlupf entgegen. Er wurde in der Saugleitung zu 0,05 Atmosphären ermittelt und kann in der Berechnung vernachlässigt werden. Dann wird

$$N_S = \frac{p}{75}\,(F_p - F + F - F_m).$$

$$N_S = \frac{p}{75}\,(F_p - F_m).$$

$$\text{Für } F_p = \frac{V_p \cdot n_p}{60} \text{ und } F_m = \frac{V_m \cdot n'_m}{60} \text{ gesetzt,}$$

$$N_S = \frac{p}{4500} \cdot (V_p \cdot n_p - V_m \cdot n'_m).$$

Hieraus läßt sich der Leistungsverlust durch Schlupf nach Messung der Motordrehzahl und des Flüssigkeitsdruckes p berechnen. Will man diese Verluste für die einzelnen Energatoren bestimmen, muß noch die wirklich umlaufende Ölmenge bekannt sein.

Die Leistungsverluste durch Reibung sind damit bestimmbar:

$$N_R = N_p - (N_o + N_S).$$

Der mechanische und volumetrische Wirkungsgrad:

$$\eta_m \text{ und } \eta_v.$$

Der Hersteller hat durch Versuche für die gebauten Getriebegrößen und die einzelnen Exzentrizitäten den mechanischen Wirkungsgrad (η_m) festgelegt.

Diese Wirkungsgrade sind alle für den höchstzulässigen Druck von 10 Atmosphären ermittelt worden. Wird vom Energator nicht die Höchstleistung verlangt, so ändert sich auch der Wirkungsgrad:

$$\eta'_m = 1 - (1 - \eta_m) \frac{10}{p}.$$

Der mechanische Wirkungsgrad ist von der Reibung in den Laufflächen, dem Flüssigkeitsdrucke und der Öltemperatur abhängig. Eine gute Schmierung und Bearbeitung der Trommelschlitze ist besonders notwendig, weil die Flügelkolben ihre radiale Bewegung unter dem Flüssigkeitsdrucke ausführen müssen. Nach den Erfahrungen des Herstellers sinkt der mechanische Wirkungsgrad mit steigender Öltemperatur, weil dann die Schmierfähigkeit des Öles geringer wird.

Unter dem volumetrischen Wirkungsgrad (η_v) eines Energators versteht man das Verhältnis

$$\frac{\text{wirkliche Fördermenge}}{\text{theoretische Fördermenge}}$$

Der gesamte volumetrische Wirkungsgrad von Pumpe (η_{v_p}) und Motor (η_{v_m}) ist

$$\eta_v = \eta_{v_p} \cdot \eta_{v_m}.$$

Damit ergibt sich der Gesamtwirkungsgrad eines Energators zu:

$$\eta = \eta_m \cdot \eta_v.$$

Die Versuche haben ergeben, daß innerhalb eines bestimmten Temperaturbereiches der Gesamtwirkungsgrad eines Getriebes annähernd konstant ist.

Beziehung zwischen der Pumpen- und Motorleistung.

In den beiden Leistungsformeln

$$N_p = \frac{V_p \cdot n_p \cdot p}{60 \cdot 7500} \text{ und } N_m = \frac{V_m \cdot n'_m \cdot p}{60 \cdot 7500}$$

ist p der spez. Flüssigkeitsdruck.

Dieser hängt nur ab z. B. beim Antrieb einer Arbeitsmaschine von der benötigten Schnittleistung am Werkzeug und der veränderlichen Fläche der Flügelkolben.

$$p = \frac{60 \cdot 7500\, N_p}{V_p \cdot n_p} = \frac{60 \cdot 7500\, N_m}{V_m \cdot n'_m}.$$

Bleibt die Schnittleistung konstant (damit N_m) und ändert sich die beaufschlagte Flügelkolbenfläche (damit V_m), so ändert sich der spez. Flüssigkeitsdruck nur dann, wenn die Drehzahl (n_m) konstant bleibt.

Ändert sich V_m, so ändert sich bei gleichbleibender Leistung an der Pumpe auch die Drehzahl und der spez. Druck bleibt konstant.

Jede verlangte Leistung hat einen bestimmten spez. Druck, der nie wesentlich über 10 Atmosphären ansteigen soll. Wird für denselben Trieb eine verringerte Leistung verlangt, so fällt automatisch der spez. Druck. Das geht deutlich aus der Formel hervor, die Dr.-Ing. Kühn in seiner Abhandlung über „Die regelbaren Flüssigkeitsgetriebe“ angibt:

$$p = \frac{\text{PS}}{\frac{V_m \cdot n'_m}{60}\, 0{,}133 \cdot \eta_v \cdot \eta_{m_m}}$$

Der spez. Flüssigkeitsdruck ist abhängig von der geforderten Leistung an der Motorwelle, dividiert durch die Arbeit, die der Ölverbrauch des Motors je Sekunde beim Druck von 1 Atmosphäre leistet, den gesamten volumetrischen Wirkungsgrad und den mechanischen des Motors.

Der mechanische Wirkungsgrad der Pumpe hat auf den spez. Druck keinen Einfluß. Bei konstanter Leistung ist der Ölverbrauch des Motors bei allen Einstellungen (Exzentrizitäten) immer gleich, so daß p nur mit den Wirkungsgraden diesen Exzentrizitäten sich ändert. Diese Unterschiede in den Wirkungsgraden sind aber so unwesentlich, daß praktisch der ermittelte Höchstdruck für den ganzen Regelbereich des Triebes eingesetzt werden kann.

Aus den obigen Leistungsgleichungen für Pumpe und Motor ergibt sich nunmehr folgendes:

a) Für die Pumpe:

n_p ist konstant, weil Antrieb durch Einscheibe oder eindrehzahligen Elektromotor. Ist auch V_p konstant, d. h. ist die Pumpe auf konstante

Exzentrizität gestellt, ist auch die Leistung konstant. Wird V_p oder e verändert, ändert sich auch die Leistung. Danach ist

N_p ein Maximum, wenn e ein Maximum ist und
$N_p = o$, wenn $e = o$ wird.

In diesem Falle ist das Volumen auf der Druck- und Saugseite gleich; es kann von der Pumpe nichts gefördert werden; also $V_p = o$.

Steuert man das Pumpengehäuse so, daß e allmählich von o bis zum Maximum wächst, dann erreicht man auch ein allmähliches Anlaufen des Motors und eine Steigerung seiner Drehzahl — bei konstanter Exzentrizität — bis zum Maximum.

b) Für den Motor:

Ist V_p bzw. e der Pumpe = konstant, arbeitet der Motor in jeder beliebigen Einstellung bzw. Exzentrizität mit konstanter Leistung,

$$V_m \cdot n_m = \text{konst.}$$

Ist e ein Maximum, wird V_m ein Maximum, n_m ein Minimum.

Wird V_p oder e an der Pumpe verändert, ändert sich auch die Motorleistung.

Bestimmung der Drehmomente am Motor.

(Fig. 122.)

Die Kolbenzellen werden tangential beaufschlagt. In der Druckzone werden nun eine Reihe solcher Zellen beaufschlagt. Kommen Z Zellen in Frage, so ist das gesamte, in den Motor eingeleitete, Drehmoment:

$$U_1 R_1 + U_2 R_2 + \ldots U_Z \cdot R_Z = \Sigma\, U R.$$

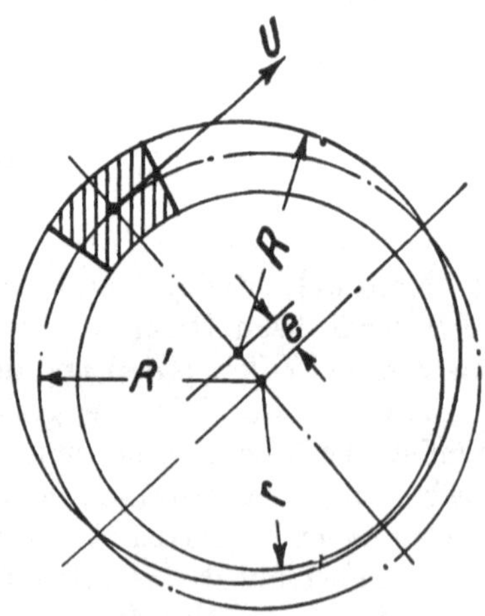

Fig. 122.

Darin bedeutet U die Umfangskraft und R den Mittenabstand der wirksamen Kolbenfläche je Zelle von Trommelmitte. Unter wirksamer Kolbenfläche ist die Differenz zweier Schaufelflächen einer Zelle zu verstehen. $\Sigma\, U R$ sei $= U R'$ gesetzt (Fig. 122).

Die Arbeit der Umfangskraft U je Umdrehung ist

$$A = U\, 2\, R' \pi \text{ in cmkg.}$$

Diese Arbeit muß gleich sein dem Produkt aus dem Volumen pro Umdrehung und dem spez. Flüssigkeitsdruck.

$$A = U\,2\,R'\pi = V_m \cdot p.$$

$$U\,R' = M_m = \frac{V_m \cdot p}{2\,\pi}.$$

Dasselbe Resultat erhält man aus

$$N_m = \frac{V_m \cdot n'_m \cdot p}{60 \cdot 75 \cdot 100} = \frac{M_m \cdot n'_m}{71\,620}$$

$$M_m = \frac{71\,620}{60 \cdot 75 \cdot 100} \cdot V_m \cdot p = \frac{V_m \cdot p}{2\,\pi}$$

Das heißt: Das Drehmoment am Motor ist abhängig vom Volumen V_m bzw. e und dem Flüssigkeitsdruck p.

Die Übersetzung zwischen Pumpe und Motor.

$$\frac{V_p \cdot n_p}{60} = \frac{V_m \cdot n'_m}{60} = \text{sekundliches Fördervolumen.}$$

Daraus

$$i = \frac{n'_m}{n_p} = \frac{V_p}{V_m}.$$

Die Übersetzung wird bestimmt durch das Verhältnis des jeweiligen Arbeitsraumes bzw. Volumens der Pumpe zu dem des Motors. Damit ist eine große Zahl von Übersetzungen bei einem und demselben Triebe möglich.

Drei Arbeitsstellungen eines Enor-Triebes.

I. Abnahme konstanter Leistung an der Motorwelle.

a) Getriebegehäuse.
b) Trommelgehäuse.
c) Trommel.
d) Schaufeln.
e) Rohrleitung.
f) Verstellvorrichtung.

} Gilt für alle drei Skizzen.

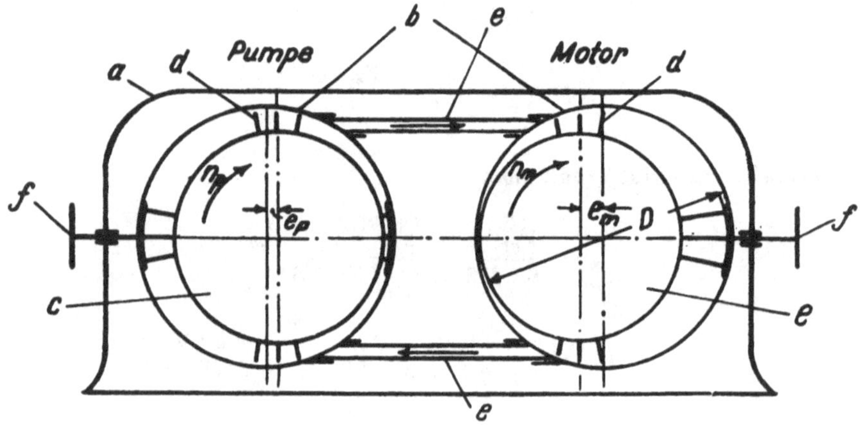

Fig. 123.

Aus der Voraussetzung konstanter Leistung an der Motorwelle ergeben sich folgende Werte:

Für die Pumpe:

1. Exzentrizität e_P = konstant.
2. Drehzahl n_P = konstant.
3. Volumen pro Umdr. V_P = konstant.
4. Leistung L_P = konstant.
5. Drehmoment M_P = konstant.

Für den Motor:

1. Exzentrizität e_m = veränderlich.
2. Drehzahl n_m = veränderlich zwischen: $n_{min.} = \frac{F_p\, 60}{V_{m\ max.}}$ und $n_{max.} = \frac{F_p\, 60}{V_{m\ min.}}$.
3. Volumen pro Umdr. V_m = veränderlich zwischen $V_{m\ min.} = c \cdot D_m \cdot \pi \cdot 2\, e_{min.}$ und $V_{max.} = c \cdot D_m \cdot \pi \cdot 2 \cdot e_{max.}$ in cm^3.
4. Leistung L_m = konstant = $\frac{V_{m\ min.} \cdot n_{m\ max.} \cdot p}{60 \cdot 75 \cdot 100} = \frac{V_{m\ max.} \cdot n_{m\ min.} \cdot p}{60 \cdot 75\ 100}$ in PS.
5. Drehmoment $M_m \doteq$ veränderlich zwischen: $M_{m\ min.} = \frac{V_{m\ min.} \cdot p}{2 \cdot \pi}$ u. $M_{m\ max.} = \frac{V_{m\ max.} \cdot p}{2 \cdot \pi}$ in cm/kg.

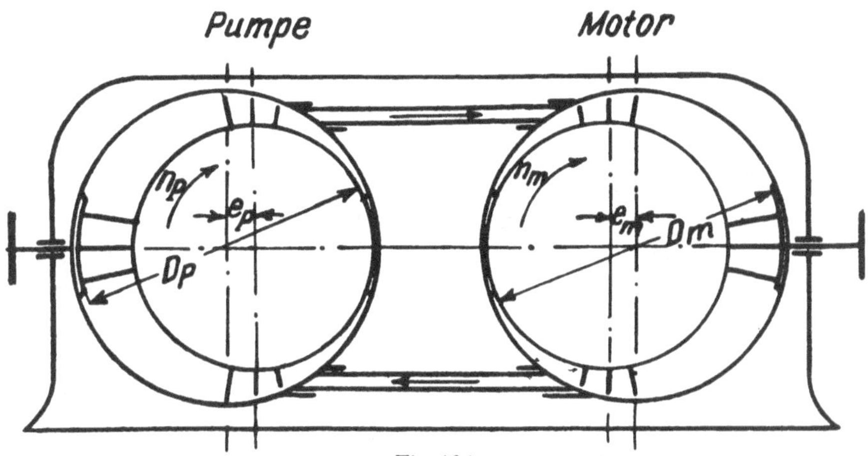

Fig. 124.

II. Abnahme eines konstanten Drehmomentes an der Motorwelle.

Aus der Voraussetzung konstanten Drehmoments an der Motorwelle ergeben sich folgende Werte:

Für die Pumpe:

1. Exzentrizität e_p = veränderlich.
2. Drehzahl n_p = konstant.
3. Volumen pro Umdr. V_p = veränderlich zwischen:
   $V_{p\,min.} = c \cdot D_p \cdot \pi \cdot 2 \cdot e_{min.}$ und
   $V_{p\,max.} = c\,D_p \cdot \pi \cdot 2 \cdot e_{max.}$ in cm^3.
4. Leistung L_p = veränderlich zwischen:
   $$L_{p\,min.} = \frac{V_{p\,min.} \cdot n_p \cdot p}{60 \cdot 75 \cdot 100} \text{ und}$$
   $$L_{p\,max.} = \frac{V_{p\,max.} \cdot n_p \cdot p}{60 \cdot 75 \cdot 100} \text{ PS.}$$
5. Drehmoment M_p = veränderlich zwischen:
   $$M_{p\,min.} = \frac{V_{p\,min.} \cdot p}{2 \cdot \pi} \text{ und}$$
   $$M_{p\,max.} = \frac{V_{p\,max.} \cdot p}{2 \cdot \pi} \text{ cm/kg.}$$

Für den Motor:

1. Exzentrizität e_m = konstant.
2. Drehzahl n_m = veränderlich zwischen: $n_{m\,min.} = \frac{F_{p\,min.} \cdot 60}{V_m}$ u.
   $n_{m\,max.} = \frac{F_{p\,max.} \cdot 60}{V_m}$ in Umdr./min.
3. Volumen pro Umdr. = V_m = konstant in cm^3.
4. Leistung L_m = veränderlich zwischen:
   $$L_{m\,min.} = \frac{V_m \cdot n_{m\,min.} \cdot p}{60 \cdot 75 \cdot 100} \text{ und}$$
   $$L_{m\,max} = \frac{V_m \cdot n_{m\,max.} \cdot p}{60 \cdot 75 \cdot 100} \text{ PS.}$$
5. Drehmoment M_m = konstant
   $$= \frac{V_m \cdot p}{2 \cdot \pi} \text{ cm/kg.}$$

III. Abnahme konstanter Leistung an der Motorwelle, aber bei umgekehrter Drehrichtung der Motortrommel.

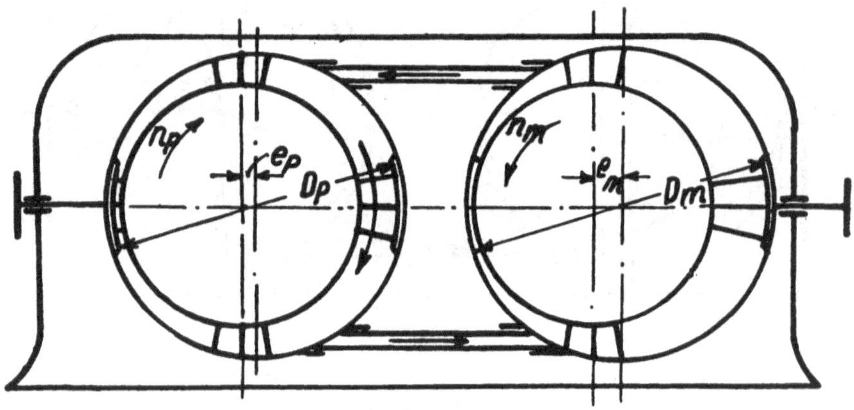

Fig. 125.

Obige Voraussetzung ergibt folgende Werte:

Für die Pumpe:

1. Exzentrizität e_p = konstant.
2. Drehzahl n_p = konstant.
3. Volumen pro Umdr. V_p = konstant.
4. Leistung L_p = konstant.
5. Drehmoment M_p = konstant.

Für den Motor:

1. Exzentrizität e = veränderlich.
2. Drehzahl n_m = veränderlich zwischen: $n_{m\,min.} = \frac{F_p \cdot 60}{V_{m\,max.}}$ u. $n_{m\,max.} = \frac{F_p \cdot 60}{V_{m\,min.}}$ Umdr/Min.
3. Volumen pro Umdr. V_m = veränderlich zwischen: $V_{m\,min.} = c \cdot D_m \cdot \pi \cdot 2 \cdot e_{min.}$ und $V_{m\,max.} = c \cdot D_m \cdot \pi \cdot 2 \cdot e_{max.}$ in cm³.
4. Leistung L_m = konstant $= \frac{V_{m\,min.} \cdot n_{max.} \cdot p}{60 \cdot 75 \cdot 100} = \frac{V_{m\,max.} \cdot n_{m\,min.} \cdot p}{60 \cdot 75 \cdot 100}$ in PS.
5. Drehmoment M_m = veränderlich zwischen: $M_{m\,min.} = \frac{V_{m\,min.} \cdot p}{2 \cdot \pi}$ und $M_{m\,max.} = \frac{V_{m\,max.} \cdot p}{2 \cdot \pi}$ in cm kg.

Das Schwartzkopff-Huwiler-Getriebe.

(Fig. 126—129.)

Ein anderes bewährtes Kapselgetriebe, das hier noch behandelt werden soll, ist das Schwartzkopff-Huwiler-Getriebe. Das Arbeitsprinzip ist das gleiche wie beim Enortrieb. Die Hauptbestandteile des Getriebes sind die Pumpe und der Motor. Die von außen beaufschlagten Schaufeln der Pumpe drücken das Öl zum Motor, wo es seine Energie in die Drehbewegung der Motortrommel umsetzt. Die Pumpe besteht aus einem feststehenden Zylinder (*a*), in dem sich die Trommel (*b*) mit den Schaufeln (*c*) dreht. Die Trommel ist auf der Antriebwelle aufgekeilt und wird von außen durch Elektromotor oder Einscheibe angetrieben. Die Schaufeln sind in Schlitzen der Trommel geführt; auf den Zapfen dieser Schaufeln sitzen Rollen (*f*), die in Kurvenbahnen (*g*) laufen. Diese sind seitlich an den Zylinderdeckeln befestigt. Dadurch werden die Schaufeln zwangsläufig an den Dichtungsstellen des Zylinders gleitend entlanggeführt und führen auf diese Weise eine Abdichtung zwischen Saug- und Druckraum (*S* und *D*) herbei. Eine Vergrößerung oder Verkleinerung des Hubraumes erzielt man durch die Regulierhülse (*h*), die sich durch Drehen an einem Handrad (*k*) über die

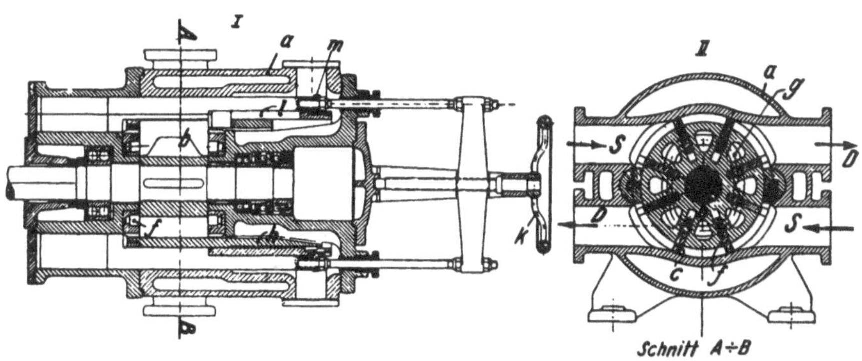

Fig. 126.

Trommel hinwegschiebt. Durch die Regulierhülse kann der Arbeitsraum von *o* bis zu einem Maximum verändert werden. Die Veränderung des Hubraumes geschieht also nicht wie bei den anderen Kapselgetrieben durch exzentrische Einstellung des Gehäuses, sondern durch Veränderung der Breite des Hubraumes. Damit die Schaufeln ihre radiale Einstellbewegung ausführen können, ist die Hülse mit Einschnitten (*l*) versehen. Da die Regulierhülse mit der Trommel umlaufen muß, ist sie an ihrer Verbindungsstelle mit dem Regelmechanismus mit Kugellagern (*m*) ausgerüstet, die den Druck beim Verstellen der Hülse in beiden Richtungen aufnehmen. Alle Räume des Getriebes sind mit Öl gefüllt und stehen miteinander in Verbindung. Wird nun der Arbeitsraum verkleinert, so fließt das Öl ohne Schwierigkeit in die größer werdenden Räume ab; dasselbe tritt in umgekehrter Richtung ein, wenn der Hubraum vergrößert wird. Das Getriebe ist mit doppeltem Ölanschluß ausgebildet, so daß bei einmaliger Umdrehung der Pumpentrommel eine doppelte Beaufschlagung jeder Schaufel erfolgt. Das ergibt eine doppelte Fördermenge der Pumpe und bei gleichbleibender Leistung geringere Abmessungen des Getriebes. Mit der Verstellvorrichtung der Hülse sind die sogenannten Zwischenlager (*o*) verbunden, die erstens beim Verschieben der Hülse die Führung übernehmen und zweitens zwischen den beiden Leitungspaaren $S — D$ oben und unten eine Abdichtung bezwecken sollen. Die Kurvenbahnen (*g*) sind so konstruiert, daß die Schaufeln ganz in die Trommel hineinragen, wenn sie in die Stellung dieser Zwischenlager kommen. Die Abdichtung zwischen den Leitungspaaren übernehmen also die Trommel und die beiden Zwischenlager, während die Schaufeln den Saug- und den Druckraum trennen. Da die Zwischenlager der Trommelform angepaßt sind, ist eine gute und glatte Flächendichtung geschaffen worden.

Das Verbindungsglied zwischen Pumpe und Motor sind die Rohrleitungen, so daß die Aufstellung des Motors nicht an den Platz der Pumpe gebunden ist. Der Aufbau beider ist der gleiche, nur fehlt bei normaler Ausführung die Regulierhülse. Sie kann aber auch bei dem Motor eingebaut werden, und zwar so, daß sie sich automatisch mit der vergrößerten oder verkleinerten Fördermenge der Pumpe verstellt. (Abhängig von dem Widerstand an der Arbeitsspindel.) Wird der Widerstand größer, so wächst auch der Flüssigkeitsdruck. Die Hülse ist nun auf einen bestimmten Federdruck eingestellt, wird der Flüssigkeitsdruck nun größer als der Federdruck, dann verschiebt sich die Hülse und gibt einen größeren Arbeitsraum frei. Die Folge davon ist, daß automatisch das Drehmoment des Motors wächst, während die Drehzahl abnimmt.

Die doppelte Beaufschlagung der Schaufeln hat neben dem Leistungsgewinn noch den Vorteil, daß die Trommelwelle keine einseitige Druckbelastung erfährt, da die am Umfang der Trommel in entgegengesetzter Richtung wirkenden Flüssigkeitsdrucke ein Kräftepaar bilden, das die Welle nur auf Verdrehung beansprucht. Weiter hat die Art der Veränderung des Hubraumes an der Pumpe den Vorteil, daß bei hohen Umfangsgeschwindigkeiten der Trommel keine einseitig wirkende, zusätzliche Zentrifugalkräfte auftreten, die die Lebensdauer des Getriebes sehr herabsetzen können.

Die Arbeitsweise des Getriebes.

Die Trommelwelle der Pumpe wird mit konstanter Drehzahl angetrieben. Das von der Pumpe geförderte Öl überträgt seine Energie auf die Trommel des Motors, der seinerseits wieder das eingeleitete Arbeitsvermögen an die Arbeitsmaschine abgibt. Die Drehzahlen der Motorwelle stellen sich nach dem sekundlich geförderten Ölquantum ein. Da, wie schon erwähnt, die Regelung nur an der Pumpe stattfindet, kann mit diesem Getriebe auch nur

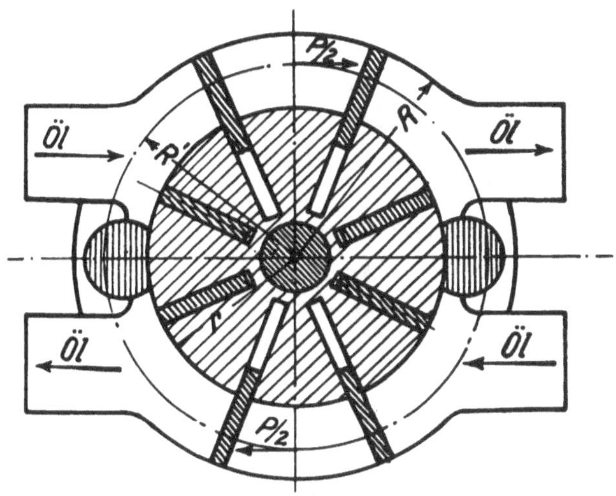

Fig. 127. Arbeitsprinzip des Schwartzkopff-Huwiler-Getriebes. Pumpe oder Motor.

ein konstantes Drehmoment und keine konstante Leistung übertragen werden. Das Schwartzkopff-Huwiler-Getriebe eignet sich demnach für solche Maschinen, die bei veränderlicher Drehzahl ein konstantes Drehmoment an der Abnahmewelle fordern.

Arbeitsvolumen, Drehmoment, Leistung, Drehzahlen und Wirkungsgrade des Schwartzkopff-Huwiler-Getriebes.

Das Fördervolumen der Pumpe bei einer Umdrehung ist gleich einer konstanten Ringfläche mal der Breite des Hubraumes mal dem Faktor für die Verstellung. Dieser Faktor sei „e". Bei ganz herausgezogener Hülse ist $e = 1$; bei ganz hereingeschobener Hülse $e = o$. Man erhält also für das Fördervolumen bei einfacher Beaufschlagung der Schaufeln pro Umdrehung:

$$V_p = \pi (R^2 - r^2)\, b \cdot e \text{ in cm}^3;$$
$$V_p = \pi \cdot e \cdot b \cdot (R^2 - r^2) \text{ cm}^3.$$

Bei doppelter Beaufschlagung also:

$$V_p = 2\,\pi\, e\, b\, (R^2 - r^2) \text{ in cm}^3.$$

Die sekundlich geförderte Ölmenge der Pumpe:

$$F_p = \frac{V_p \cdot n_p}{60} = \frac{2\,\pi\, e\, b\, (R^2 - r^2) \cdot n_p}{60}$$

$$F_p = \frac{\pi\, e\, b\, (R^2 - r^2)\, n_p}{30} \text{ in cm}^3\text{/Sek.}$$

Der Aufbau des Motors ist gleich dem der Pumpe. Damit ergeben sich für den Motor gleichlautende Formeln für V und F, nur mit dem Unterschied, daß die Veränderliche e hier immer $= 1$ ist.

$V_m = 2\,\pi\, b\,(R^2 - r^2)$ in cm^3 und der Ölverbrauch/Sek.:

$$F_m = \frac{V_m \cdot n_m}{60} = \frac{2\,\pi\, b\,(R^2 - r^2) \cdot n_m}{60};$$

$$F_m = \frac{\pi\, b\,(R^2 - r^2) \cdot n_m}{30} \text{ in } cm^3/\text{Sek.}$$

Die Leistung des Getriebes ist veränderlich. Es interessiert deshalb in erster Linie beim Schwartzkopff-Huwiler-Getriebe das Drehmoment von Pumpe und Motor.

Das Pumpendrehmoment $Md_p = P\,R'$ in cm/kg $R' = \frac{R + r}{2}$.

Die Umfangskraft $\frac{P}{2}$ hängt von dem spez. Öldruck (p) und der veränderlichen Schaufelfläche ab.

$$\frac{P}{2} = (R - r)\, b \cdot e \cdot p \text{ in kg.}$$

$R - r$ ist die Schaufelhöhe, b die Arbeitsraumbreite und e der veränderliche Faktor dieser Breite. Bei doppelter Beaufschlagung, wie sie hier vorliegt, wird $P = 2\,(R - r)\, b \cdot e \cdot p$ in kg.

Und das Drehmoment:

$$Md_p = 2\, e\, b \cdot p\,(R - r)\, R' \text{ in cm/kg.}$$

Das Drehmoment ändert sich mit dem Regulierfaktor e und dem spez. Drucke p. Letzterer hängt von der verlangten Leistung an der Antriebswelle (bzw. dem Widerstand hier) ab. Für die Höchstleistung soll ein Druck von 10 Atmosphären zulässig sein, der in die Rechnung als konstanter Faktor eingesetzt werden muß.

Das theoretische Drehmoment des Motors ist für ein normales Getriebe ($e = 1$): $Md_m = 2\, b\, p\,(R - r)\, R'$ in cm/kg.

Diese Größen sind sämtlich unveränderlich. Damit ist das in den Motor eingeleitete Drehmoment konstant.

Für ein Getriebe mit automatischer Regulierhülse am Motor ändert sich das Drehmoment mit dem Widerstand und dem Faktor e bei unveränderter Pumpenstellung. $Md_m = 2\, e\, b\, p\,(R - r)\, R'$ in cm/kg.

Die sekundlich geförderte Ölmenge der Pumpe und der sekundliche Ölverbrauch des Motors sind bekannt. Theoretisch müssen diese beiden Größen konstant sein:

$$F = \frac{V_p \cdot n_p}{60} = \frac{V_m \cdot n_m}{60} \text{ in } cm^3/\text{Sek.}$$

Die Drehzahl n_p der Pumpe ist konstant. F (theoretisch) läßt sich also bestimmen. Setzt man für F den maximalen Wert ein und multipliziert ihn mit dem jeweiligen Regulierfaktor e, dann erhält man die Motordrehzahl:

$$n_m = \frac{60\,e\,F}{V_m}\ \text{U/Min.}$$

$$n_m = \frac{e\,b_p \cdot n_p\,(R_p - r_p)}{b_m\,(R_m - r_m)}\ \text{U/Min.}$$

(Die Bezeichnungen mit dem Index p und m beziehen sich auf die Pumpe bzw. den Motor.)

Wird $e = o$, wird $n_m = o$; der Motor steht still. Wird $e = 1$, wird n_m ein Maximum. Zwischen diesen beiden Werten (o und Maximum) sind unendlich viele Drehzahlen einzustellen; feinste Drehzahlregelung an der Arbeitsmaschine.

Sind die Arbeitsräume von Pumpe und Motor gleich groß in der Maximalstellung der Pumpe ($e = 1$), dann ist die Übersetzung zwischen Pumpe und Motor $= 1:1$. In diesem Falle hätte der Motor seine Höchstdrehzahl erreicht. Wird der Arbeitsraum der Pumpe verkleinert ($e < 1$), geht der Motor mit seiner Drehzahl herunter. Die Übersetzung wird kleiner als $1:1$.

Die theoretische Pumpenleistung ist:

$$N_p = \frac{P_p \cdot v_p}{75}\ \text{in PS.}$$

Für $P_p = 2\,e\,b\,p\,(R - r)$ und

für $v_p = \frac{2\,R'\,\pi\,n_p}{60 \cdot 100}$ gesetzt, gibt

$$N_p = \frac{2\,e\,b\,p\,(R - r)\,2\,R'\,\pi \cdot n_p}{60 \cdot 75 \cdot 100},$$

$2\,e\,b\,(R - r)\,2\,R'\,\pi =$ gefördertes Volumen je Umdrehung $= V_p$.

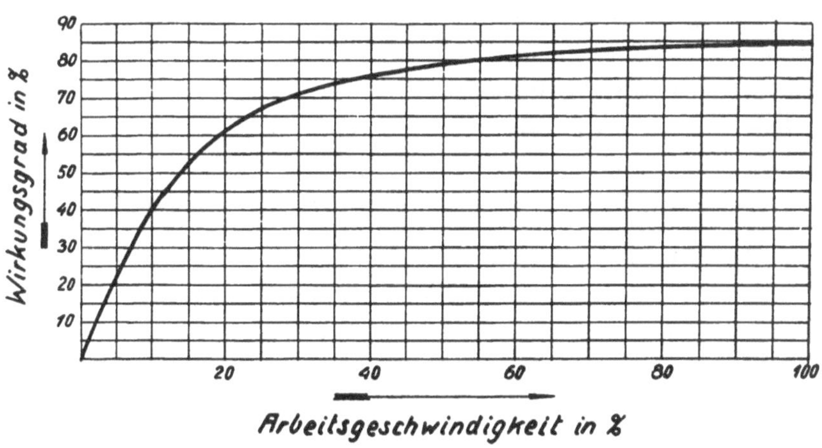

Fig. 128.

Damit wird: $$N_p = \frac{V_p \cdot n_p \cdot p}{60 \cdot 75 \cdot 100} \text{ in PS.}$$

Für den Motor wird die theoretische Leistung:

$$N_m = \frac{V_m \cdot n_m \cdot p}{60 \cdot 75 \cdot 100} \text{ in PS.}$$

Wäre es ein Idealgetriebe, das ohne Verluste arbeitete, dann müßte für jede Stellung der Regulierhülse an der Pumpe — also bei wechselndem e — die Pumpenleistung = Motorleistung sein, $N_p = N_m$.

Da das Getriebe aber durch Reibung in den Triebwerksteilen und durch den Schlupf des Öles Kraft verbraucht, muß die Pumpenleistung um den Betrag der Verlustleistung größer sein als die Motorleistung:

$$N_p = N_m + N_v \text{ in PS.}$$

N_v ist die Summe der Leistungsverluste aus Reibung und Schlupf.

$$N_v = N_S + N_R.$$

Der Schlupf bedingt auch hier den Drehzahlabfall an der Motortrommel. Als Volumenverlust in Pumpe und Motor kann er nur durch Versuche bestimmt werden; er hängt von drei veränderlichen Größen ab,

von der Temperatur des Öles,
von dem spez. Druck p und
von der Güte des Materials und der Arbeit.

Nach Versuchen von Prof. Dr.-Ing. Pauer, Dresden, ist der Leistungsverlust auf Schlupf

$$N_S = \frac{p}{4500} (V_p \cdot n_p - V_m \cdot n_m) \text{ in PS.}$$

Ist die Drehzahl des Motors bestimmt worden, ergibt obige Formel richtige Werte $n_m = n'_m$.

Der volumetrische Wirkungsgrad:

$$\eta_v = \frac{\text{Ölverbrauch des Motors}}{\text{Fördermenge der Pumpe}} = \frac{V_m \cdot n_m}{V_p \cdot n_p}$$

n_m hier = wirkliche, d. h. gemessene Drehzahl des Motors. $(= n'_m)$.

Der mechanische Wirkungsgrad:

$$\eta_m = \frac{\text{wirkliche Leistung}}{\text{theoretische Leistung}}.$$

An der Pumpe: Am Motor:

$$\eta_{m_p} = \frac{N_p}{N_p'}; \qquad \eta_{m_m} = \frac{N_m}{N_m'}.$$

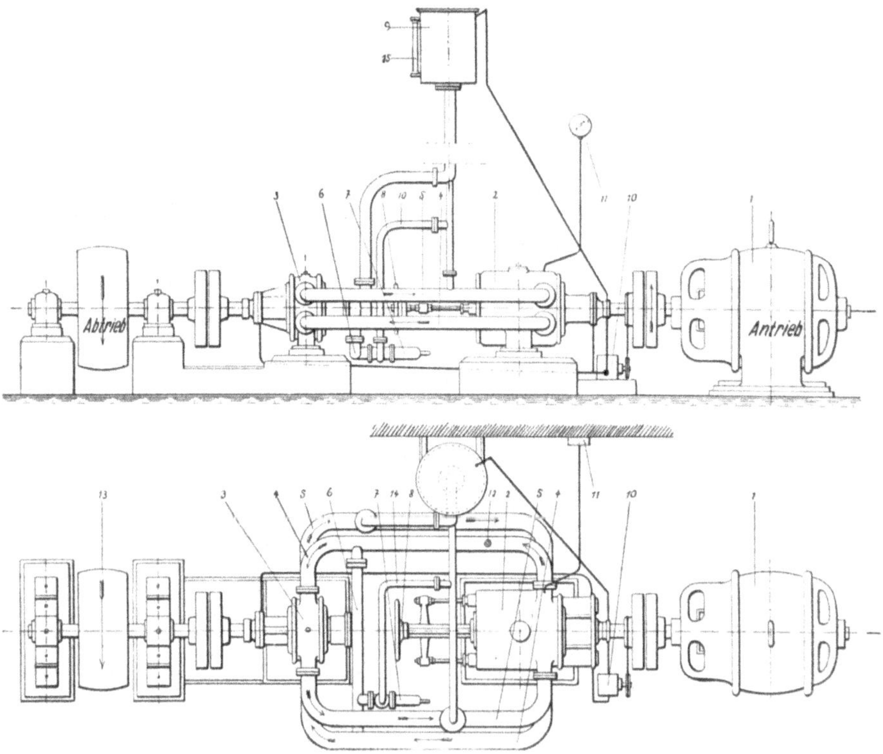

1 Elektromotor.
2 Primärwerk (Pumpe).
3 Sekundärwerk (Motor).
4 Druckleitung.
5 Saugleitung.
6 Verbindung der Druckleitungen.
7 Überdruckventil.
8 Regulierrad.
9 Ölbehälter.
10 Ölpumpe.
11 Manometer.
12 Thermometer.
13 Riemenscheibe.
14 Rückführleitung des Überdruckventiles.
15 Ölstandsglas.

Fig. 129.

Der Gesamtwirkungsgrad des Getriebes:

$$\eta = \eta_{m_p} \cdot \eta_{m_m} \cdot \eta_v = \frac{\text{abgegebene Leistung}}{\text{zugeführte Leistung}} = \frac{N_m}{N_p{}'}$$

$$N'_m = N_p \cdot \eta_{m_p} \cdot \eta_{m_m} - N_S.$$

Fig. 128 gibt die Wirkungsgradkurve eines Schwartzkopff-Huwiler-Getriebes wieder nach den streng wissenschaftlichen Versuchen von Prof. Dr.-Ing. Pauer.

Fig. 129 zeigt die Anlage eines Schwartzkopff-Huwiler-Getriebes.

Das Universal-Sturm-Getriebe.

(Fig. 130 und 131.)

Ebenfalls ein leistungsfähiges Kapselgetriebe, das von den beiden ersteren in der Ölzufuhr und Ölabfuhr völlig abweicht: Die Beaufschlagung der Schaufeln erfolgt von innen.

Beide, Pumpe und Motor, laufen in einem gemeinsamen Gehäuse, das gleichzeitig als Ölbehälter ausgebildet ist, und in dem die Wellenstümpfe (*a*) für An- und Abtrieb auf Wälzlagern gelagert sind. Die Wellenstümpfe sind durch Schraubenbolzen an den Trommeln (*b*) angeflanscht. Diese tragen in den Schlitzen die Flügelkolben oder Schaufeln, die durch kleine, auf kreisförmigen Führungsbahnen aufliegende Zapfen (*c*) geführt werden. Zwischen je zwei Schlitzen liegen die Bohrungen (*e*) für die Ölleitungen.

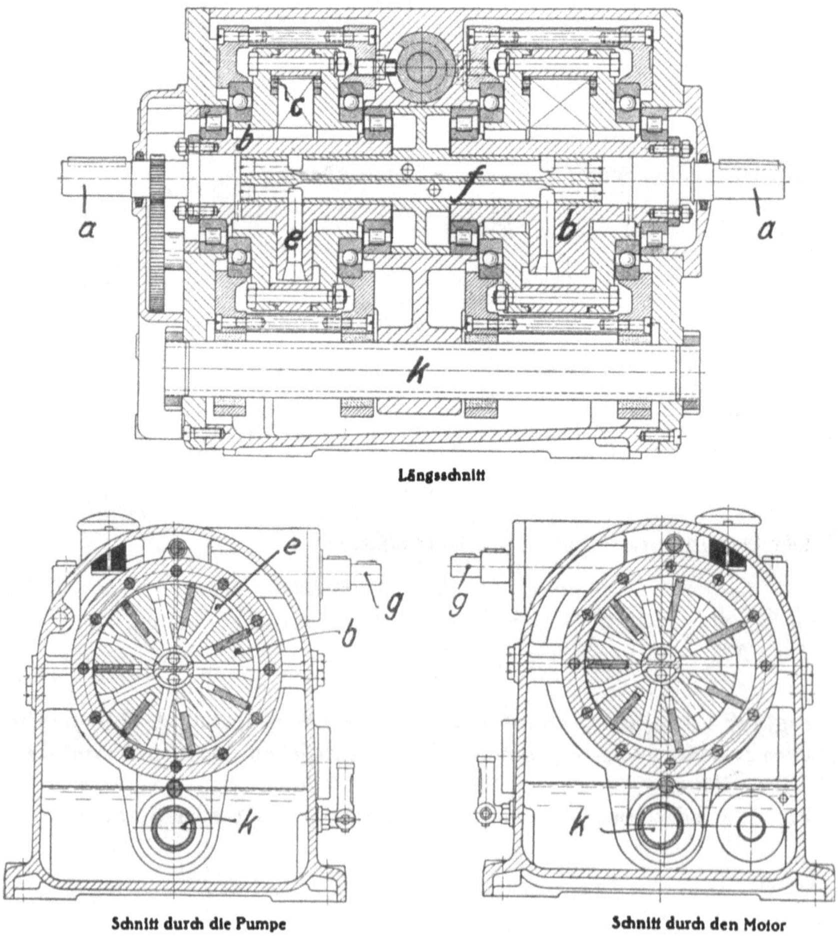

Fig. 130.

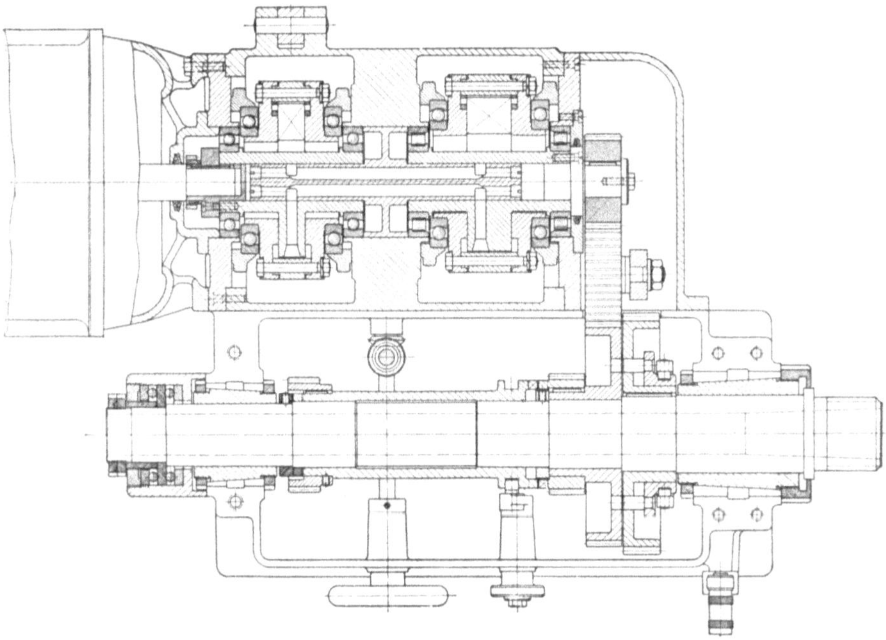

Fig. 131.

Der Antrieb der Pumpentrommel kann wie üblich durch Einscheibe oder Elektromotor geschehen. Die Pumpe saugt durch eine der Längsbohrungen in der stillstehenden Zentralachse *(f)* Öl an und drückt es durch die andere dem Motor zu. Von hier fließt es nach Abgabe seiner Energie wieder während der Saugperiode der Pumpe zu. Die Arbeitsweise ist also dieselbe wie bei den beiden anderen Flüssigkeitsgetrieben.

Besonders erwähnt zu werden verdient, daß das Gehäuse sich ebenfalls dreht, weil die Reibung zwischen den Schaufeln und der Gehäusebohrung größer ist als die Lagerreibung in den Wälzlagern, auf denen das Gehäuse gelagert ist.

Man erreicht durch diesen Umstand eine bessere Abdichtung und dadurch die Anwendung höherer Drücke. (Nach Angabe des Erfinders 30 kg/cm² und höher.) Dadurch können die Abmessungen des Getriebes verhältnismäßig klein gehalten werden, was für den Antrieb für Werkzeugmaschinen nur zu begrüßen ist. Die Verluste durch die Schaufelreibung sind um so geringer, je kleiner die Reibungsgeschwindigkeit ist, d. h. je kleiner die Relativgeschwindigkeit zwischen Trommel und Gehäuse ist.

Die stufenlose Drehzahlregelung erfolgt wie beim Enortrieb durch exzentrische Einstellung des Gehäuses zur Trommel oder mit anderen Worten durch Veränderung der Arbeitsräume von Pumpe und Motor. Zu diesem Zwecke sind auf den Steuerwellen *(g)* Hebel und Handrad untergebracht und die Schwenkung des Gehäuses geschieht um die unten im Ölbehälter gelagerte Hohlwelle *k*.

Das Getriebe kann sowohl auf konstante Leistung wie auf konstantes Drehmoment geregelt werden. Ein Sicherheitsventil schützt vor Überlastung.

Fig. 131 zeigt den Einbau eines Universal-Sturm-Getriebes in eine Drehbank. Der Antrieb erfolgt durch Flauschmotor. Das Getriebe läßt sich organisch gut mit der Bank verbinden.

Das Lauf-Thoma-Getriebe.

(Fig. 132—133)

Es ist kein Kapsel-, sondern ein Kolbengetriebe, das ebenfalls aus Pumpe und Motor besteht.

Ein Zylinderblock hat eine Reihe von Bohrungen, in denen sich kleine Arbeitskolben auf und ab bewegen können. Diese Kolben tragen an ihrem Kopfende Rollen, die durch den Öldruck bzw. beim Anlaufen durch die Zentrifugalkraft gegen eine Laufbahn am Gehäuse gepreßt werden. Sie geben den Kolben die Führung. Die Beaufschlagung der Kolben erfolgt von innen her, also radial. Zu diesem Zwecke ist der stillstehende Mittelzapfen mit vier Längsbohrungen versehen, die wiederum mit den Arbeitszylindern des sich drehenden Zylinderblockes durch radiale Kanäle in Verbindung treten können.

Der Zylinderblock der Pumpe wird durch Einscheibe oder Elektromotor mit konstanter Drehzahl angetrieben. Das Gehäuse mit der Rollenführungsbahn ist exzentrisch zur Mittelebene der Pumpe einstellbar. Dreht sich der Zylinderstern, dann saugen die Kolben auf der Saugseite — die Kolben bewegen sich nach außen — Öl aus den beiden oberen Kanälen an und

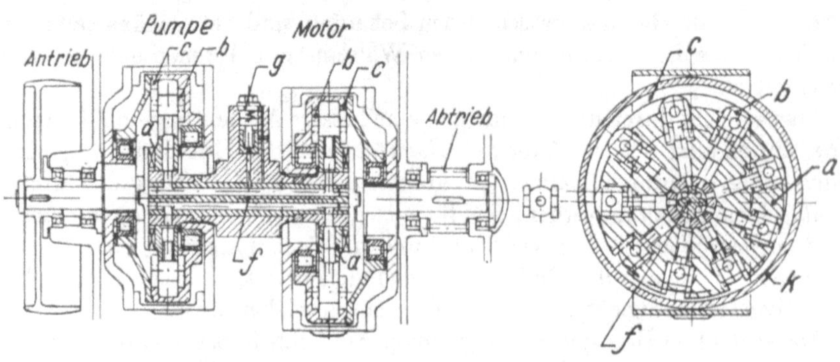

a = Zylinderblock.
b = Rollen.
c = Laufbahn.
f = Mittelzapfen.
g = Sicherheitsventil.
k = Gehäuse.

Fig. 132.

drücken es auf der Druckseite — die Kolben bewegen sich nach innen — durch die beiden unteren Kanäle dem Motor zu (Fig. 133). Dieses wechselnde Spiel ist nur bei exzentrischer Lage von Pumpe und Gehäuse möglich. Ohne die exzentrische Einstellung hätten die Kolben auf der Saug- wie Druckseite gleichen Abstand von Mitte Zylinderstern, das radiale Spiel bzw. der Hub wären gleich null und damit ein Ansaugen und Hinüberdrücken des Öles unmöglich. Der Motor stünde still. Bei geringer axialer Verschiebung des Gehäuses ist der Hub der Arbeitskolben verschieden, und der Ölstrom von Pumpe zum Motor kommt zustande. Je größer die Exzentrizität wird, ein desto größeres Ölvolumen pro Umdrehung kann die Pumpe ansaugen und dem Motor zuführen.

Der Motor, dessen Zylinderstern meistens über ein Zahnrädervorgelege die Drehbewegung auf die Welle der Arbeitsmaschine zu übertragen hat, kann jede gewünschte Drehzahl innerhalb gewisser Grenzen hergeben. Seine Drehzahl richtet sich nach dem Verhältnis der Fördermenge der Pumpe zum eigenen Ölverbrauch je Umdrehung. Letzterer ist abhängig von der eingestellten Exzentrizität zwischen Motor und Gehäuse. Je kleiner die Ver änderung in der Exzentrizität bei der Pumpe oder dem Motor, wie auch bei beiden gleichzeitig, desto geringer die Drehzahländerung, desto feiner die Drehzahlregulierung an der Arbeitsmaschine.

Stellt man das Pumpengehäuse auf konstante Exzentrizität oder was dasselbe ist, die Pumpe auf konstantes Volumen oder konstante Leistung und verändert die Exzentrizität (e) des Motorgehäuses, dann ergibt sich Folgendes:

1. $e = e_{max}$.

Der Motor läuft mit kleinster Drehzahl, weil er das größte Ölquantum pro Umdrehung bewältigen kann. Der Ölfassungsraum (m) ist ein Maximum.

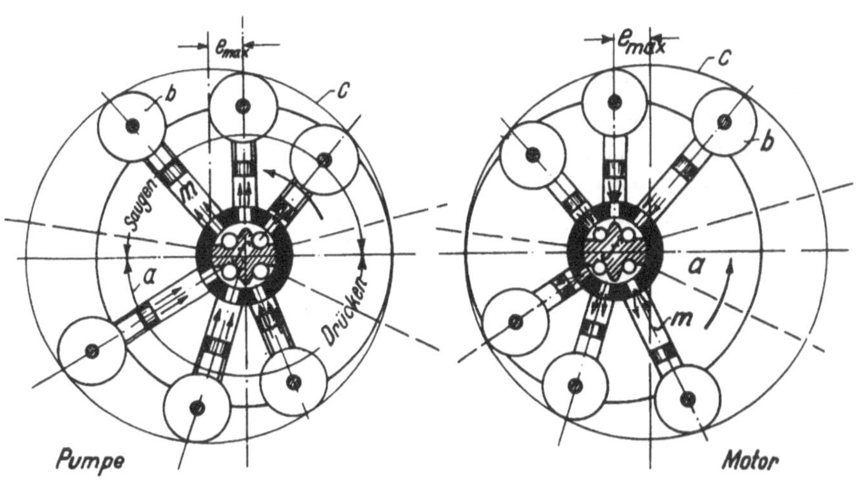

Fig. 133.

Der Motor hat nach der schematischen Skizze Fig. 133 Linksdrehsinn.
Das Drehmoment am Motor-Zylinderstern ist ebenfalls ein Maximum.

2. $e = e < e_{max.}$.

Der Ölfassungsraum (m) wird kleiner. Der Motor bewältigt ein kleineres Ölvolumen pro Umdrehung. Er muß schneller laufen.

Das Drehmoment am Motor-Zylinderstern fällt. Also: Je kleiner e, desto kleiner m und M_d, desto größer n. Der Motor arbeitet mit konstanter Leistung.

3. $e = o$.

Ein Drehmoment ist nicht mehr vorhanden, der Motor steht still. Bei eintretendem Überdruck öffnet sich das Sicherheitsventil.

4. $e = - e$.

Dasselbe wie unter 1. und 2. Der Motor läuft aber mit entgegengesetztem Drehsinn.

Stellt man nun den Motor auf konstante Exzentrizität und die Pumpe auf veränderliche, dann erhält man Folgendes:

1. $e = e_{max}$.

Das größte Volumen wird von der Pumpe gefördert. Die Drehzahl des Motors steigt, weil sein Fassungsvermögen pro Umdrehung konstant ist.

2. $e = e < e_{max}$.

Das Pumpenvolumen wird kleiner. Die Drehzahl des Motors fällt.
In beiden Fällen ist aber das Drehmoment konstant.

3. $e = o$.

Die Pumpe fördert kein Öl. Der Motor steht still.

4. $e = - e$.

Dasselbe wie unter 1. und 2. Der Motor hat entgegengesetzten Drehsinn.
Alles in allem: Dasselbe Arbeitsprinzip wie bei den Kapselgetrieben.

Die Gehäusetrommel ist auf Kugel- oder Rollenlagern gelagert. Dreht sich der Zylinderblock mit den Kolben, dann tritt zwischen den Laufrollen und ihrer Führungsbahn eine Reibung auf, die größer ist, als die in den Kugellagern der Trommel. Dadurch wird ein Mitlaufen der Trommel erreicht, wodurch der Reibungsverlust des Getriebes stark vermindert wird.

Literaturangaben über Flüssigkeitsgetriebe

Die heutigen Probleme der Energieumformer von Prof. K. Kutzbach, Dresden. „Maschinenbau", Band 6, Jahrgang 1927, Heft 22.

Die Grundlagen der hydraulischen Energieumformer von Dipl.-Ing. Johannes Ritter, Dresden. „Maschinenbau", Band 6, Jahrgang 1927, Heft 22 und 23.

Regelbare Flüssigkeitsgetriebe, insbesondere der Enor-Trieb von Dr.-Ing. e. h. W. Kühn, Frankfurt a. Main. „Maschinenbau", Band 6, Jahrgang 1927, Heft 22 und 24.

Versuche an einem Flüssigkeitsgetriebe (Bauart Schwartzkopff-Huwiler) von Prof. Dr.-Ing. W. Pauer, Dresden. „V. D. I.", Band 71, Jahrgang 1927.

Vortrag des Dipl.-Ing. Huwiler über das Schwartzkopff-Huwiler-Getriebe. Sonderheft Dieselmaschinen (V. D. I.-Verlag), Band 2, Jahrgang 1926.

Flüssigkeitsgetriebe im Werkzeugmaschinenbau von O. Lich, Berlin. „Maschinenbau", Band 5, Jahrgang 1926, Heft 24.

Das neue Hochleistungs-Sturm-Getriebe von E. O. Barth. „Werkstatttechnik" Jahrgang 1915, Heft 5.

Prospekte und Patentschriften der betreffenden Firmen.

Dritter Teil (Anhang)

Die Normung der Drehzahlen.

Die Drehzahlen der Gruppenstränge (Din. 112) und der Antriebsmotoren (Din. V D E 2000, 2001, 2650 und 2651) einschließlich der Regelbereiche sind genormt worden. Es bleibt als letztes nur noch die Normung der Drehzahlen an den Arbeitsmaschinen übrig.

Warum ist die Normung notwendig?

Arbeitsmaschinen gleicher Art von verschiedenen Firmen und manchmal sogar aus verschiedenen Jahrgängen ein und derselben Firma haben heute durchweg voneinander abweichende Drehzahlreihen und Regelbereiche. Z. B. Drehbänke (Leit- und Zugspindelbänke) von 185 mm Spitzenhöhe und 1500 mm größter Drehlänge haben, um Maschinen gleicher Art nur zweier Firmen herauszugreifen, 12 Spindelgeschwindigkeiten von 9 bis 500 bzw. 12 bis 480 U/Min. In den Grenzdrehzahlen ergibt sich eine Abweichung von 25 % bzw. 16,6 %, und in den Regelbereichen zirka 10 %. Nicht anders ist bei den anderen Arbeitsmaschinen. Man braucht nur einmal einen Blick in die Kataloge zu werfen.

Diese bedauerliche Vielheit und Verschiedenartigkeit erschwert

a) die Arbeit des Kalkulators:

Er muß für jede Maschine eine besondere Maschinen- und Unterweisungskarte, vielleicht auch eine besondere Auswertungstafel ausstellen und beim Kalkulieren benutzen. Die Karthotek wird recht umfangreich. Ferner müssen Akkordsätze für dieselben Arbeiten auf gleichartigen, aber mit verschiedenen Drehzahlen arbeitenden Maschinen verschieden ausfallen. Das gibt ein Nebeneinander von Zeitakkorden, das die Anlässe zur Unzufriedenheit in der Arbeiterschaft und ihre Klagen über ungerechte Akkorde sicher nicht gerade verringert, und außerdem vermehrte Gelegenheiten zu Verwechselungen und Irrtümern bietet. In allen diesen Fällen ist der Kalkulator der Leidtragende.

b) Die Arbeit des Betriebsleiters:

die Terminfestsetzung und Arbeitsverteilung werden verwickelter und erfordern mehr Zeit als nötig. Der Betriebsleiter ist an bestimmte Maschinen, d. h. hier Maschinen mit bestimmter Drehzahlreihe, gebunden. Sind sie zufällig nicht frei, kann er die Arbeit nur dann anderen Maschinen gleicher Art zuleiten, wenn er zuvor eine Änderung des Zeitakkordes durch das Kalkulationsbureau veranlaßt, das nun seinerseits Zuschläge machen oder neue

Akkordzettel ausschreiben muß. Damit sind die Leiden des Betriebsleiters keineswegs zu Ende. Bei Neueinstellungen oder Zuteilung von Arbeitern auf die einzelnen Werkstätten muß er selbst den auf eine bestimmte Maschine eingeübten Arbeiter z. B. den Dreher, den Fräser usw., genügend Zeit zum Umlernen lassen. Dieselbe Schwierigkeit ergibt sich beim Einspringen eines Arbeiters als Ersatzmann oder bei der plötzlich eintretenden Notwendigkeit, daß mehrere Maschinen gleicher Art gleichzeitig von einem Arbeiter bedient werden müssen. Überall Hemmungen in der Fabrikation, Zeit- und Kraftvergeudung, weil es an gleichwertigen Maschinen mit genormten Drehzahlreihen mangelt.

c) die Arbeit des Herstellers:

Er kann nicht auf Vorrat arbeiten, weil er die Wünsche seiner Kunden berücksichtigen muß, die bei Nichterfüllung abspringen. Er liefert somit Arbeitsmaschinen mit nicht feststehendem Arbeitsprogramm. Das verteuert die Arbeit und erschwert den Absatz. Die Normung der Drehzahlen würde die Neigung der Kunden nach immer etwas Besonderem eindämmen und den Fabrikanten zur Ablehnung solcher Spezialwünsche ermuntern. Gleichzeitig dürfte die Normung eine Vereinheitlichung in der Konstruktion der Antriebsgetriebe bringen und damit eine Verbilligung, weil man nunmehr solche Getriebe in größerer Zahl herstellen könnte.

Kurz zusammengefaßt: Die Normung der Drehzahlen kann nur allen Beteiligten Vorteile bringen, ihre Arbeit erleichtern und vereinfachen.

Vorschläge über die Art der Drehzahlnormung liegen bereits vor vom V. D. W. (Verein Deutscher Werkzeugmaschinenfabrikanten), vom A W F (Ausschuß für wirtschaftliche Fertigung) und von Dr.-Ing. Kronenberg.

Die vorgeschlagenen

Grundreihen

Doppelungsstufen	mit $\varphi = \sqrt[12]{2}$	nach V. D. W.	nach Dr.-Ing. Kronenberg
	1200	1200	1200
	1271	1270	1270
	1347	1350	1350
	1427	1430	1430
	1512	1500	
I	1602	1600	
	1697	1700	
	1798	1800	
	1905	1900	
	2018	2020	2010
	2138	2150	
	2266	2280	

Doppelungs-stufen	mit $\varphi = \sqrt[12]{2}$	nach V. D. W.	nach Dr.-Ing. Kronenberg
	2400	2400	
	2542	2550	
	2694	2700	
	2854	2850	
	3024	3000	
II	3204	3170	3200
	3394	3350	3400
	3596	3550	3600
	3810	3800	
	4036	4020	4010
	4276	4250	
	4532	4500	
	4800	4800	
	5084	5100	
	5388	5400	
	5708	5700	
	6048	6000	
III	6408	6350	6400
	6788	6750	6800
	7192	7100	7150
	7620	7500	
	8072	7950	8000
	8552	8400	8500
	9064	8900	9000
	9603	9600	
	10170	10200	10100
IV	10780	10750	
	11420	11400	
	12100	12000	

Diese vorgeschlagenen Grundreihen, die ganz unwesentlich von einander abweichen, haben die feinste Abstufung, die praktisch noch erreichbar ist. Der Drehzahlabfall beträgt 5 % entsprechend einem $\varphi = 1{,}0592$ ($\varphi = \sqrt[12]{2}$).

Die Maschinendrehzahlen müssen in diesen Grundreihen enthalten sein, ganz gleich mit welcher Drehzahl, ob 0,12; 1,2; 12; 120 oder 1200 U/Min., oder ob mit anderen der Grundreihe sie beginnen.

Die Grundreihen bieten folgende Möglichkeiten:

1. Die Maschinendrehzahlen, die ihr entnommen werden, können nach einer geometrischen Reihe abgestuft werden. Dabei kann φ zwischen

einem Minimum $= \sqrt[12]{2}$ und
einem Maximum $= \sqrt[12]{2^{12}}$

wechseln und 11 verschiedene Werte annehmen. (Es soll $\varphi = 2$ hier als Maximum betrachtet werden.)

Zum Beispiel:

$n_1 = 12$ U/Min.; $n_2 = 12{,}71$ U/Min. $n_3 = 13{,}47$ U/Min.	$\varphi = \sqrt[12]{2}$
$n_1 = 12$ U/Min. $n_2 = 13{,}47$ U/Min. $n_3 = 15{,}17$ U/Min.	$\varphi = \sqrt[12]{2^2}$.

2. Die Maschinendrehzahlen können sich überspringen, d. h. die gröbere Reihe kann bei gleichem Regelbereich aus der feineren hervorgehen.

Zum Beispiel:

feinere Reihe:	gröbere Reihe:
150 U/Min.	150 U/Min.
170 ,,	
190 ,,	190 ,,
215 ,,	
240 ,,	240 ,,
270 ,,	
300 ,,	300 ,,
335 ,,	
380 ,,	380 ,,
$\varphi = 1{,}133$	$\varphi = 1{,}266$.

Die Drehzahlen sind der Grundreihe nach dem Vorschlage vom V. D. W. entnommen.

3. Die Maschinendrehzahlen können sich doppeln in erster Linie mit Rücksicht auf den Antrieb durch polumschaltbaren Motor.

Zum Beispiel:

Grundreihe	Verdoppelungsreihe
190,5	381
213,8	427,6
240	480
269,4	538,8
302,4	604,8
339,4	678,8

Die bereits genormten Regelbereiche der Regelmotoren dürften bei Einführung der Drehzahlnormung nach dem einen oder dem anderen Vorschlage abgeändert werden müssen.

Näheres siehe „Bedeutung und Wesen der Drehzahlnormung“ von Dr.-Ing. Kronenberg in der „Werkzeugmaschine“ vom 28. Februar 1929.

M. Krayn Technischer Verlag G. m. b. H. **Berlin W 10**
Genthiner Straße 39

Automobiltechnisches Handbuch

Handbuch der Automobiltechnischen Gesellschaft E.V.

Herausgegeben von

RICHARD BUSSIEN

unter Mitarbeit von

M. H. Bauer, Direktor; Dr. ing. Gg. Bergmann; M. Dobberke, Obering.; P. Grodzinski, Dipl.-Ing.; E. Gropp, Ing.; L. Hausfelder, Ziv.-Ing.; W. Loewenthal, Dipl.-Ing.; Fr. Lundershausen, Direktor; W.A.Th. Müller-Neuhaus, Obering.; Wa. Ostwald; H. Pickerott; K. R. H. Praetorius, Ing.; M. Preuß, Oberingenieur; Ptaczowsky, Ing.; E. Schäfer, Obering.; G. Steinlein, Obering.; Ernst W. Toron, Obering.; R. Wegener, Obering.; Prof. W. Wencelides; P. Wolfram, Dipl.-Ing.

Zwölfte, gänzlich neubearbeitete Auflage

1400 Seiten Text mit über 1611 Figuren

Preis: Gebunden RM 30.—

Der Automobilmotor und seine Konstruktion Von **W. Pfitzner,** weil. Dipl.-Ing. und **E. Urtel,** Dipl.-Ing. Dritte, neu bearbeitete und erweiterte Auflage von Diplom-Ingenieur **A. G. von Loewe.** 312 Seiten Text. Mit 104 Abbildungen. Preis broschiert RM **10.**—, gebunden RM **12.**—

Das Motorrad **und seine Konstruktion unter Berücksichtigung des Fahrrad- und Seitenwagenbaues sowie der Sonderkonstruktionen.** Von **Curt Hanfland,** Ingenieur. Zweite, gänzlich neubearbeitete und vermehrte Auflage. Mit 698 Abbildungen und 18 Konstruktionstafeln. Ca. 700 Seiten Umfang. Preis broschiert RM **25.**—, gebunden RM **28.**—

Konstruktionsberechnungen von Kraftfahrzeugen **und die Organisation des Konstruktionsbüros.** Von Dipl.-Ing. **A. G. von Loewe.** Zweite, verbesserte Auflage. Mit 15 Figuren im Text und 100 Berechnungstafeln. (280 Seiten Umfang, Gr.-8⁰). Preis gebunden RM **12.**—

Grundlagen des Automobilbaues Von Prof. Dipl.-Ing. **W. Ghittis,** Petersburg. Mit 98 Abbildgn. Preis brosch. RM **6.**—, geb. RM **8.**—